Das bietet Ihnen die CD-ROM

 Schritt-für-Schritt-Guides
- Schimmelstellen aufspüren
- Der Weg zum gesunden Wunschhaus
- Giftstoffe analysieren

 Muster und Formulare
- Mängelrüge
- Mängelanzeige
- Mietminderung
- Selbstvornahme

 Kosten- und Rechts-Checks
- Kostenplanung beim Bau
- Renovierungskosten kalkulieren
- Auf Mängel reagieren

 Gesetze und Verordnungen
- Bundesimmissions-schutzverordnung
- Technische Regeln für Gefahrenstoffe
- Bundes-Bodenschutzgesetz

und viele mehr

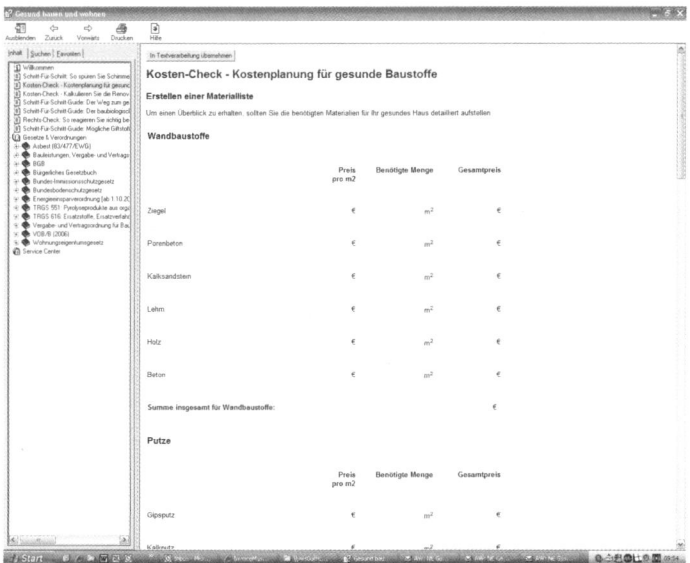

Screenshot der CD-ROM: Mit den Kosten-Checks auf CD errechnen Sie schnell und einfach, welche finanziellen Belastungen auf Sie zukommen und wie Sie sparen können.

Liebe Leserin, lieber Leser,

in der Reihe „Meine Immobilie" informieren wir Sie regelmäßig über alle wichtigen Themen, die Sie als Bauherrn und Immobilienbesitzer interessieren: Von der Finanzierung der eigenen vier Wände bis zu Ihren Rechten als Vermieter möchten wir Ihnen mit gutem Rat und aktuellen Informationen zur Seite stehen. Zuverlässig und informativ.

Dieses Buch zeigt allen Immobilienbesitzern, Hauskäufern und Mietern detailliert, worauf es beim gesunden Bauen und Wohnen ankommt. Vom ersten Verdacht auf eine Schadstoffbelastung bis hin zur fachgerechten und effizienten Sanierung betroffener Bauteile – hier erfahren Sie genau, welche Schritte auf dem Weg zu einer gesunden Wohnumgebung zu beachten sind.

Dieser Ratgeber mit CD-ROM ermöglicht es Immobilienkäufern, schon bei der Besichtigung des Objekts oder bei der Bauabnahme Gefahrenquellen zu erkennen und zeigt Ihnen, wie Sie von Beginn an alle Schwachstellen entdecken können.

Rechts-Checks informieren Sie über alles Wissenswerte zur Mietminderung aufgrund von Schadstoffen in der Wohnraumluft und Schritt-für-Schritt-Guides helfen Ihnen, Ihr Haus unter baubiologischen Gesichtspunkten zu bauen und eine gesunde Wohnumgebung zu schaffen. Das Buch „Gesund bauen und wohnen" ist hierbei der ideale Wegbegleiter.

Auf dem Weg zu Ihrer gesunden Immobilie wünschen wir Ihnen viel Erfolg!

Die Autoren

Daniela Trauthwein
Dr. Kerstin Volkenant
Peter K. Wolff
Melanie Goldmann

Gesund bauen und wohnen

Bibliographische Information Der Deutschen Bibliothek
Die Deutsche Bibliothek verzeichnet diese Publikation in der
Deutschen Nationalbibliographie; detaillierte bibliographische
Daten sind im Internet über http://dnb.ddb.de abrufbar.

ISBN 978-3-448-08791-8 Bestell-Nr. 06395-0001
© 2008, Rudolf Haufe Verlag GmbH & Co. KG
Niederlassung München
Redaktionsanschrift: Postfach, 82142 Planegg
Hausanschrift: Fraunhoferstraße 5, 82152 Planegg
Telefon: (089) 895 17-0,
Telefax: (089) 895 17-290
www.haufe.de
online@haufe.de
Produktmanagement: Jasmin Jallad

Lektorat und DTP: twinbooks, München
Umschlag: Atelier für Design und Werbung, 80689 München
Druck: Bosch-Druck GmbH, 84030 Ergolding
Zur Herstellung dieses Buches wurde alterungsbeständiges
Papier verwendet.

Inhaltsverzeichnis

Gesund bauen Schritt für Schritt 112

Gesund wohnen 156

Ihre Rechte und Pflichten
bei Schadstoffbelastungen

Analysemethoden und nützliche
Beratungsstellen

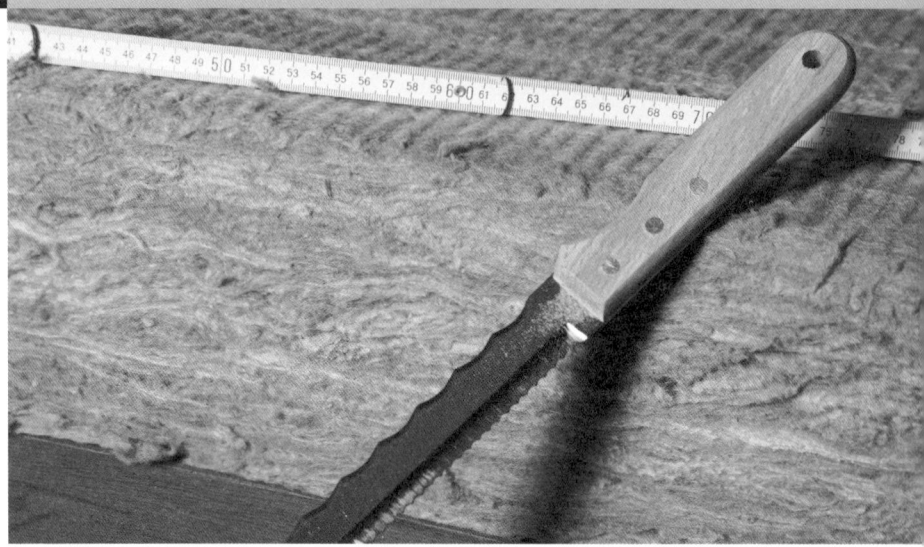

Krank durch die eigenen vier Wände

Nicht immer ist das Wetter schuld daran, wenn uns Kopfschmerzen, Heuschnupfen oder Schlafstörungen plagen. Gesundheitsbeeinträchtigungen durch Schadstoffe im Wohnbereich und am Arbeitsplatz sind nicht selten die Ursache für eine Vielzahl von zum Teil gravierenden Krankheitssymptomen.

Innenraum-analyse
Unangenehme Gerüche, Schwermetalle, Schimmelpilze oder Bakterien können aus dem Verborgenen den Bewohnern eines Wohnraumes das Leben schwer machen. Umso besser ist es, wenn die Verursacher der Beschwerden gefunden und das Haus oder die Wohnung gezielt saniert werden kann. Mithilfe einer Innenraumanalyse können vorhandene gesundheitsschädliche Substanzen ausfindig gemacht werden. Nach einer erfolgreichen, gezielten Sanierung klingen die Krankheitsbeschwerden häufig wieder ab.

Gesundheitliche Risiken durch Wohngifte

Gemäß den Richtlinien der Energieeinsparverordnung (EnEV) werden heutzutage die Gebäudehüllen immer dichter ausgeführt. Das hat zur Folge, dass der bislang stattgefundene Luftaustausch durch undichte Gebäudestellen (die sogenannte Fugenlüftung) ausbleibt. Schadstoffausdünstungen aus Bauteilen und Einrichtungsgegenständen wie Fenstern, Möbeln oder Teppichen werden nicht mehr automatisch weggelüftet, sondern reichern sich bei fehlendem Luftaustausch in den Räumen an. Hier besteht für Bewohner die Gefahr eine sogenannte Umwelterkrankung zu erleiden.

 Text auf CD-ROM

Je nachdem wie stark oder wie giftig der Reiz ist, und wie lange die gesundheitsschädliche Substanz in der Luft verbleibt, kann das Befinden der Bewohner in Mitleidenschaft gezogen werden. Letztendlich entscheidet deren körperliche Verfassung und Empfindlichkeit über das Ausmaß der Gesundheitsschädigung. Angefangen bei simplem Schnupfen über Asthma, gereizten Augen, Schlafstörungen, Neurodermitis oder auch Angstzuständen – es gibt eine ganze Palette von Krankheitsbildern, die durch Schadstoffe in Innenräumen verursacht werden können.

Ausmaß der Schädigung

Produkte, die zwar mit Prädikaten wie „Teppichboden schadstoffgeprüft" oder „Wollsiegel" versehen sind, sind aber trotzdem nicht unbedingt als „gesund" einzustufen. Oft können so gekennzeichnete Produkte mit Insektiziden belastet sein, die gesundheitlich bedenklich sein können. Auch zwei scheinbar harmlose Stoffe können – wenn sie aufeinandertreffen und miteinander reagieren – eine Gefahr für die Gesundheit werden. Als typische Wohngifte gelten:

Gekennzeichnete Produkte

- Staub und Schimmelpilzsporen,
- Kohlenmonoxid,
- radioaktives Radongas (Regionen spezifisch),
- Formaldehyd,
- flüchtige organische Verbindungen (VOC),
- schwer flüchtige organische Verbindungen,
- Biozide,
- aromatische Kohlenwasserstoffe,
- Asbest- und Mineralfasern.

9

Expertentipp

Schadstofftest selbst durchführen!

Sie können mithilfe eines Heimtests aus der Apotheke einen möglichen Formaldehydgehalt oder andere giftige Substanzen bei Ihnen zu Hause in der Luft messen. Diese Schnelltester sind einfach in der Handhabung und zeigen unmittelbar nach der Messung bereits das Ergebnis an. Je nachdem welchen Schadstoff Sie messen möchten, erhalten Sie in der Apotheke den entsprechenden Schnelltest dafür. So ein Test ist zwar nicht hundertprozentig genau, aber einen Anhaltspunkt kann er durchaus liefern. Die Preise für solche Schnelltests liegen zwischen 20 und 40 €. Wer absolute Gewissheit haben möchte, sollte einen Spezialisten hinzuziehen und eine Raumluftanalyse durchführen lassen. Die Kosten dafür liegen bei etwa 100–500 €.

Wenn Staub und Schimmel krank machen

Staub in der Wohnung ist kaum zu vermeiden. Grober Staub ist recht harmlos, da er beim Einatmen bereits von den Härchen in unserer Nase gefiltert und beim Ausatmen wieder ausgestoßen wird. Problematisch dagegen sind die sogenannten lungengängigen Stäube, die allerhand Schadstoffe transportieren können, wie etwa Milbenkot, Viren, Rauch oder auch Formaldehyd. Diese Stäube sind so fein, dass sie bis in die Lunge gelangen und dort Gesundheitsschäden auslösen können.

Biologische Schadstoffe

Biologische Schadstoffe dagegen lieben es feucht und warm. Vor allem wenn keine regelmäßige Wohnraumlüftung erfolgt, entsteht ein Klima, in dem sich Schimmelpilze ansiedeln und vermehren können. Nicht selten führen Schimmelpilzsporen in der Raumluft zu allergischen Reaktionen bei den Bewohnern. Mögliche gesundheitliche Probleme können sein: Reizungen von Haut, Augen und Atemwege, Asthmasymptome, Kopfschmerzen, Abgeschlagenheit, Müdigkeit, Konzentrationsschwierigkeiten oder auch rheumatische Beschwerden.

Umweltbedingte Krankheiten

Auch außerhalb unseres Wohnbereichs sind wir tagtäglich Umweltgiften ausgesetzt. Ob auf der Straße oder im Büro – Chemikalien, Lärm und Abgase können auf Dauer unsere Gesundheit fühlbar beeinträchtigen. Lang anhaltender Lärm schädigt nicht nur unser Gehör. Er kann zu Stresssymptomen führen, zu erhöhtem Blutdruck und sogar zu Depressionen.

Chemikalien oder Schimmelpilzsporen in der Raumluft von Gebäuden können zum sogenannten Sick-Building-Syndrom (SBS) und Building-Related-Illness (BRI) führen. Häufig treten diese Krankheitsbilder in Gebäuden auf, die künstlich belüftet werden. Beide Krankheiten äußern sich unter anderem durch Müdigkeit, Schwindel und Konzentrationsschwäche. Ein paar Stunden nach Verlassen dieser Räume klingen die Beschwerden wieder ab. Was genau diese Syndrome verursacht, konnte bis heute noch nicht abschließend geklärt werden. Beim Sick-Building-Syndrom klagen die Betroffenen zudem über Kopfschmerzen, Reizung der Schleimhäute und andere Symptome. [Sick-Building-Syndrom]

Im Gegensatz zum Sick-Building-Syndrom liegt bei der Building-Related-Illness ein klinisches Krankheitsbild vor. Symptome wie erhöhte Temperatur, Muskelschmerzen oder Atemnot werden durch den Besuch eines bestimmten Gebäudes ausgelöst und können auch nach dem Verlassen ein paar Tage anhalten. Mediziner vermuten, dass schlechtes Raumklima durch unzureichende Lüftung, Schadstoffausdünstungen oder Schimmelpilze in der Raumluft die Symptome auslösen. [Building-Related-Illness]

Zu ähnlichen gesundheitlichen Beschwerden kommt es beim Holzschutzmittel-Syndrom (HSMS) und bei der Multiple-Chemical-Sensitivity (MCS). Das Holzschutzmittelsyndrom fängt recht harmlos mit Unwohlsein an und entwickelt dann schleichend seine schädigende Kraft. Nach längerem Kontakt mit dem gesundheitsschädlichen Schadstoff kommt es zu Organerkrankungen und vegetativen Störungen. Als Krankheitsverursacher sind die in Holzschutzmitteln enthaltenen Pestizide PCP (Pentachlorphenol) und Lindan identifiziert und daraufhin verboten worden. Doch auch Gesundheitsschädigungen durch biozide Ersatzstoffe in Holzschutzmitteln wurden mittlerweile beobachtet. [Holzschutzmittel-Syndrom]

Multiple-Chemical-Sensitivity, kurz MCS, ist eine Intoleranz gegenüber einer Vielzahl von Stoffen. Die Symptome werden

Multiple-
Chemical-
Sensitivity

bereits durch geringste Konzentrationen von Triggerchemikalien, wie beispielsweise Lösemittel, Desinfektionsmittel oder Formaldehyd, ausgelöst. Der Krankheitsverlauf ist unspezifisch und kann von anfänglichem Unwohlsein bis hin zu schweren und bedrohlichen Krankheitszuständen, wie Hirnödemen oder eingeschränkter Lungenfunktion führen. Zu finden sind diese Stoffe fast überall in unserer Umgebung: in Bodenbelägen, Putzmitteln, Kunststoffen und Ähnlichem.

Allergische Reaktionen auf Umweltgifte äußern sich nicht selten durch Kopfschmerzen, Schwindel und Müdigkeit.

Wann ist ein Haus gesund?

Optimales
Raumklima

Das Wohnklima ist entscheidend dafür verantwortlich, ob wir uns in unserem Haus oder in unserer Wohnung wohlfühlen. Für das gesunde und angenehme Wohnklima spielen vier, sich gegenseitig beeinflussende Faktoren eine wichtige Rolle:

❶ Raumtemperatur,
❷ Luftfeuchtigkeit,
❸ Frischluft,
❹ Elektrik.

Untersuchungen bringen es ans Licht: Der Mensch hält sich am liebsten in Räumen mit einer durchschnittlichen Raumtemperatur von 19–22° C auf. Doch muss nicht in allen Zimmern die gleiche Temperatur herrschen, um ein gesundes Umfeld zu schaffen. Als optimale Raumlufttemperatur für Aufenthaltsräume, Küchen und Badezimmer werden vom Institut für Baubiologie Neubeuern Werte zwischen 18–23° C empfohlen. In Schlafzimmern und Werkstätten sollten die Temperaturen zwischen 15–17° C liegen. Dagegen können Treppenhäuser beinahe unbeheizt bleiben, wenn sie nicht kälter als 10° C werden.

Gute Raumtemperatur

Zu einem guten Raumklima zählt auch eine Luftfeuchtigkeit zwischen 40 und 60 Prozent. Die relative Luftfeuchtigkeit gibt an, wie viel Prozent Wasserdampf in der Luft enthalten ist. Sie ist mitverantwortlich für die Behaglichkeit im Wohnraum und sollte nicht weniger als 30 Prozent betragen, da dies zu Reizungen der Augen und Schleimhäute führen kann. Außerdem fördert eine zu geringe Luftfeuchtigkeit die Entstehung elektrostatischer Aufladungen. Alles was über 60 Prozent Luftfeuchtigkeit liegt wird als unangenehm schwül empfunden.

Luftfeuchtigkeit

Ein weiterer wichtiger Aspekt unseres Wohlbefindens ist unsere Körpertemperatur. Wenn diese etwa 35–37° C beträgt, fühlen wir uns am behaglichsten. Die Temperatur der Umgebung ist dabei immer niedriger als die Temperatur unseres Körpers. Deshalb gibt der Mensch durch Abstrahlung ständig Wärme an die umgebende Luft und an den Boden ab. Ist die Umgebungstemperatur allerdings zu niedrig, verliert der Mensch zu viel Wärme und friert. Sitzt man beispielsweise in der Nähe einer kalten Außenwand, beginnt man zu frösteln, denn durch die kalte Wand wird der sitzenden Person Wärme entzogen. Durch kalte Wände wird somit das behagliche Wohlgefühl reduziert.

Körpertemperatur

Hohe Oberflächentemperaturen der Bauteile reduzieren den Wärmeverlust des Körpers über Strahlung: bei einer Wandtemperatur von 20° C wird eine Lufttemperatur von 17° C noch als angenehm empfunden. Die Wohlfühltemperatur hängt somit auch von einer dichten Baukonstruktion ab, denn ein Temperaturunterschied zwischen Wandoberfläche und Raumluft kann zu einer Luftbewegung führen.

Ausgeglichene
Wärmebilanz

Entscheidend für den Organismus ist eine ausgeglichene Wärmebilanz zur Regulierung der Körpertemperatur auf 37° C, ohne zusätzlich den Stoffwechsel aktivieren zu müssen.

Frischluft ist ein weiteres Kriterium für Behaglichkeit. Pro Stunde und pro Person sollten 20–30 m^3 Frischluft dem Wohnraum zugeführt werden, damit der Mensch sich wohlfühlt. Wird zu wenig gelüftet, beispielsweise beim Aufenthalt mehrerer Personen im Raum, steigt die Kohlendioxidkonzentration und auch der Wasserdampfgehalt in der Raumluft an. Dabei kann es zu unangenehmen Geruchsbildungen durch Körperausdünstungen kommen. Mit der Lüftung – speziell mit der Stoßlüftung – werden auf diesem Wege auch Luftverunreinigungen und Feuchtigkeit aus dem Wohnraum nach draußen befördert, was die Luftqualität im Wohnraum erhöht.

Lüften Sie regelmäßig um Luftverunreinigungen und Feuchtigkeit aus dem Raum zu leiten.

Für ein gesundes Wohnraumklima ist auch ein gleichmäßiges Verhältnis von elektrisch geladenen Teilchen (negativ und positiv geladene Atome oder Moleküle) in der Raumluft verantwortlich. Sie bilden eine anregende biologische Reizwirkung und sorgen dabei unter anderem für die Reinigung der Luft. Durch die elektrische Ladung werden in der Luft schwebende Partikel wie Bakterien, Viren oder Staub angezogen und sinken durch die erhöhte Masse schnell zu Boden. Elektrostatische Aufladungen (z. B.

Elektrosmog), Tabak oder Räucherstäbchen in der Luft stören die Harmonie der elektrisch geladenen Teilchen in der Raumluft und somit auch das Raumklima. Deshalb ist die regelmäßige Lüftung generell wichtig für das Klima in Ihrem Wohnraum.

Expertentipp

Sparfüchse aufgepasst

Wenn Sie die Raumtemperatur um 1° C senken, können Sie 4 Prozent der Heizkosten einsparen. Voraussetzung ist natürlich, dass das Wohlbefinden der Bewohner nicht unter der Wärmereduktion leidet.

Baubiologische Grundsätze

Die Baubiologie sieht den Menschen in Beziehung oder in Wechselwirkung zu seiner Wohnumwelt. Speziell der Einfluss der gebauten Wohnumwelt auf die Gesundheit und das Wohlbefinden des Menschen ist das, worüber die Baubiologie lehren möchte. Im Gegensatz zur Bauökologie stellt die Baubiologie den Menschen in den Mittelpunkt ihrer Betrachtungen und nicht die Umwelt. Ganzheitliche baubiologische Untersuchungen befassen sich mit physikalischen Feldern und Strahlungen, Radioaktivität, dem Raumklima, schwer- und leichtflüchtige Luftschadstoffe, Partikeln, Fasern und mikrobiologischen Belastungen. Also alles, was zur Beeinträchtigung oder zur Förderung des Wohnklimas beitragen kann. Häufig werden auch die Grenzwissenschaften Geomantie oder Radiästhesie zur Baubiologie gezählt, wobei diese immer wieder durch üble Geschäftemachereien in Verruf geraten sind. Verbraucherberatungen und unabhängige wissenschaftliche Organisationen stehen jedoch im Zweifelsfall zur Beratung bereit und geben Auskunft über angebotene Produkte oder Dienstleistungen.

Mensch und Wohnumwelt

Grundregeln der Baubiologie

Wer sein Heim nach baubiologischen Gesichtspunkten errichten will, sollte sich an den vom Institut für Baubiologie entwickelten Grundregeln orientieren:

- Der Bauplatz darf weder natürliche noch künstliche Störungen aufweisen.
- Wohnhäuser sollen abseits von Emissions- und Lärmquellen errichtet werden.
- Dezentralisierte, lockere Bauweise in durchgrünten Siedlungen.
- Sowohl Wohnung als auch Wohnsiedlung sollen individuell, naturverbunden, menschenwürdig und familiengerecht gestaltet sein.
- Zum Bauen werden ausschließlich natürliche und unverfälschte Baustoffe verwendet.
- Die Neubaufeuchte muss gering sein und schnell abklingen.
- Wärmedämmung und Wärmespeicherung sollen in einem angenehmen Verhältnis zueinander stehen.
- Die Oberflächen- und Raumlufttemperaturen innerhalb des Wohnraums sollen für optimale Behaglichkeit sorgen.
- Eine gute Luftqualität wird durch natürlichen Luftwechsel hergestellt.
- Zur Beheizung des Wohnraums dient Strahlungswärme aus der Wandheizung oder dem Kaminofen.
- Die Licht-, Beleuchtungs- und Farbverhältnisse im Wohnraum sollen sich am Vorkommen in der Natur orientieren.
- Das Eigenheim soll das natürliche Strahlungsumfeld so wenig wie möglich verändern.
- Das Wohnumfeld sollte nicht von elektromagnetischen Feldern und Funkwellen gestört werden.
- Es sollen nur Baustoffe verwendet werden, die eine geringe Radioaktivität aufweisen.
- Ziel im Wohnraum ist es Geruchsneutralität bzw. einen angenehmen Geruch herzustellen, der frei von schadstoffbedingten Einflüssen ist.
- Die Anhäufung von Pilzen, Bakterien, Staub und Allergenen in der Raumluft soll weitgehend vermieden werden.
- Es ist für eine bestmögliche Trinkwasserqualität zu sorgen.
- Das Bauprojekt und die Entsorgung von Baustoffen darf zu keinen Umweltproblemen führen.

- Durch die Nutzung von regenerativen Energien soll der Energieverbrauch so weit es geht gesenkt werden.
- Die verwendeten Baustoffe sollen bevorzugt aus der Region bezogen werden, um die Ressourcen knapper Rohstoffe zu schonen.
- Für die Raumgestaltung und Einrichtung werden physiologische und ergonomische Erkenntnisse angewendet.
- Für das Haus sollen harmonische Maße, Proportionen und Formen berücksichtigt werden.

Expertentipp

Förderung von Energiesparberatung vor Ort

Im Rahmen der „Förderung der Vor-Ort-Beratung zur sparsamen und rationellen Energieverwendung in Wohngebäuden" wird auch eine Vor-Ort-Beratung vom Bundesamt für Wirtschaft und Ausfuhrkontrolle (BAFA) gefördert. Antragsberechtigt sind Energieberater, die durch das BAFA anerkannt sind. Eine Energieberaterliste kann auf der Internetseite *www.bafa.de* eingesehen werden.

✓ SCHRITT-FÜR-SCHRITT-GUIDE

So spüren Sie Schimmel in Ihrem Wohnraum auf

Formular
auf CD-ROM

Wenn Sie den Verdacht auf Schadstoffe in Ihrer Raumluft haben – speziell Schimmelpilzsporen – sollten Sie Ihrer Gesundheit zuliebe nicht lange zögern und schnell für Gewissheit sorgen. Anhand dieses Fragebogens können Sie überprüfen, wie groß die Wahrscheinlichkeit einer Schimmelpilzbelastung bei Ihnen zu Hause ist.

Das müssen Sie prüfen:

Nehmen Sie in Ihrem Haus oder in Ihrer Wohnung einen feuchten, muffigen Geruch wahr? Ist der Geruch bei feuchtem Wetter eventuell stärker? **ja** ☐ **nein** ☐

Bemerkung: ....

Ist der Geruch nach längerer Abwesenheit intensiver? Dies hängt damit zusammen, dass längere Zeit keine Frischluft zugeführt wurde und die Schadstoffe geballt in der Luft angesammelt sind. **ja** ☐ **nein** ☐

Bemerkung: ....

Wurden Sie von Besuchern schon einmal auf einen ungewöhnlichen Geruch bei Ihnen im Haus angesprochen? **ja** ☐ **nein** ☐

Bemerkung: ....

Hatten Sie einen Wasserschaden im Haus oder in der Wohnung, eventuell hervorgerufen durch einen Wasserrohrbruch, undichte Stellen im Dach, Hochwassereinbruch? **ja** ☐ **nein** ☐

Bemerkung: ....

Haben Sie feuchte Wände, Böden oder Decken? Prüfen Sie auch die Bereiche an Außenwänden, die durch Mobiliar oder sonstige Gegenstände bedeckt sind. **ja** ☐ **nein** ☐

Bemerkung: ....

Sind an Wänden, in Zimmerecken, Fensterlaibun-   ja ☐   nein ☐
gen oder Rollladenkästen schwarz-graue Flecken
zu sehen? An Wärmebrücken siedeln sich Schimmelpilze am liebsten an, da es in diesen Bereichen oft zu Kondenswasserbildung kommt.

Bemerkung: ....

Zeigen sich hinter Wandverkleidungen, Fußleisten ja ☐   nein ☐
oder unter Teppichböden, also an Stellen, an
denen sich Feuchtigkeit sammelt und nicht wieder
verdunsten kann, dunkle Verfärbungen?

Bemerkung: ....

Ist die Ursache der Feuchtigkeitsansammlung   ja ☐   nein ☐
erkennbar?

Bemerkung: ....

Haben sich Silikonfugen in den Feuchträumen, an   ja ☐   nein ☐
denen die Oberfläche der Außenwände kühler ist
als die der übrigen Wände, dunkel verfärbt?

Bemerkung: ....

Leiden Sie oder andere Familienmitglieder unter   ja ☐   nein ☐
ungeklärten Krankheitssymptomen, wie Organerkrankungen, Allergien und Hautreizungen, Er-
schöpfungszuständen, Abgeschlagenheit,
Schwindel, Gedächtnis- und Sprachstörungen,
Atemwegserkrankungen, Krippe ähnliche Beschwerden, Müdigkeit oder Kopfschmerzen?

Bemerkung: ....

Waren die bisher durchgeführten Therapien und   ja ☐   nein ☐
Behandlungen erfolglos?

Bemerkung: ....

Klingen Ihre Beschwerden ab, wenn Sie längere   ja ☐   nein ☐
Zeit nicht zu Hause sind? Auch kürzere Abwesen-
heiten, wie beispielsweise der tägliche Aufenthalt
im Büro bewirken schon eine Minderung der Beschwerden?

Bemerkung: ....

Das müssen Sie tun:
Wenn Sie mehrere Fragen mit „ja" beantworten können, sollten Sie unbedingt Ihr Haus oder Ihre Wohnung auf Schimmelpilze untersuchen lassen. Sprechen Sie mit einem Raumluft-
analytiker oder mit Ihrem Arzt über Ihre Beobachtungen und
eventuell positive Schnelltestergebnisse.

So könnte Ihr ausgefüllter Check aussehen:

Nehmen Sie in Ihrem Haus oder in Ihrer Woh- **ja** × **nein** ☐
nung einen feuchten, muffigen Geruch wahr?

Bemerkung: Vor allem bei feuchtem Wetter.

Ist der Geruch nach längerer Abwesenheit **ja** × **nein** ☐
intensiver?

Bemerkung: Besonders wenn nicht gelüftet
wurde.

Wurden Sie von Besuchern schon einmal auf **ja** × **nein** ☐
einen ungewöhnlichen Geruch bei Ihnen im
Haus angesprochen?

Bemerkung: Freunde und Verwandte sagen,
dass es bei uns muffig riecht.

Hatten Sie einen Wasserschaden im Haus **ja** ☐ **nein** ×
oder in der Wohnung?

Bemerkung: -------

Haben Sie feuchte Wände, Böden oder De- **ja** × **nein** ☐
cken?

Bemerkung: Im Keller und Arbeitsraum sind
mehrere feuchte Stellen an der Außenwand.

Sind an Wänden, in Zimmerecken, Fensterlai- **ja** × **nein** ☐
bungen oder Rollladenkästen schwarz-graue
Flecken zu sehen?

Bemerkung: Unterhalb des Küchenfensters
und an mehreren Fensterlaibungen sind
schwarze Stellen.

usw.

Verlässliche Baustoffe, Bausysteme und Baukonstruktionen

Durch die Wahl der richtigen Baustoffe für Ihren Neu- oder Umbau können Sie von vornherein einer Schadstoffbelastung der zukünftigen Wohnraumluft vorbeugen und das Wohlbefinden in den eigenen vier Wänden unterstützen.

Chemische Reaktion

Baumaterialien, die direkt mit der Raumluft in Verbindung stehen, sind in erster Linie für Verunreinigungen durch Schadstoffe verantwortlich. Tiefer liegende Bauteilflächen können zwar auch Schadstoffe abgeben, sie sind jedoch teilweise durch darüber liegende Schichten abgekapselt. Problematisch wird es, wenn verschiedene Schichten chemisch miteinander reagieren und es dadurch zur Freisetzung von Schadstoffen kommt. Um diesem Problem vorzubeugen, ist es ratsam, die Auswahl der Baumaterialien optimal aufeinander abzustimmen. Am einfachsten ist die Verwendung unbedenklicher Bauprodukte, die leicht an entsprechenden Qualitätssiegeln und Umweltzeichen zu erkennen sind. Eines der ersten Qualitätssiegel das unbedenkliche Bauprodukte auszeichnete, war das Umweltzeichen des Umweltbundesamts:

„Blauer Engel". Mittlerweile sind zahlreiche weitere Zeichen, Siegel und Prädikate hinzugekommen. Aus diesem Grund sollte man nur zu Produkten greifen, zu denen Informationen bezüglich ihrer gesundheitlichen Wirkungen vorliegen oder deren Inhaltsstoffe auf der Verpackung komplett aufgeführt sind (Volldeklaration).

Welche Baumaterialien sind bedenklich?

Baumaterialien sind dann als bedenklich einzustufen, wenn bei ihrer Herstellung und Verwendung, bei ihrem Abriss und ihrer Entsorgung und im Falle eines Brandes gesundheitsgefährdende Schadstoffe freigesetzt werden. Dabei entfalten Baustoffe oft erst bei Hautkontakt ihre ätzende Wirkung, wie dies etwa bei Zement der Fall ist. Kommen Sie mit ihm ohne Arbeitshandschuhe in Berührung, sind die Hände schnell angegriffen.

Die Entfernung und Entsorgung hochgiftiger Baustoffe wie beispielsweise Asbest unterliegt strengen gesetzlichen Bestimmungen und darf nur von Spezialfirmen durchgeführt werden. Wenn es um Wärmedämmung geht, sollte man wissen, dass Kunststoffe, wie sie beispielsweise in Fenstersystemen vorkommen (z. B. PVC) im Brandfall ätzende oder toxische Gase entwickeln, wodurch Rettungs- oder Fluchtversuche behindert und verzögert werden können. Baumaterialien die sogenannte VOC (flüchtige organische Verbindungen) beinhalten, können über Jahre Schadstoffe ausdünsten und an die Raumluft abgeben.

Richtlinien zur Entsorgung

All dies sind Faktoren, die bei der Auswahl von Baumaterialien berücksichtigt werden sollten. Die nachfolgenden Seiten informieren Sie über Baustoffe und Baumaterialien, die aufgrund ihrer Inhaltsstoffe eine Gefahr für die Gesundheit darstellen können.

Faktoren bei der Auswahl

Zement

Das Bindemittel Zement ist hinsichtlich seines umweltbelastenden Herstellungsprozesses als bedenklich einzustufen. Bei der energieaufwendigen Herstellung von Zement werden Staub-Emissionen und gasförmige Schadstoffe (Stickoxide, Kohlendioxid, Kohlenmonoxid) freigesetzt. Zusätzlich macht der hohe Gehalt an Schwermetallen Zement zur potenziellen Umweltgefahr.

Bei der Verwendung von zementhaltigen Baustoffen sind wegen der Verätzungsgefahr feuchtigkeitsdichte Arbeitshandschuhe und Hautschutzmaßnahmen notwendig.

Holzwerkstoffplatten

Abgabe von Formaldehyd

Wenn es um Schadstoffausdünstungen geht, spielen Holzwerkstoffplatten eine zentrale Rolle. Konventionelle Platten sind mit Bindemitteln (Leim) verpresst, die Formaldehyd, Isocyanate oder Terpene enthalten und diese ausgasen können. Geringfügige Leimzersetzungen in Holzwerkstoffplatten (etwa als Reaktion auf Feuchtigkeit) führen zu einer fortwährenden Abgabe von Formaldehyd. Je geringer der Gehalt an Bindemitteln ist, desto weniger Formaldehyd oder andere Schadstoffe können aus dem Produkt entweichen. Da bereits geringfügige Mengen an Formaldehyd in der Raumluft ausreichen, um allergische Reaktionen auszulösen sollte besser auf verleimte Holzwerkstoffe verzichtet werden. V-20-Spanplatten, OSB-Platten (Oriented Strand Board), Sperrholzplatten sowie Holzfaserplatten oder MDF-Platten (mitteldichte Faserplatten) sollten aus diesem Grund besser nicht verwendet werden.

PRAXISBEISPIEL

Auf Prüfsiegel und Kennzeichen achten!
Unbedenkliche Holzwerkstoffe können Sie anhand verschiedener Prüfsiegel und Produktzeichen erkennen. Für Formaldehyd gibt es einen gesetzlich festgelegten Grenzwert von 0,1 ppm (0,1 ml/ m^3), was der Emissionsklasse E1 entspricht. Dieser Wert wurde vom ehemaligen Bundesgesundheitsamt als gesundheitlich unbedenklich festgelegt und ist nicht ganz unumstritten. Belastungen unterhalb dieses Wertes werden von der Weltgesundheitsbehörde (WHO) bereits als bedenklich eingestuft. Der „Blaue Engel" setzt den Grenzwert sogar auf 0,05 ppm. Allerdings kann bei kurzzeitiger Formaldehyd-Exposition schon ab einem Wert von 0,01 ppm eine Reizung der Augen erfolgen. Wenn man also auf Nummer sicher gehen möchte, wählt man entweder formaldehydfreie Holzwerkstoffe oder man weicht auf einen unbedenklicheren Baustoff wie Gips aus. Unbedenklich sind auch Produkte, die mit

dem Kennzeichen des Eco-Umweltinstituts versehen sind, denn diese dürfen nur geringe Mengen Formaldehyd beinhalten.

Kunststoffe und Kunststoffprodukte

Dämmplatten aus Kunststoff können aufgrund toxischer Ausdünstungen gesundheitsgefährdend sein. Während der Nutzungsphase von Polystyrol-Platten (EPS- und XPS-Dämmplatten) sind Styrolausdünstungen möglich. Styrol wird aus den Erdölprodukten Ethylen und Benzol (krebserzeugend) hergestellt. XPS-Dämmplatten werden hauptsächlich im Außenbereich (Perimeter-, Sockeldämmung) eingesetzt.

Expandierte Polystyrol-Hartschaumstoffplatten (EPS-Dämmplatten) können zwar in den Innenraum ausgasen, die bisher gemessenen Werte liegen aber unterhalb der Risikoschwelle. Bei der Verlegung zur Rauminnenseite können diese Platten eine Verschlechterung der Raumluft bewirken. Durch regelmäßiges Lüften – besonders in der Anfangszeit – kann diesem Problem allerdings entgegengewirkt werden. *Verschlechterung der Raumluft*

Gesundheitsgefährdende Stoffe sind auch in Polyurethan-Dämmplatten (PUR) enthalten. Ein Großteil der Treibgase, die an der PUR-Herstellung beteiligt sind, verbleibt im Werkstoff und gast über die gesamte Nutzungsphase aus. Obwohl die MAK-Werte (Maximale-Arbeitsplatz-Konzentration) nicht überschritten werden, sind dennoch Erkrankungen bei Arbeitnehmern, die ständig Isocyanat ausgesetzt sind, festzustellen. Insgesamt sind PUR-Dämmplatten zwar als toxikologisch unbedenklich eingestuft, es kann aber die Möglichkeit bestehen, dass sie trotzdem Spuren giftiger Komponenten beinhalten.

Polyvinylchlorid – besser bekannt als PVC – ist ein spröder Kunststoff, dem oft Weichmacher und Schwermetalle zugesetzt werden. Weichmacher sind äußerst kritisch zu bewerten, da sie teilweise freigesetzt werden und den Innenraum damit belasten. Wenn PVC-haltiges Material verbrennt, können sich die hochtoxischen Gifte Dioxin und Furan entwickeln. *Zusatz von Weichmachern*

Montageschaum oder Polyurethanschaum wird zur Wärmedämmung und zum Schallschutz in Hohlräume, Ritze und sonstige offene Stellen gespritzt. Als Ausgangsstoffe dienen Isocyanate und Alkohole. Bei der Anwendung von Polyurethanschäumen werden erhebliche Mengen Isocyanate freigesetzt die Atemwegserkrankungen auslösen können.

Dauer-elastische Dichtungs-massen In bestehenden Gebäuden aus den Jahren 1965 bis 1975 wurden häufig zwischen Betonfertigteilen, in Fenster- und Türanschlüssen sowie im sanitären Bereich dauerelastische Dichtungsmassen auf Polysulfid-Kautschukbasis verwendet, die weichmachende Polychlorierte Biphenyle (PCB) enthalten. PCB sind als krebsverdächtig (K3) eingestuft. Werden größere PCB-Mengen dauerhaft etwa durch die Raumluft aufgenommen, können sie beim Menschen chronische Gesundheitsschäden verursachen (z. B. Kopfschmerzen, Sehschwäche, Haarausfall oder Bronchitis). In Deutschland ist die Verwendung von PCB seit 1989 verboten. Ab einem gemessenen Wert von 3000 ng/m³ muss eine Sanierung der betroffenen Bauteile durch eine Fachfirma vorgenommen werden.

Schadstoffe in Baumaterialien

Chemische Schadstoffver-bindungen Ganz gleichgültig ob Sie ein bestehendes Gebäude kaufen wollen oder ob Sie einen Neubau planen, das Wissen über Schadstoffe in Baumaterialien kann Ihnen als Bauherr viel Ärger und zusätzliche Kosten ersparen. Nach Schätzungen von Experten belasten derzeit etwa 8.000 chemische Schadstoffverbindungen die Innenräume von Alt- und Neubauten. Bei Altbauten oder bestehenden Gebäuden sind es vor allem Baustoffe aus den 1970er-Jahren, die sich erst im Laufe der Jahre als gesundheitsschädlich herauskristallisiert haben. Heute am Markt befindliche Baumaterialien sind in der Regel weniger mit Schadstoffen belastet als früher. Doch blindes Vertrauen ist trotzdem nicht ratsam.

Asbest (natürliche Mineralfasern)

Der Gebrauch von Asbest als Bauwerkstoff, zum Schutz vor Brand, Hitze, Schall und Feuchtigkeit war in den 1960er- und 1970er-Jahren gang und gäbe. Weißasbest war damals die mit Abstand meistverwendete Asbestart. Am gefährlichsten waren die sogenannten schwach gebundenen Produkte. Da sich aus ihnen lungengängige Fasern am leichtesten lösen konnten, bestand für die Gebäudenutzer eine konkrete Gesundheitsgefahr. Einmal eingeatmet setzen sich diese Fasern in der Lunge fest und durchdringen im schlimmsten Fall das Lungengewebe. Aufgrund der Beständigkeit im Körpergewebe (durchschnittliche Latenzzeit 20 Jahre) können Asbestfasern langfristig chronische Krankheiten verursachen. Nicht umsonst gilt Asbest als hochgradig krebserzeugend (Kategorie 1). Aus den Erfahrungen mit Asbest wurden konsequenterweise auch für Mineralwolle-Dämmstoffe, künstliche Mineralfasern und Keramikfasern krebserzeugende (kanzerogene) Wirkungen nachgewiesen. Von intakten Asbestprodukten geht keine Gefahr aus. Erst bei Beschädigung können kanzerogene Asbestfasern in großem Umfang freigesetzt werden und in die Atemluft gelangen. Asbesthaltige Materialien erkennen Sie an einer stumpfen Oberfläche, an der weißgrauen bis grauen Farbe und an abstehenden Faserbüscheln an Bruchkanten.

Asbestfasern sind in unbeschädigtem Zustand ungefährlich. Bricht das Material jedoch auf, können sich krebserregende Stoffe freisetzen.

Künstliche Mineralfasern (KMF)

Künstliche Mineralfasern – am bekanntesten in Form von Mineralwolle-Dämmstoff – sind lungengängig und gelten als möglicherweise krebserregend. Bis in die 1990er-Jahre waren die Fasern so strukturiert, dass sie mehrere Monate bis Jahre im Lun-

Mineralwolle-Dämmstoff

gengewebe verblieben, bevor sie sich schließlich auflösten. Angewendet wurden sie hauptsächlich zur Wärmedämmung, zum Brandschutz sowie zur Schallisolierung. Eingebaute KMF-Dämmstoffe müssen zum Wohnraum hin absolut dicht abgedeckt sein, damit sich keine Fasern aus dem Dämmmaterial lösen können. Schon ein Luftzug würde ausreichen, um Fasern aus der Mineralwolle zu lösen und die Raumluft damit anzureichern.

Offenliegende Stellen

Bereiche, in denen Fasern offen liegen, sollten auf jeden Fall saniert werden. Seit dem Jahr 2000 dürfen nur noch Mineralwolle-Dämmstoffe hergestellt und verwendet werden, die (erwiesenermaßen) nicht krebserzeugend sind. Produkte, die nicht unter Krebsverdacht stehen, sind mit dem RAL-Gütezeichen 388 versehen.

Expertentipp

Gefährlichen Abfall entsorgen!

Falls im Zuge von Renovierungsarbeiten Asbest- und Mineralfaserabfälle anfallen, müssen diese als „gefährliche Abfälle" behandelt und entsorgt werden. Umweltämter oder die zuständigen regionalen Abfallwirtschaftsbetriebe geben Auskunft darüber, wie gefährlicher Abfall ordnungsgemäß beseitigt werden kann.

Formaldehyd

Giftiges Gas

Formaldehyd ist ein giftiges und brennbares Gas, das von der internationalen Krebsforschungsbehörde IARC (International Agency for Research on Cancer) als kanzerogen eingestuft wurde. Dass von Formaldehyd eine Gefahr für die Gesundheit ausgeht, wurde schon Mitte der 1970er-Jahre festgestellt. Das damalige Bundesgesundheitsamt legte daraufhin für Formaldehyd einen Emissionsgrenzwert von 0,1 ppm (1,2 mg/m^3) fest. Entsprechend ihrer Formaldehydabgabe wurden Spanplatten in drei Emissionsklassen eingeteilt:

❶ E1: Grenzwert unter 0,1 ppm
❷ E2: Grenzwert zwischen 0,1 und 1,0 ppm

❸ E3:Grenzwert höher als 1,0 ppm
(ppm = 1 Teil in 1 Million Teile)

Mittlerweile gilt die Chemikalien-Verbotsordnung auch für alle anderen Holzwerkstoffe. Seitdem dürfen nur noch Holzwerkstoffe der Emissionsklasse E1 in Verkehr gebracht werden. Verleimte Holzwerkstoffe wie Schichtparkett oder Sperrholz sind ebenso kritisch zu bewerten wie feuchteempfindliche harnstoffharzverleimte Spanplatten, die in Verbindung mit Feuchtigkeit anhaltend Formaldehyd abgeben. In erster Linie gelangt Formaldehyd über die Atemwege in unseren Organismus. Bei längerer Formaldehyd-Exposition über die Atemluft können Beschwerden wie Konzentrationsstörungen, Übelkeit, Unruhe, Allergien und Organschädigungen auftreten. Kommt Formaldehyd mit der Haut in Berührung, können Kontaktallergien ausgelöst werden, die sich zu Ekzemen weiterentwickeln können.

Chemikalien-Verbotsordnung

PAK – polyzyklische aromatische Kohlenwasserstoffe

PAK sind Verbindungen, die aus mehreren Benzolringen aufgebaut sind. Sie entstehen entweder auf natürliche Weise (z. B. durch Vulkanausbrüche und Waldbrände) oder haben anthropogene (menschengemachte) Ursachen wie Straßenverkehr oder industrielle Verbrennungsprozesse. In allen Teer basierten Bauprodukten, die in den 1970er-Jahren verwendet wurden, sind hohe PAK-Werte vorzufinden, insbesondere in Abdichtungsmaterialien für den Außenbereich: Dachbahnen, Teeranstriche oder Holzschutzmittel (Carbolineum). Die Aufnahme von PAK erfolgt über die Atemluft, über die Nahrung oder durch Hautkontakt. Einige PAK sind erwiesenermaßen krebserzeugend (K1 und K2). Anhand von Richtwerten werden PAK-Konzentration in der Innenraumluft beurteilt. Rechtliche Grundlage hierfür bilden die technischen Regeln für Gefahrstoffe (TRGS-551) (→CD-ROM).

Text auf CD-ROM

Isocyanate

Isocyanate sind hochgiftig und dienen als Ausgangsprodukte der Polyurethane, die für die Herstellung von Bauprodukten wie Ortsschäumen, Spanplatten, Kleber, Lacken usw. benötigt werden.

Eine berufsbedingte, ständige Exposition mit Isocyanaten (während und kurz nach der Anwendung) kann Atemwegserkrankungen bis hin zum Asthma auslösen. Nach Einbau isocyanatgebundener Spanplatten wurden allerdings keine Isocyanate in der Raumluft von Wohnräumen nachgewiesen. Werden PUR-Beschichtungen abgeschliffen, können im entstehenden Feinstaub reaktionsfähige Isocyanate enthalten sein.

Unbedenkliche Baustoffe und Baumaterialien

Schadstoffarme Bauprodukte

Natürliche Baustoffe sind für den Menschen vielfach besser verträglich. Zudem legen immer mehr Bauherrn Wert auf natürliche Alternativen zu konventionellen Baustoffen. Schadstoffarme Bauprodukte sind weniger bedenklich für die Gesundheit, sie berücksichtigen ebenso umweltspezifische Aspekte, wie Ressourcenschonung oder Recycelbarkeit. Um diesen Anforderungen gerecht zu werden, dürfen natürliche bzw. ökologische Baumaterialien keine Stoffe oder Verunreinigungen enthalten, die in irgendeiner Art und Weise die Gesundheit des Menschen oder die Umwelt gefährden können. Mittlerweile gibt es für nahezu jeden Anwendungsbereich im Wohnungsbau eine Auswahl schadstoffreduzierter Baustoffe.

Schadstoffreduzierte Bauprodukte erkennen

Nicht alle Gütesiegel, die im Baustoffmarkt zu finden sind, garantieren auch Gesundheitsverträglichkeit. Für den Verbraucher ist es nicht gerade einfach, sich unter der Vielzahl von Labeln und Zeichen zurechtzufinden. Zumal die Hersteller zu Werbezwecken häufig ihre Produkte mit selbst entworfenen Labels und Eigenmarken schmücken. Für den Baustoffmarkt sind zwei Gütezeichen maßgebend: „Blauer Engel" und „Natureplus" (siehe Seite 203).

Blauer Engel

Mit dem Blauen Engel werden ausschließlich Produkte gekennzeichnet, die schadstoffreduziert sind. Getragen und verwaltet wird dieses Zeichen vom Bundesministerium für Umwelt, Naturschutz und Reaktorsicherheit und dem RAL Deutsches Institut für Gütesicherung und Kennzeichnung e. V. Insbesondere emissionsgeprüfte Bauprodukte (Kleber, Farben, Lacke, Dämmstoffe, Putze u.a.) tragen dieses Umweltzeichen.

„Natureplus" ist das europäische Qualitätszeichen für umweltgerechte, gesundheitsverträgliche und gebrauchstaugliche Bauprodukte. Es wird vom Internationalen Verein für zukunftsfähiges Bauen und Wohnen, natureplus e. V., vergeben. Bauprodukte, die das Natureplus-Zertifikat tragen, erfüllen strenge Anforderungen an Gesundheits- und Umweltschutz. Bisher wurden Natureplus-Zertifikate in den Produktgruppen Bodenbeläge (Linoleum, Holz- und Parkettböden), Dachziegel, Dämmstoffe aus nachwachsenden Rohstoffen, Holzwerkstoffplatten, Oberflächenbeschichtungen, Farben und Lacke vergeben.

Wandbaustoffe

Die Gesundheit in den eigenen vier Wänden spielt in der Baubiologie eine zentrale Rolle. Feuchteregulierende Baustoffe, die ein gesundes Raumklima schaffen, sind daher für den Wandaufbau am besten geeignet. Doch nicht jeder raumklimatisch hervorragende Baustoff genügt auch den hohen gebäudetechnischen Anforderungen an Stabilität, Wärmedämmung oder Schallschutz. Viele Bauherrn kombinieren aus diesem Grund Baustoffe miteinander und erhalten auf diese Weise einen optimalen und gesundheitsfreundlichen Wandaufbau.

Feuchtigkeitsregulierend

Ziegel

Brandschutzklasse	A1
Wärmeleitzahl (W/ mK)	0,17–0,82
Preis pro m^2	ca. 39–50 €

Ziegel ist neben Holz der wohl älteste und bewährteste Baustoff im Hausbau. Produktionsbestandteile für das Rohmischgut des Ziegels sind Lehm, Ton, Sand, Wasser und natürliche Zuschlagstoffe. Ziegel werden als Mauer- oder Dachziegel hergestellt. Entsprechend ihrer Ausführung sind sie gut schalldämmend und wärmespeichernd (Vollmauerziegel) oder sie haben ausgezeichnete Wärmedämmeigenschaften (porosierter Hochlochziegel).

Bewährter Baustoff

Eine moderne Ziegelvariante ist der Planziegel, dessen Auflageflächen glatt bzw. „plan" geschliffen sind. Er wird im Dünnbettmörtel vermauert und kann daher rasch verarbeitet werden.
Eigenschaften:

Ohne Giftstoffe

- Formstabil und feuchtigkeitsausgleichend,
- weitgehend frei von Giftstoffen und schädlichen Ausdünstungen,
- hoher Schallschutz, gute Wärmespeicherung und Wärmedämmung,
- extrem widerstandsfähig gegenüber mechanischer Beanspruchung,
- resistent gegenüber Schädlingen, chemischen Einflüssen und Umweltbelastungen.

Ziegel ist neben Holz einer der ältesten Baustoffe.

Porenbeton

Brandschutzklasse	A1
Wärmeleitzahl (W/ mK)	0,09–0,16
Preis pro m²	ca. 38–45 €

Porenbeton ist ein dampfgehärteter Baustoff auf Grundlage von Quarzsand, Bindemittel (Zement, Kalk, Gips), Treibmittel (Aluminiumpulver oder -paste) und Wasser. Durch die Zugabe des Treibmittels wird die Rohmischung aufgetrieben, wodurch sich die typischen Poren bilden. Zwar verleihen die Poren dem Material sehr gute wärmedämmende Eigenschaften, doch dafür bleibt der Schallschutz auf der Strecke. Da Porenbeton stark feuchteempfindlich (hygroskopisch) ist, eignet er sich nur in Verbindung mit einem wasserabweisenden Putz als Mauerstein für Außenwände. Im Handel ist Porenbeton in Form von Plansteinen, Planblöcken, Planbauplatten und kompletten Wandelementen erhältlich.

Dampfgehärteter Baustoff

Eigenschaften:
- Gute Wärmedämmung,
- akzeptable baubiologische Eigenschaften,
- schädlingsresistent,
- hohe Druckfestigkeit.

Kalksandstein

Brandschutzklasse	A1
Wärmeleitzahl (W/mK)	0,5–1,1
Preis pro m²	ca. 48–55 €

Kalksandstein kann natürlich vorkommen oder wie Porenbetonstein unter Dampfhärtung hergestellt werden. Seine Grundbestandteile sind Quarzsand, Brandkalk und Wasser. Sowohl bei der Herstellung als auch bei der Verwendung werden keine gesundheitsgefährdenden Stoffe freigesetzt. Aufgrund der geringen wärmedämmenden Wirkung von Kalksandsteinen müssen Außenwände zusätzlich gedämmt werden. Kalksandsteine werden zu Mauersteinen (Vollsteine, Lochsteine, Plansteine, Hohlblocksteine, Kalksandleichtsteine), Vormauersteinen und Verblendern verarbeitet.

Nicht gesundheitsgefährdend

Eigenschaften:

- Sehr gute schalldämmende und wärmespeichernde Eigenschaften,
- gute baubiologische Eigenschaften (dampfdiffusionsoffen, günstige raumklimatische Wirkung),
- hohe Wasser- und Druckbeständigkeit,
- resistent gegen Ungeziefer und chemische Einflüsse,
- wärmespeichernd, daher für mehrschichtige Außenwandkonstruktionen zum Wärmeschutz geeignet.

Lehm

Brandschutzklasse	A1
Wärmeleitzahl (W/ mK)	0,1–0,99
Preis pro m^2	ca. 450 €

Natürliche Rohstoffe Sowohl wirtschaftlich als auch baubiologisch gesehen ist Lehm eines der interessantesten Baumaterialien. Er ist überall im Boden zu finden und setzt sich aus natürlichen und unbedenklichen Rohstoffen zusammen: Ton (Bindemittel), Kies, Sand (Füllstoff) und Schluff. Während der Anwendung von Lehmprodukten kommt es zu keinerlei gesundheitlichen Beeinträchtigungen. Da Lehmbauteile ausschließlich durch Lufttrocknung fest werden, sind sie lebenslang feuchtigkeitsempfindlich. Ein Rohbau aus Lehmbaustoffen sollte daher ausreichend vor Regen geschützt werden. Außenwände, die der Witterung ausgesetzt sind, sollten nicht aus Lehmbaustoffen hergestellt sein.

Unterschiedliche Lehmsteine Unter Beimischung von Zuschlagstoffen können Lehmmischungen zu Lehmsteinen unterschiedlicher Qualitäten verarbeitet werden: zu gut wärmespeichernden Massivlehmsteinen oder zu wärmedämmenden Leichtlehmsteinen. Weitere Lehmbaustoffe sind Leichtlehmplatten, Lehmputze und Lehmmörtel.

Eigenschaften:

- Optimaler Temperatur- und Feuchtigkeitsausgleich (dampfdiffusionsoffen),

- bindet Schadstoffe und Gerüche,
- wärmedämmend oder wärmespeichernd,
- Holz konservierende Eigenschaften,
- schall- und brandhemmend.

Holz

Brandschutzklasse	B1: imprägniert oder beschichtet B2: bei 2 mm Dicke und > 230 kg/ m³ Rohdichte oder 5 mm Dicke und > 400 kg/ m³ Rohdichte
Wärmeleitzahl (W/ mK)	0,1–0,2
Preis pro m²	ca. 6–16 €

Bauherrn die nicht nur gesund, sondern auch ökologisch bauen möchten, wählen den Baustoff Holz für die Konstruktion ihres Hauses. Unbehandelte, einheimische Hölzer haben eine sehr starke keimtötende Wirkung und garantieren für ein nachhaltig gesundes Raumklima. Hinzu kommt die Eigenschaft, Feuchtigkeit aus der Raumluft aufzunehmen und langsam wieder abzugeben – entscheidende Kriterien bei gesundem Bauen.
Gesund und ökologisch

Wird Holz für statisch tragende Bauteile verwendet, muss entsprechender Holzschutz angewendet werden (DIN 68800). Soll das Holz chemisch geschützt werden, dürfen nur solche Holzschutzmittel verwendet werden, die gemäß Prüfzeichenverordnung der Länder vom Institut für Bautechnik geprüft und zugelassen sind. Auf chemische Holzschutzmittel kann weitgehend verzichtet werden, wenn konstruktiver Holzschutz angewendet wird.
Holzschutz

Eigenschaften:
- Fördert das Raumklima,
- wirkt luftreinigend und antistatisch,
- hervorragender Wärmeschutz,
- diffusionsfähig und feuchtigkeitsregulierend.

Beton

Brandschutzklasse	A1
Wärmeleitzahl (W/ mK)	0,22–2,5
Preis pro m²	ca. 21–55 €

Energieaufwendige Herstellung

Beton ist eine Baustoffgruppe aus Gesteinskörnern, die mit Zement als Bindemittel dauerhaft verbunden sind. Durch den Zementgehalt werden Betoneigenschaften wie Festigkeit oder Beständigkeit bestimmt. Je nachdem welche und wie viele toxische Zuschlagstoffe in den Zement gemischt werden, kann das Endprodukt Beton bei der Verarbeitung gesundheitsgefährdend sein. Festgewordener Beton weist in der Regel keine nennenswerten Ausgasungen auf. Vom ökologischen Aspekt her ist Beton aufgrund seines Zementanteils bedenklich, da die Zementherstellung sehr energieaufwendig und die Entsorgung von Zementprodukten zum Teil problematisch ist.

Im festen Zustand treten aus Beton keine gesundheitsschädlichen Gase aus.

Bindemittel

Die bauphysikalischen Eigenschaften eines Baustoffs, wie Lebensdauer, Verarbeitungseigenschaften und Gesundheitsschutz, werden vor allem durch Menge und Art des Bindemittels bestimmt. Je nachdem in welcher Menge ein Bindemittel zugemischt wird, spricht man von einer „fetten" Mischung (hoher Bindemittelanteil) oder einer „mageren" Mischung (niedriger Bindemittelanteil). Für den gesunden Wohnungsbau kommen hauptsächlich Gips, Kalk (Kalkhydrat) und Magnesiabinder als Bindemittel in Frage.

Magere und fette Mischung

Gips

Gips besitzt sehr gute bauphysikalische Eigenschaften und ist der weltweit am meisten verwendete Baurohstoff. Sowohl Naturgips als auch REA-Gips sind gesundheitlich unbedenklich und können das Raumklima günstig beeinflussen. Seine offenporige Struktur verleiht Gips die Fähigkeit, Wasserdampf aufzunehmen, zu speichern und bei Bedarf schnell wieder abzugeben. Generell sind Gipsbaustoffe nicht brennbar.

Gutes Raumklima

Kalk

Kalk bzw. Kalkhydrat ist das einzige alkalische Bindemittel. Aufgrund seiner Alkalität erhält Kalkhydrat eine keimtötende Wirkung und zeigt sich resistent gegen Pilzbefall. Kalkbaustoffe sind dampfdiffusionsoffen und sorgen für eine ausreichende Feuchtigkeitsregulierung im Putz, im Mauerwerk oder im Holz.

Keimtötende Wirkung

Magnesiabinder

Magnesiabinder wird in erster Linie zur Herstellung von Magnesiaestrich und zur Stabilisierung von Holzwolle-Leichtbauplatten verwendet. Magnesiaestrich kann als Alternative zu zementgebundenen Estrichen eingesetzt werden, allerdings nicht in Feuchträumen. Während der Nutzungsphase kommt es zu keinen schädlichen Auswirkungen.

Putze

Regulierung
der Raumluft

Unterputz für Innenräume sollen hauptsächlich Unebenheiten ausgleichen und einen idealen Untergrund für die abschließende Wandgestaltung bilden. Der Putz für einen gesunden Raum muss natürlichen Ursprungs sein und darf keine dampfbremsenden Eigenschaften besitzen. Im Gegenteil, er muss wasserdampfdurchlässig sein, um die Feuchtigkeit der Innenraumluft regulieren zu können. Für die Qualität des Wohnraumklimas ist die Zusammensetzung des Putzes ausschlaggebend.

Um ein gesundes und ausgeglichenes Wohnklima zu erzielen, muss der Innenputz die Feuchtigkeit regulieren können.

Diffusionsoffen

Putze für die Außenwand oder für die Fassade müssen witterungsbeständig und wasserundurchlässig, aber trotzdem diffusionsoffen sein. Ausgehend vom Untergrund soll die Festigkeit eines Putzes nach außen abnehmen, damit der Putz dehnfähig bleibt und bei Temperaturschwankungen keine Risse bekommt. Für die Fassade eignen sich am besten mineralische Putze mit den Bindemitteln Baukalk und/oder Zement. Bauherrn, die auf eine gute Ökobilanz der Bauprodukte achten wollen, sollten der Umwelt zuliebe auf zementgebundene Fassadenputze verzichten und sich ausschließlich für Kalkputze entscheiden.

Werden Putzträger benötigt, etwa auf Holz- oder Metalluntergründen, können Schilfmatten oder Holzwolle-Leichtbauplatten zu diesem Zweck eingesetzt werden.

Gipsputz

Anwendungsbereich: Innenraum.
Ausführungen: Naturgips, REA-Gips.
Weiterverarbeitung: Je nach Qualitätsstufe des Gipsputzes können Wandbeläge aus Keramik, Naturstein, Kunststein und diversen Tapeten aufgebracht werden, sowie geeignete Anstriche, Lasuren und Dekorputze.
Eigenschaften:
- diffusionsoffen, gleicht Feuchtigkeit aus,
- kann gut Wärme speichern,
- wirkt brand- und schallhemmend,
- Oberflächen fühlen sich warm an,
- nässeempfindlich, nicht für Feuchträume geeignet.

Wärmeleitfähigkeit: Gipsputz ohne Zuschlag 0,35 W/mK, Kalkgipsputz 0,70 W/mK.
Preis pro m²: ca. 10–15 €.

Kalkputz

Anwendungsbereich: Innenraum, Außenbereich.
Ausführungen: Kalkputzmörtel (Innenputz), Trasskalkputz (Außenputz).
Weiterverarbeitung: Anstrich mit Kasein-, Kalkkasein- oder Naturharzfarben, Anstriche die auf natürlichen mineralischen Rohstoffen basieren.
Eigenschaften:
- diffusionsoffen, gleicht Feuchtigkeit aus,
- kann gut Wärme speichern,
- wirkt brand- und schallhemmend,
- kann Schadstoffe und Gerüche binden,
- besitzt keimtötende Wirkung,
- resistent gegen Ungeziefer und Pilzbefall,
- sehr beständig gegen Umwelteinflüsse und Chemikalien.

Wärmeleitfähigkeit: 0,70 W/mK.
Preis pro m²: ca. 20–50 €.

Lehmputz

Anwendungsbereich: Innenraum.
Ausführungen: Lehmmörtel, Lehmedelputz (Dekorputz), Lehmverbundputz oder stabilisierter Lehmputz.
Weiterverarbeitung: Anstrich mit Kalkkasein-, Silikat- oder Lehmfarben, Oberflächenschutz durch Lasuranstrich.
Eigenschaften:

- diffusionsoffen, gleicht Feuchtigkeit aus,
- kann gut Wärme speichern,
- verhindert elektrostatische Aufladung,
- wirkt brand- und schallhemmend,
- kann Schadstoffe binden,
- nässeempfindlich, nicht für Feuchträume geeignet (bei langer Feuchtigkeit Schimmelpilzgefahr).

Wärmeleitfähigkeit: 0,60–0,80 W/mK.
Preis pro m²: ca. 3–10 €.

Die Auswahl der Putzart sollten Sie nicht nur unter finanziellen Aspekten, sondern auch aufgrund der Eigenschaften des Materials treffen.

Naturfaserputz

Anwendungsbereich: Innenraum.
Ausführungen: Putze aus Baumwollflocken, Zelluloseflocken oder Zellulosefasern, Putze aus Textilfasern (Viskose, Leinen, Jute, Hanf).
Eigenschaften:
- diffusionsoffen,
- gute Schall- und Wärmedämmung,
- einfache Reparatur von Beschädigungen.

Preis pro m²: ca. 5 €.

Expertentipp

Verzichten Sie auf Kunstharzputze!

Kunstharzputze sind weniger dampfdiffusionsoffen als mineralische Putze. Da sie im Innenraum dampfbremsend wirken und die Diffusionsfähigkeit des Putzes vermindern, sollten sie ausschließlich im Außenbereich verwendet werden. Für die Fassadenbeschichtung ist Kunstharzputz besser geeignet, da er wirksam vor Witterung und Schlagregen schützt. Allerdings kann Kunstharzputz Biozide enthalten, die bei Abriss nicht in die Umwelt gelangen sollten. Wenn Sie also besonderen Wert auf umweltfreundliche Produkte legen, sollten Sie besser auf Kunstharzprodukte verzichten.

Estriche

Zur Herstellung eines Estrichs wird eine weiche oder fließfähige Masse auf einen Untergrund aufgetragen. Die Masse bildet eine fugenlose, ebene Fläche und härtet aus. Estriche werden nach Art des beigemischten Bindemittels unterschieden, welches auch für die Dauer der Trocknungszeit verantwortlich ist.

Fugenlose und ebene Fläche

Zementestrich

Bestandteile: Zement, gemischtkörnige Zuschläge, bei Bedarf Fließmittel.
Verlegung: schwimmender Estrich, Verbundestrich.

Eigenschaften:

- unempfindlich gegenüber Feuchtigkeit,
- hohe Festigkeit,
- als Heizestrich geeignet,
- lange Austrocknungszeit,
- für Außenbereiche geeignet.

Wärmeleitfähigkeit: 1,4 W/mK.
Preis pro m²: ca. 11 €.

Anhydritestrich

Bestandteile: Anhydritbinder, Zuschlag (Quarzsand, Kalkstein, Naturanhydrit), Zusatzmittel (Fließmittel, Porenbildner).
Verlegung: schwimmender Estrich, Verbundestrich
Abschließender Bodenbelag: alle Standardbeläge, nach entsprechender Vorbehandlung der Oberfläche (anschleifen, grundieren, spachteln).
Eigenschaften:

- empfindlich gegenüber Feuchtigkeit (nicht für Feuchträume geeignet),
- nivelliert sich selbst,
- ist spannungsarm und nicht brennbar,
- ökologisch und gesundheitlich unbedenklich,
- keine Volumenveränderung beim Trocknen,
- optimale Wärmespeicher- und Wärmeleitfähigkeit, daher ideal für Fußbodenheizungen.

Wärmeleitfähigkeit: 1,2–1,8 W/mK.
Preis pro m²: ca. 12 €.
Wichtig: Achten Sie darauf, dass keine synthetischen Zusatzstoffe beigemischt werden, die später zu ungewünschten Ausdünstungen führen können.

Lehmestrich

Bestandteile: Stampflehm.
Verlegung: schwimmender Estrich.
Abschließender Bodenbelag: Kalkestrich, Fliesen, Bodenplatten, Dielen.

Eigenschaften:
* nicht wasserbeständig,
* gut geeignet für Kellerböden,
* feuchtigkeitsausgleichend,
* geeignet für Fußbodenheizungen,
* wärmespeichernd.

Wärmeleitfähigkeit: 0,85 W/ mK.
Preis pro m²: ca. 20 €.

Magnesiaestrich (auch Steinholzestrich)

Bestandteile: Magnesiabinder, Füllstoffe (Weichholzspäne, Textilfasern, Papiermehl, Korkmehl, Quarzsand, künstliche Hartstoffe).
Verlegung: schwimmender Estrich, Verbundestrich.
Abschließender Bodenbelag: alle Beläge, die nicht dampfdicht sind.
Eigenschaften:
* sehr empfindlich gegen Feuchtigkeit (nicht für Feuchträume geeignet),
* elektrisch leitfähig (für Antistatikböden geeignet),
* leichtes Gewicht,
* schlag- und stoßfest,
* pflegeleicht,
* hohe Schall- und Wärmedämmfähigkeit,
* kann nur von Spezialfirmen ausgeführt werden.

Wärmeleitfähigkeit: 0,5–1,4 W/ mK.
Preis pro m²: ca. 15–20 €.

Trockenestrich

Materialien: Hartfaserplatten, Gipsfaserplatten, Gipskartonplatten, Perliteplatten und Zementestrichplatten.
Untergrund: Kalksplittschüttung, Schüttung aus expandiertem Vulkangestein, Lagerholzkonstruktion, Lehm- und Sumpfkalkböden.
Verlegung: schwimmender Estrich.
Abschließender Bodenbelag: elastische Beläge (Linoleum, Kork), Teppichbeläge, Parkettboden.

Eigenschaften:

- keine Restfeuchte,
- geringe Konstruktionshöhen,
- geringe mechanische Belastbarkeit,
- schlechte Luft- und Trittschalldämmung,
- feuchtigkeitsempfindlich.

Preis pro m²: ab 5 €.

Ausbauplatten

Dämmung und Raumteiler

Sowohl im Neubau als auch im Altbau werden Ausbauplatten als Wärme- und Trittschalldämmung sowie als Raumteiler verwendet. Ihre Einsatzbereiche sind Boden, Wand, Decke, Dach und Fassade. Da Ausbauplatten überwiegend im Wohnbereich eingesetzt werden und häufig direkten oder indirekten Kontakt zur Innenraumluft haben, ist es empfehlenswert nur Platten mit gesundheitlich unbedenklichen Bindemitteln einzubauen. Problematische Bindemittel sind Kunstharze und synthetische Kleber.

Hartfaserplatten

Brandschutzklasse	B2
Wärmeleitzahl (W/ mK)	0,05
Preis pro m²	ca. 10–13 €

Bestandteile: Holz, andere nachwachsende Rohstoffe (z. B. Stroh).
Verwendung: Möbelbau, Wand- und Deckenverkleidung.
Eigenschaften:

- enthalten keine Kleber oder Leime,
- harte Oberfläche.

Gipsfaserplatten und Gipsplatten (Gipskartonplatten)

Brandschutzklasse	A2
Wärmeleitzahl (W/mK)	0,25
Preis pro m^2	ca. 2 €

Bestandteile Gipsfaserplatten: Naturgips oder REA-Gips, Zellulosefasern (aus Altpapier).
Bestandteile Gipsplatten: Naturgips oder REA-Gips, Zellulosefasern (aus Altpapier), Karton (Kraftpapier), Glasfasern (für erhöhten Brandschutz).
Verwendung: Trockenestrich, Wand- und Deckenverkleidung, Beplankung für Montagewände, Trockenputz, Brandschutz- und Feuchtraumverkleidung.
Eigenschaften:
* Leicht zu verarbeiten,
* feuchteempfindlich,
* Grundierung notwendig vor Beschichtung,
* schneller, trockener Innenausbau.

Holzwolle-Leichtbauplatten (HWL-Platten)

Brandschutzklasse	B1
Wärmeleitzahl (W/mK)	0,09
Preis pro m^2	ca.20–22 €

Bestandteile: längs gehobelte Holzwolle, Bindemittel (Magnesiabinder, Zement).
Verwendung: Putzträgerplatten, Wand- und Deckenaufbauten (innen und außen), Innen- und Außendämmung, Brandschutzplatten.
Eigenschaften:
* nicht winddicht,

- geringe wärmedämmende Eigenschaft,
- hohe Wärmespeicherfähigkeit,
- beständig gegen Ungeziefer,
- schwer entflammbar,
- sehr langlebig.

Dämmstoffe

Behagliches Wohnklima

Voraussetzung für ein behagliches Wohnklima ist eine optimale Dämmung des Hauses. Spezielle Verarbeitungsformen von Dämmstoffen bieten für jeden Verwendungszweck das passende Dämmmaterial. Wichtige Auswahlkriterien bei Dämmstoffen sind die Wärmeleitfähigkeit, die Brandschutzklasse, das Feuchtigkeitsverhalten und die Schädlingsresistenz.

Für die Dämmung der Wände bieten sich eine Vielzahl von Materialien an.

Dämmstoffplatten

Für die Dämmung von Wänden (innen und außen), Decken oder Dach verwendet man Dämmstoffplatten. Mit biegbaren Matten, Einblasflocken und Dämmkeilen kann man am besten verwinkelte Konstruktionen und Wandanschlüsse dämmen und somit Wärmebrücken vermeiden. Wenn Hohlräume verfüllt oder unebene Böden ausgeglichen werden müssen, sind Schüttungen die idealen Lösungen.

Expertentipp

Dachdämmung

Neben dem winterlichen Wärmeschutz, ist der sommerliche Hitzeschutz ein entscheidender Faktor bei der Dachdämmung. Ist die Dämmung unterm Dach nicht ausreichend, kommt es an heißen Tagen zur Überhitzung der Dachwohnräume und zu erheblicher Einschränkung der Wohnqualität. Verwenden Sie daher für die Dachdämmung nur Materialien mit hoher Wärmespeicherfähigkeit aber geringer Wärmeleitfähigkeit.

Platten

Dämmplatten werden überwiegend im Bereich von Dach, Wand, Einsatzgebiete
Fußboden und Estrich, Fassade und Kellerwand eingesetzt.

Baumwolldämmplatten

Dämmstoffart	organisch
Brandschutzklasse	B2
Wärmeleitzahl (W/ mK)	0,040
Preis pro m^2	ca. 15 €

Rohstoffe: Baumwollfasern, Borate.
Eigenschaften:
• gute wärme- und schalldämmende Eigenschaften,
• wasserabweisend,
• alterungsbeständig und verrottungsfest,
• thermisch belastbar,
• feuchtigkeitsausgleichend,
• setzungssicher.
Anwendung: Dämmung zwischen Sparren, in Holzständerwänden sowie in Decken- und Trennwänden geeignet.

Wichtig: Vermeiden Sie Produkte die mit Pestiziden belastet sein können!

Flachsfaserdämmplatten

Dämmstoffart	organisch
Brandschutzklasse	B2
Wärmeleitzahl (W/ mK)	0,04
Preis pro m²	ca. 10–20 €

Rohstoffe: Flachsfasern, Borate.
Eigenschaften:
- diffusionsoffen und feuchtigkeitsausgleichend,
- nahezu fäulnisresistent,
- gute Wärmedämmfähigkeit.

Anwendung: Zwischensparren- und Untersparrendämmung, zur Ausfachung von Ständer- und Balkenkonstruktionen, Dämmung von Decken und Trennwänden, hinterlüftete Dämmung von Außenwänden.

Hanfdämmplatten

Dämmstoffart	organisch
Brandschutzklasse	B2
Wärmeleitzahl (W/ mK)	0,038
Preis pro m²	ca. 3–20 €

Rohstoffe: Hanffasern, Borate, eventuell Stützfasern aus Polyester.
Eigenschaften:
- dampfdiffusionsoffen und feuchtigkeitsbeständig,

- gute Wärme- und Schalldämmeigenschaften,
- fäulnisresistent,
- von Natur aus antibakteriell und fungizid.

Anwendung: Dämmung in Dach, Wand und Boden, Außenwanddämmung, Decken- und Trittschalldämmung, Fugen- und Hohlraumdämmung (Stopfhanf).

Holzfaserdämmplatte/Holzweichfaserdämmplatte

Dämmstoffart	organisch
Brandschutzklasse	B2
Wärmeleitzahl (W/mK)	0,032–0,060
Preis pro m^2	ca. 13–23 €

Rohstoffe: Rest-, Abfallholz, holzeigene Harze, Ammoniumsulfat.
Eigenschaften:
- diffusionsoffen und feuchtigkeitsausgleichend,
- gute Wärmedämmfähigkeit,
- ausgezeichnete Wärmespeicherfähigkeit,
- guter Schallschutz.

Anwendung: Untersparrendämmung (Imprägnierung erforderlich!), Zwischensparrendämmung, Beplankung von Trennwänden, hinterlüftete Fassadendämmung.

Kalziumsilikatplatte

Dämmstoffart	mineralisch
Brandschutzklasse	A1
Wärmeleitzahl (W/mK)	0,06–0,07
Preis pro m^2	ca. 20–40 €

Rohstoffe: Quarzsand, Kalk, Zement, Wasser, Porenbildner.

Eigenschaften:

- diffusionsoffen und feuchtigkeitsausgleichend,
- luftreinigend,
- alkalisch und daher schimmelhemmend,
- formbeständig,
- fäulnisresistent und unverrottbar.

Anwendung: Innendämmung (bei denkmalgeschützten Fassaden, wenn Außendämmung nicht möglich), Dämmung von Kellerinnenwänden, Schimmel- und Salzsanierung.

Wichtig: Innenwände nur mit diffusionsoffenen Beschichtungen behandeln!

Korkdämmplatten

Dämmstoffart	organisch
Brandschutzklasse	B2
Wärmeleitzahl (W/mK)	0,04–0,05
Preis pro m^2	ca. 4–40 €

Rohstoffe: Kork, korkeigene Harze.

Eigenschaften:

- gut wärmedämmend und schallisolierend,
- fäulnisresistent und unverrottbar,
- sehr druckfest,
- Schimmelpilzgefahr bei lang andauernder Durchfeuchtung.

Anwendung: Zwischen- und Aufsparrendämmung, Decken-, Wand- und Trittschalldämmung, unter Estrichen, hinterlüftete Fassadendämmung.

Wichtig: Korkprodukte mit künstlichen Bindemitteln (z. B. Kunstharz) sind gesundheitlich bedenklich!

Schaumglasdämmplatten

Dämmstoffart	mineralisch
Brandschutzklasse	A1
Wärmeleitzahl (W/ mK)	0,04–0,06
Preis pro m²	ab 30 €

Rohstoffe: Altglas, Quarzsand, Feldspat, Soda, Kalkstein, Zusatzstoffe (Eisenoxid, Manganoxid), Blähmittel (Kohlenstoff).
Eigenschaften:
* fäulnisresistent, unverrottbar und alterungsbeständig,
* extrem druckfest,
* wasserdicht und dampfdicht,
* resistent gegen Ungeziefer.

Anwendung: Perimeterdämmung, Flachdachdämmung, Dämmung in Feuchte- bzw. Nassbereichen.

Zellulosedämmplatten

Dämmstoffart	organisch
Brandschutzklasse	B2
Wärmeleitzahl (W/ mK)	0,04
Preis pro m²	ca. 15 €

Rohstoffe: Zellulose (aus Altpapier), Stärkefasern, Borate.
Eigenschaften:
* dampfdiffusionsoffen,
* resistent gegen Pilzbefall und Ungeziefer,
* gut wärmedämmend.

Anwendung: Zwischensparrendämmung, Hohlraumdämpfung in Trennwänden, Dämmung von Holzständerkonstruktionen.

Matten und Bahnen

Universelle Verwendung Dämmstoffmatten und -bahnen können universell verwendet werden. Ihr Einsatzbereich richtet sich nach Art des Dämmmaterials. Eine Anwendung im Innenbereich ist genauso gut möglich wie im Außenbereich.

Kokosfasermatten

Dämmstoffart	organisch
Brandschutzklasse	B2
Wärmeleitzahl (W/ mK)	0,045–0,050
Preis pro m^2	ca. 10 €

Rohstoffe: Kokosfasern, Brandschutzmittel (Borate, Ammoniumpolyphosphat oder Wasserglas), Naturlatex.
Eigenschaften:
- hohe Feuchtebeständigkeit,
- diffusionsoffen und feuchteregulierend,
- sehr verrottungsfest,
- strapazierfähig und formbeständig,
- sehr gute Schall- und Wärmedämmeigenschaften.

Anwendung: Innendämmung (Wand und Dach), Ausfachung von Ständerkonstruktionen, Trittschalldämmung, Außenwanddämmung.

Schafwolledämmmatten

Dämmstoffart	organisch
Brandschutzklasse	B2

Wärmeleitzahl (W/ mK)	0,04
Preis pro m²	ca. 25–85 €

Rohstoffe: Schafwolle, Mottenschutzmittel, Borate.
Eigenschaften:
- geruchsneutral,
- diffusionsoffen und feuchteausgleichend,
- antistatisch und schmutzabweisend,
- resistent gegen Schimmelpilz und Ungeziefer.

Anwendung: Dachdämmung, Ausfachung von Ständer- und Trennwandkonstruktionen, Trittschalldämmung.
Wichtig: Schafwolle-Dämmstoffe sollten nicht mit ausgasendem Mottenschutzmittel behandelt sein.

Schüttungen

Schüttfähige Dämmmaterialien eignen sich hauptsächlich für die Dämmung von horizontalen Flächen. Da sich das Schüttmaterial noch absetzt, muss sie mehrmals kontrolliert und eventuell entstandene Hohlräume nachträglich ausgeglichen werden.

Horizontale Flächen

Baumwoll-Einblasdämmstoff

Dämmstoffart	organisch
Brandschutzklasse	B2
Wärmeleitzahl (W/ mK)	0,040
Preis pro m²	ca. 15 €

Rohstoffe: Baumwolle, Borate.
Eigenschaften:
- sehr wärme-, schall- und trittschalldämmend,
- wasserabweisend und diffusionsoffen,
- setzungssicher,

- alterungsbeständig,
- thermisch belastbar.

Anwendung: in Dach-, Wand- und Deckenhohlräume, als Fugendämmung.

Wichtig: Das Einblasen des losen Dämmstoffes darf nur von einer Fachfirma vorgenommen werden!

Blähperlit

Dämmstoffart	mineralisch
Brandschutzklasse	A1
Wärmeleitzahl (W/ mK)	0,04–0,06
Preis pro m^2	ca. 10–30 €

Rohstoffe: Perlit, Imprägnierung (Silikonharz).

Eigenschaften:
- unverrottbar und resistent gegen Ungeziefer,
- ohne Imprägnierung feuchteempfindlich,
- imprägniert sehr gute Wasserbeständigkeit,
- dampfdiffusionsoffen.

Anwendung: Ausgleichsschüttung, Dämmschüttung in Wänden, Decken und Dächern, Zuschlag für Leichtbeton und Wärmedämmputze.

Wichtig: Bei Verwendung als Schüttgut muss ein Rieselschutz eingebaut werden.

Korkschrot

Dämmstoffart	organisch
Brandschutzklasse	B2

Wärmeleitzahl (W/mK)	0,04–0,05
Preis pro m²	ca. 10–30 €

Rohstoffe: Korkschrot, korkeigene Harze.
Eigenschaften:
• Unverrottbar und resistent gegen Ungeziefer,
• Gute Wärmedämmeigenschaften.
Anwendung: Dämmschüttung (innen und außen), WDVS.
Wichtig: Korkschrot ist nur als Abfallprodukt der Dämmkorkherstellung (expandiert) empfehlenswert. Schrot aus Altmaterial kann bedenkliche Kleberreste beinhalten.

Zellulose-Einblasdämmstoff

Dämmstoffart	organisch
Brandschutzklasse	B2
Wärmeleitzahl (W/mK)	0,040
Preis pro m²	ca. 10–20 €

Rohstoffe: Rohzellulose (Holz) oder Altpapier, Borate oder Aluminiumpolyphosphate.
Eigenschaften:
• setzungssicher und passgenau (beim Einblasen),
• resistent gegen Pilzbefall und Ungeziefer,
• gute Schallschutzeigenschaften,
• gut wärmedämmend,
• winddicht.
Anwendung: offenes Aufblasen in Fußböden oder Decken, Einblasen in Hohlräume, Aufsprühen (bei offenen Wandkonstruktionen), Bodendämmung (als lose Schüttung).
Wichtig: Überlassen Sie das Einblasen einer Fachfirma, da es dabei zu starken Staubbelastungen kommen kann.

Expertentipp

Zuschüsse sichern

Das Bundesministerium für Verbraucherschutz, Ernährung und Landwirtschaft (BMVEL) fördert den Absatz von „Dämmstoffen aus natürlichen Rohstoffen" mit einem Markteinführungsprogramm. In sogenannten Förderkategorien sind alle Dämmmaterialien aufgelistet, die vom Staat bezuschusst werden. Zur Förderkategorie I mit einem Zuschuss von 40 €/ m^2 gehören Dämmstoffe, die das Siegel von „Natureplus" tragen. Produkte in Kategorie II erfüllen die allgemeinen Anforderungen des Förderprogramms und werden mit 30 €/ m^2 bezuschusst.

Dacheindeckungen

Schutz vor Feuchtigkeit

Eine klassische Aufgabe der Dacheindeckung ist der äußere Schutz des Daches vor eindringender Feuchtigkeit. Aber nicht nur sie allein entscheidet über die Dichtheit des Daches. Sind nach einem schweren Sturm Dachziegel beschädigt worden, muss nämlich die Unterdeckung dafür garantieren, dass keine Feuchtigkeit in die darunterliegende Dachkonstruktion gelangen kann. Dacheindeckungen für den gesunden Wohnungsbau können aus den Materialien Beton, Ziegel, Bitumen, Schiefer, Holz und Metall sein. Welches Material eingesetzt werden kann, richtet sich unter anderem nach dem Neigungswinkel des Daches. Bauherrn, die nicht nur gesund, sondern auch ökologisch bauen wollen, sollten keine glasierten Dachziegel und keine Beton- oder Kunststoffprodukte (bei Flachdächern) für die Dachbedeckung wählen.

Die Dacheindeckung soll die darunter liegenden Bereiche vor dem Eindringen von Feuchtigkeit schützen.

Betondachsteine

Rohstoffe Betondachsteine Natur: Sand, Zement, Farbpigmente
(auf Eisenoxid-Basis).
Oberflächenbehandlung: keine.
Rohstoffe Betondachsteine konventionell: Sand, Zement, Pig-
mente bzw. Färbemittel (Eisenoxid).
Oberflächenbehandlung: Versiegelung (Kunstharz-Dispersionen).
Eigenschaften:
• günstigere Energiebilanz als Ziegel,
• nehmen weniger Feuchtigkeit auf als Ziegel,
• lange Lebensdauer.
Ausführungen: Schindel, Biberschwanz, Dachpfanne, Dachziegel.
Anwendung: geneigtes Dach.
Preis pro m²: ca. 30–35 €.
Wichtig: Aus ökologischer Sicht auf Oberflächenbeschichtung
verzichten!

Dachziegel

Rohstoffe: Lehm, Ton oder tonige Massen, eventuell Magerungs-mittel (Sand, Steinmehl).
Oberflächenbehandlung: mit farbigen Tonschlämmen, Glasur.
Eigenschaften:
* gute Feuchtigkeitsaufnahme und -abgabe,
* frostsicher und brandbeständig,
* lange Lebensdauer,
* farb- und UV-beständig,
* resistent gegen chemische Einflüsse.

Ausführungen: Biberschwanz, Dachpfanne, Hohlpfannenziegel, Mönchs- und Nonnenziegel.
Anwendung: geneigtes Dach.
Preis pro m²: ca. 38–45 €.
Wichtig: Aus ökologischer Sicht auf Oberflächenbeschichtung verzichten!

Schieferplatten

Rohstoffe: Tonschiefer.
Eigenschaften:
* frost-, hitze- und säurebeständig,
* wasser- und wetterfest,
* leicht zu bearbeiten,
* sehr lange Lebensdauer (200 Jahre).

Ausführungen: Platten.
Anwendung: geneigtes Dach, Denkmalpflege.
Preis pro m²: ca. 90–120 €.

Dachbahnen

Verwendung bei Flachdächern

Dach- oder Dichtungsbahnen werden hauptsächlich zur Abdich-tung von Flachdächern oder schwach geneigten Dächern verwen-det. Als baubiologisch akzeptable Materialien kommen Bitumen und Kautschuk in Frage. Beide sind in der Regel dampfdicht und benötigen eine geschlossene Fläche als Untergrund. Raumseitig müssen Dampfsperren eingebaut sein, dass sich keine Feuchtig-keit unter den Bahnen sammeln kann. Als alternative Entfeuch-

tungsmöglichkeit bei unbegrünten Flachdächern könnten auch
Dachentlüfter eingesetzt werden.

Bitumenbahnen sind in Bitumen getränkte Trägereinlagen, die
häufig einseitig oder beidseitig mit mineralischen Stoffen bestreut
sind. Das mechanische Verhalten einer Bitumenbahn wird von der
Trägereinlage bestimmt, das Verhalten gegenüber Witterungseinflüssen von der Bitumendeckschicht. Kautschuk-Dichtungsbahnen
(Elastomerbahnen) sind von Natur aus elastisch und kommen
ganz ohne Weichmacher aus.

Getränkte
Trägereinlagen

EPDM-Dichtungsbahnen
(synthetische Kautschuk-Dichtungsbahnen)

Rohstoffe: vulkanisierte Ethylen-Propylen-Dien-Mischpolymeri-
sate (EPDM).
Eigenschaften:
* beständig gegen UV-Strahlung,
* gute Temperaturbeständigkeit,
* gute Bitumenverträglichkeit,
* resistent gegen chemische Einflüsse,
* alterungsbeständig.
Anwendung: Flachdach.
Preis pro m²: ca. 25–35 €.

Bitumenbahnen

Rohstoffe: Oxidationsbitumen oder Polymerbitumen auf Trägereinlage (Glasgewebe, Glasvlies, Polyestergewebe, Jute, Rohfilz-
pappe), Bestreuung mit mineralischen Stoffen
Eigenschaften:
* Sehr gute Abdichtung gegen Feuchtigkeit
Anwendung: Flachdach
Preis pro m²: ca. 60–70 €.
Wichtig: Bitumendämpfe können unter Umständen krebserzeugende Stoffe enthalten. Im erkalteten Zustand bzw. bei Kaltver-
arbeitung ist die Schadstoffabgabe unbedenklich. Auf jeden Fall
sollte man den direkten Hautkontakt vermeiden.

Baurechtliche Anforderungen an Bauprodukte

Wichtige Bestimmungen

Als Bauherr ist es von Vorteil, die wichtigsten Bestimmungen und Richtlinien zu kennen, die Bauprodukte und Bauteile erfüllen müssen. Keine Angst, Sie müssen keine Gesetze pauken. Es genügt, wenn Sie einen Überblick gewinnen, welche Anforderungen an Ihr zukünftiges Eigenheim gestellt werden. Das ist vor allem deshalb wichtig, da Zuschüsse und Fördergelder an bestimmte Richtlinien gebunden sind, die Sie unbedingt einhalten müssen. Wenn Sie also in Erwägung ziehen, staatliche Zuschüsse zu beantragen, sollten Sie die vorgegebenen Bedingungen bereits bei der Grundstücksplanung und der Auswahl der Baumaterialien berücksichtigen. In den Landesbauordnungen der Länder sind die baulichen Anforderungen an Neubauten bezüglich Brandschutz, Schallschutz, Feuchteschutz oder Wärmeschutz genauestens festgelegt.

Expertentipp

Haftung des Bauleiters

Bei einem Verstoß gegen die allgemein anerkannten Regeln der Baukunst (DIN 4109) haftet grundsätzlich der sachverständige Bauleiter bzw. der Architekt oder der Bauunternehmer gegenüber dem unkundigen Bauherrn. Heutzutage können die geforderten DIN-Normen (etwa im Bezug auf Schallschutz) technisch gesehen problemlos eingehalten werden. Insofern können bei Verstößen gegen die Normen zivilrechtliche Haftungen – vonseiten der Bauleitung – entstehen.

Schallschutz

Nicht mehr wahrnehmbar

Das menschliche Ohr kann Schwingungen ab einer Frequenz von 16 Hertz (Schwingungen pro Sekunde) als Ton hören. Schallwellen unterhalb dieses Wertes (Infraschall) und Wellen ab 16.000 Hertz (Ultraschall) können wir dagegen mit unserem Gehör nicht wahrnehmen.

Schallpegel und Schallschutzklassen

Für die Bestimmung des Schallpegels werden bei den Messungen Filter benutzt, die das menschliche Gehör simulieren. Der so ermittelte Wert wird durch die Einheit dB(A) angegeben. Gesetzlich sind maximale Grenzwerte vorgegeben, die nicht überschritten werden dürfen. Geräusche bis 30 dB(A) sind für unser Ohr in der Regel nicht störend, dazu gehört beispielsweise Uhrenticken, leises Flüstern oder Wohngeräusche. Für Nachtgeräusche in Wohnvierteln gilt ein maximaler Grenzwert von 35 dB(A), für Tagesgeräusche 45 dB(A). Zum Vergleich: Leises Sprechen hat bereits einen Schallpegel von 40 dB(A). Ab einer Lautstärke von 65 dB(A) (etwa vergleichbar mit Staubsaugerlärm) kann das vegetative Nervensystem beschädigt werden, ab 90 dB(A) (Lärm einer Kreissäge) wird das Gehör in Mitleidenschaft gezogen und die absolute Schmerzgrenze liegt bei 120 dB(A), das entspricht dem Lärm eines Motorflugzeugs in 15 m Entfernung.

Entsprechend der Lautstärke des vorhandenen Außenlärms müssen Bauteile – speziell Fenster und Türen – bestimmte Schalldämmwerte aufweisen, damit die Bewohner eines Gebäudes nicht vom Lärm belästigt werden. Um Fenster bezüglich ihres Schallschutzes auswählen zu können, hat man sie in Schallschutzklassen eingeteilt (gemäß VDI-Richtlinie 2719 „Schalldämmung von Fenstern"):

Schalldämmwerte

Schallschutzklasse	R'W
0	≤ 24
1	25–29
2	30–34
3	35–39
4	40–44
5	45–49
6	≥ 50

Für Türen gilt die VDI-Richtlinie VDI 3728 „Schalldämpfung beweglicher Raumabschlüsse – Türen, Tore und Mobilwände":

Schallschutzklasse	R'W
0	20–24
1	25–29
2	30–34
3	35–39
4	40–44
5	45–49

Wellenförmige Verteilung

Die von einer Schallquelle ausgehenden Schwingungen verteilen sich meist wellenförmig. Je nachdem über welches Medium, also feste, flüssige oder gasförmige Stoffe, sich die Schwingungen ausbreiten spricht man von Luftschall oder Köperschall (speziell Trittschall). Beide nehmen wir in der Folge als Geräusch oder auch als Lärm wahr. Um hierdurch keine Beeinträchtigung zu erleiden, kann man Lärm entweder direkt am Entstehungsort bekämpfen (aktiver Schallschutz) oder bereits entstandenen Lärm mit geeigneten Schutzmaßnahmen eindämmen (passiver Schallschutz).

Luftschall

Ausbreitung über die Luft

Wir sprechen von Luftschall, wenn sich Schallwellen, die beispielsweise durch Radiogeräte entstehen über die Luft ausbreiten. Um den Luftschall bereits am Entstehungsort zu verringern, muss die Geräuschquelle mit einer Abdeckung aus schallschluckendem Material abgekapselt werden. Wenn dies nicht machbar ist, dämmt man die den Raum begrenzenden Bauteile, also Außenwände, Trennwände oder Decken, um eine weitere Ausbreitung der Schallwellen nach außen oder über weitere Wände und Decken zu verhindern. Schallwellen, die sich über die Luft auf feste Körper übertragen, können von dort wiederum als Luftschall in andere Räume abgegeben werden.

Körperschall

Körperschall entsteht durch mechanische Einwirkung, wie Klopfen, Gehen oder Stampfen sowie durch Erschütterung. Die dabei entstehenden Schallwellen verbreiten sich über Boden, Wände, Decken und andere Bauteile. Für uns sind die Wellen dann hörbar, wenn sie vom Festkörper als Luftschall wieder abgegeben werden. Im Wohnungsbereich begegnet uns diese Schallausbreitung als Trittschall, der hauptsächlich durch Gehen auf Böden oder Decken entsteht.

Menschliche Einwirkung

Expertentipp

Das Schalldämmmaß „R"

Unter Schalldämmung versteht man den Widerstand eines bestimmten Bauteils gegen den Durchlass von Schallwellen. Die Einheit für die Schalldämmung ist 1 Dezibel (1 dB). Sowohl die Masse eines Bauteils als auch die Steifigkeit des Dämmstoffs bestimmen die schalldämmende Wirkung. Je massiger (dichter) das Bauteil ist, desto besser ist seine Schalldämmung. Ein Dämmstoff wiederum hat eine größere schalldämmende Wirkung, wenn er weniger steif also biegeweich ist. Empfehlenswert sind offenporige und weich federnde Dämmstoffe. Die Dämmwirkung von Bauteilen wird durch das Schalldämmmaß „R" (in Dezibel) ausgedrückt. Mehrere Frequenz-Messungen sind notwendig um einen Gesamtwert (bewertetes Schalldämmmaß RW) für die Dämmwirkung zu ermitteln. Je nachdem ob die Werte im Labor gemessen wurden oder direkt am Bau unterscheidet man das bewertete Labor-Schalldämmmaß RW und das bewertete Bau-Schalldämmmaß R'W. Je größer der Wert RW bzw. R'W ist, umso besser ist der Schallschutz eines Bauteils.

Die Verlegung einer Dämmunterlage dämpft störende Geräusche und sorgt für mehr Trittschallschutz.

Baulicher Schallschutz

Schwimmender Estrich

Um Luft- und Körperschall daran zu hindern nach außen oder in benachbarte Räume zu gelangen ist ein baulicher Schutz notwendig. Eine Dämmung von an den Raum angrenzenden Bauteilen kann Schall wirkungsvoll reduzieren. Die Trittschalldämmung wird durch einen schwimmenden und somit entkoppelten Estrich erreicht, wobei sich zwischen Betondecke und Estrich noch eine Dämmstoffschicht befindet, die den entstehenden Körperschall vermindert. Die Dämmwirkung eines Bauteils kann durch das Auftreten sogenannter Schallbrücken verringert werden. Schallbrücken sind starre Verbindungen zwischen zwei Bauteilen (z. B. Fugenmassen, Rohrdurchführungen, Kanthölzer, Wandanschlüsse, Türrahmen). Ständerkonstruktionen beispielsweise sollten möglichst schwingungsfähig sein, damit die spätere Wandkonstruktion nicht zu starr wird und keine Schallbrücken entstehen können. Ungedämmte Hohlräume sind häufig Ursachen von Schallbrücken. Luftschwingungen, die in einem Hohlraum entstehen, können die Dämmwirkung stark herabsetzen. Mit Einbringen von ausreichend schallschluckendem Dämmmaterial kann der

Entstehung von Schallbrücken entgegengewirkt und entstehender Schall gedämpft werden.

Feuchteschutz

Die häufigsten Bauwerksschäden entstehen durch Feuchtigkeit. Oft genügt eine geringfügige Beschädigung in der Außenhaut, um die Bausubstanz eindringender Feuchtigkeit auszusetzen. Das wirkt sich auch negativ auf die Wärmedämmung aus: Da Wasser ein viel besserer Wärmeleiter ist als Luft geht ein erhebliches Maß an Wärmedämmwirkung verloren. Bauteile können durch aufsteigende Feuchtigkeit aus dem Baugrund und Undichtigkeiten in der Gebäudehülle durchfeuchtet werden, durch Witterungsfeuchtigkeit (Schlagregen, Schnee, Tau usw.) oder durch Nutzungsfeuchtigkeit (Tauwasserbildung). Durch konstruktive Maßnahmen kann man aufsteigende Feuchtigkeit und Witterungsfeuchtigkeit recht einfach abwehren. Bei Tauwasser sieht dies ein wenig anders aus. Hier spielen Faktoren wie Lüftungsverhalten, Gestaltung der Innenwände und Wärmebrücken eine maßgebliche Rolle. Am besten ist natürlich, wenn erst gar kein Tauwasser entstehen kann. Das ist aber nur dann möglich, wenn das Wasser nicht in der Wand eingeschlossen wird. Feuchteausgleichende bzw. diffusionsoffene Baumaterialien können Feuchtigkeit aufnehmen und genauso gut wieder abgeben. Die meisten natürlichen Baumaterialien haben die Fähigkeit, große Mengen Wasserdampf aufzunehmen.

Eindringende Feuchtigkeit

Wasserdampf-Diffusionswiderstandszahl (μ)

In der Luft ist immer ein bestimmter Gehalt an Wasserdampf vorhanden. Dieser Gehalt hängt von der Lufttemperatur ab und wird in Prozent ausgedrückt (relative Luftfeuchte). Luft kann eine maximale Wasserdampfmenge von 100 Prozent aufnehmen (maximale Luftfeuchte). Je wärmer Luft ist, desto mehr Wasserdampf kann sie aufnehmen. Wenn beim Abkühlen der Luft eine Feuchtigkeitssättigung von 100 Prozent erreicht wird (Taupunkt), muss bei weiterer Abkühlung Wasserdampf in Form von Tauwasser abgegeben werden. Das Tauwasser setzt sich an kühlen Flächen, wie z. B. Fensterscheiben ab und kann auf Dauer, wenn es nicht durch Lüften nach draußen geleitet wird, Feuchteschäden verursachen.

Aufnahme von Luftfeuchtigkeit

Der Wasserdampfgehalt der Luft und die Lufttemperatur verursachen einen Dampfdruck. In bewohnten Räumen herrscht ein anderer Druck als im Freien. Aus diesem Grund strebt der Druck einen Ausgleich zwischen innen und außen an. So wandert der Wasserdampf durch das Bauteil in Richtung des Dampfdruckgefälles (Wasserdampfdiffusion). Je nach Beschaffenheit eines Baustoffs stößt die Diffusion auf Widerstand. Der Widerstand eines Stoffes gegen Dampfdiffusion wird mit der Wasserdampf-Diffusionswiderstandszahl (µ) angegeben.

Wärmeschutz

Ausgleich von Energie

Wärmeenergie entsteht durch Molekülbewegungen. Moleküle eines kühlen Körpers bewegen sich langsamer als die eines warmen Körpers. Wärme hat demzufolge einen größeren Energiegehalt als Kälte. Unterschiedliche Energiegehalte versuchen sich auszugleichen, wobei Bereiche höherer Temperatur immer zu Bereichen niederer Temperatur streben und nie umgekehrt. Deswegen sollte man Wärmebrücken aufgrund ungenügend gedämmter Bauteile vermeiden, da über sie Wärme nach draußen abwandert. Genau hier setzt der Wärmeschutz an. Er stellt wärmeschutztechnische Anforderungen auf Grundlage der DIN 4108 „Wärmeschutz und Energieeinsparung in Gebäuden" und der Energieeinsparverordnung (EnEV). Für den winterlichen Wärmeschutz gelten besondere Anforderungen an nichttransparente Einzelbauteile, an die Umfassungsflächen eines Gebäudes und an Fenster und Außentüren. Bezüglich des sommerlichen Wärmeschutzes sind in der DIN 4108-2 Mindestanforderungen und Randbedingungen festgelegt.

Wärmedurchlasswiderstand (R)

Widerstand des Bauteils

Um den Wärmeschutz einzelner Bauteile zu beurteilen, braucht man einen vergleichbaren, rechnerischen Wert: den Wärmedurchlasswiderstand „R". Dieser Wert gibt den Widerstand eines Bauteils gegen den Durchgang von Wärme an. Dagegen gibt der Wärmedurchlasskoeffizient (U-Wert) genau die Wärmemenge an, die durch ein Bauteil hindurchgeht. Je größer der Wert R ist, desto besser ist die Wärmedämmung eines Bauteils, je kleiner R ist, desto mehr Wärme kann durch das Bauteil abwandern.

Expertentipp

Wärmedurchgangskoeffizient U (U-Wert)

Der U-Wert (angegeben in W/m^2K) gibt die Wärmemenge an, die bei 1 Kelvin Temperaturunterschied (zwischen Innen- und Außenluft) durch 1 m^2 eines Bauteils hindurchgeht (von innen nach außen und umgekehrt). Mit ihm ermittelt man in erster Linie die Transmissionswärmeverluste bei Einzelbauteilen, Bauteilgruppen und der gesamten Gebäude umfassenden Fläche. Außerdem braucht man den U-Wert zur Bestimmung der Heizungsgröße und des Brennstoffbedarfs. Der Wärmeverlust ist umso geringer, je kleiner der U-Wert ist.

Anforderungen an Außenwände (gemäß EnEV):		
Innendämmung	geforderter U-Wert ≤ 0,45 W/m^2K	entspricht ca. 6–7 cm Dämmstärke
Außendämmung	geforderter U-Wert ≤ 0,35 W/m^2K	entspricht ca. 8–10 cm Dämmstärke
Neuputz (wenn Mindestanforderung von 0,9 W/m^2K nicht eingehalten wird)	geforderter U-Wert ≤ 0,35 W/m^2K	entspricht ca. 8–10 cm Dämmstärke

Quelle: dena

Wärmedämmwerte ausgewählter Baustoffe für Außenwände

Baustoff	Stärke	Wärmeleitzahl in W/m²K
Beton	35,0 cm	2,60
Vollziegel	24,0 cm/ 6,5 cm	2,00/1,50
Polystyrol-Dämmung + Hohlraumziegel + Innenputz	10 cm 25 cm 2 cm	0,30

Quelle: dena

Anforderungen an Fenster und Türen (gemäß EnEV)

Einbau oder Ersatz von Fenstern	geforderter Fenster U-Wert ≤ 1,7 W/m²K
Ersatz von Verglasung	geforderter U-Wert ≤ 1,55 W/m²K
Ersatz der Außentür	U-Wert ≤ 2,9 W/m²K

Quelle: dena

Wärmedämmwerte ausgewählter Fenstersysteme

Fenstersystem	Wärmeleitzahl in W/m²K
Einfachverglasung mit Holzrahmen	5,20
2-Scheiben-Isolierverglasung	3,00

Kasten-Doppelfenster	2,70
2-Scheiben-Wärmeschutzverglasung	1,60
3-Scheiben-Wärmeschutzverglasung	1,20

Quelle: dena

Anforderungen an die Kellertür (gemäß EnEV)		
Außendämmung	U-Wert ≤ 0,4 W/ m²K	Dämmstärke ca. 6–7 cm
Ersatz oder Neubau und Innendämmung	U-Wert ≤ 0,5 W/ m²K	Dämmstärke ca. 4–6 cm

Quelle: dena

Wärmeleitfähigkeit

Die Wärmeleitfähigkeit λ (Lambda) ist eine der wichtigsten Größen im Wärmeschutz. Sie gibt die Wärmemenge in Joule pro Sekunde (= 1 Watt) an, die durch 1 m³ Baustoff hindurchgeht, wenn der Temperaturunterschied zwischen den Oberflächen 1 Kelvin beträgt. Angegeben wird die Wärmeleitfähigkeit in Watt pro Meter Dicke und Kelvin: (W/ mK). Je geringer die Wärmeleitfähigkeit, umso größer ist die Dämmwirkung.

Genormte Dämmstoffe werden im Handel in Wärmeleitgruppen (WLG) eingeteilt. Eine Kennzeichnung mit „WLG 045" bedeutet beispielsweise eine Wärmeleitzahl von 0,045 W/ mK. Ausgesprochen gute Dämmstoffe haben eine Wärmeleitfähigkeit unter 0,035 W/ (mK). Wie stark ein Baustoff Wärme leiten kann, hängt von mehreren Parametern ab: von der Rohdichte (je höher die Rohdichte, desto besser die Wärmeleitfähigkeit), von seiner Porosität und Porengröße (je mehr Poren und je kleiner diese sind, desto schlechter die Wärmeleitfähigkeit) und von seinem Feuchtigkeitsgehalt (je feuchter der Baustoff, desto besser die Wärmeleitfähigkeit). Die Wärmeleitfähigkeit ist entweder auf dem Dämmstoff

Genormte Dämmstoffe

selbst oder auf dessen Verpackung aufgedruckt. Nebenbei muss auch das Brandverhalten sowie das CE- oder das Ü-Zeichen angegeben sein.

Brandschutz

Schutz vor Feuer Vorbeugender Brandschutz soll mit gezielten baulichen Maßnahmen die Entstehung und Ausbreitung eines Brandes verhindern. Brandschutztechnische Anforderungen sind an tragende Bauteile eines Gebäudes gestellt, sowie an Raum abschließende Bauteile, Verkleidungen und Ausbauteile. Zu den Raum abschließenden Bauteilen zählen tragende und aussteifende Wände und Decken sowie nicht tragende und stabilisierende Wände und Decken sowie nicht tragende Wände, Brüstungen, Türen, Klappen und Lüftungsanlagen, die bei Feuereinwirkung ihre Funktion nicht verlieren dürfen. Wichtige Sicherheitsvorschriften zum Brandschutz sind in den Landesbauordnungen der Länder festgelegt und in der DIN 4102 „Brandverhalten von Baustoffen und Bauteilen". Darüber hinaus gibt es noch viele Einzelbestimmungen für den Brandschutz im Bürgerlichen Gesetzbuch, im Strafgesetzbuch u. A.

Unterteilung in Baustoffklassen Man unterteilt Baustoffe hinsichtlich ihrer Brennbarkeit in Baustoffklassen:

Unterteilung nach DIN 4102:

Baustoffklasse		Benennung
A		Nicht brennbare Baustoffe
	A1	Nicht brennbar, ohne brennbare Bestandteile
	A2	Nicht brennbar, mit brennbaren Bestandteilen
B		Brennbare Baustoffe
	B1	Schwer entflammbar
	B2	Normal entflammbar
	B3	Leicht entflammbar

Unterteilung nach der neuen Euro-Norm DIN EN 13501-1:

EURO-Klasse	Entsprechende Benennung nach DIN 4102
A1	Nicht brennbar (A1)
A2	Nicht brennbar (A2), schwer entflammbar (B1)
B	Schwer entflammbar (B1)
C	Schwer entflammbar (B1)
D	Normal entflammbar (B2)
E	Normal entflammbar (B2)
F	Leicht entflammbar (B3)

Gezielte bauliche Maßnahmen dienen zum Brandschutz und sollen das Ausbreiten von Feuer verhindern.

Je nach Einsatzgebiet und Art des Bauvorhabens verwendet man entweder nicht brennbare (Kennzeichnung A), schwer brennbare (B1) oder höchstens normal entflammbar (B2) Dämmstoffe. Welches Brandverhalten ein Bauteil aufweist, wird anhand der Feuerwiderstandsdauer ermittelt. Gemessen wird die Mindestdauer (in Minuten) in der ein Bauteil während der Brandprüfung den Anforderungen standhält. Entsprechend des erzielten Minuten-Wertes werden die geprüften Bauteile in Feuerwiderstandsklassen eingestuft, unterschieden nach Art der Bauteile.

Bauteile	Widerstandsklassen (Widerstandsdauer in Minuten)				
	≥ 30	≥ 60	≥ 90	≥ 120	≥ 180
Wände, Decken, Stützen, Unterzüge, Treppen	F 30	F 60	F 90	F 120	F 180
Nicht tragende Außenwände, Brüstungen, Schürzen	W 30	W 60	W 90	W 120	W 180
Feuerschutzabschlüsse (selbst schließende Türen, Klappen, Rollläden und Tore)	T 30	T 60	T 90	T 120	T 180
Verglasungen	G 30	G 60	G 90	G 120	G 180
Lüftungsleitungen	L 30	L 60	L 90	L 120	L 180

Expertentipp

Bauregelliste

Nur wenn Bauprodukte und Bauarten den gesetzlichen Anforderungen der Bauregelliste entsprechen, dürfen sie auch eingesetzt werden. Per Gesetz ist die Bauregelliste „Technische Baubestimmung", die vom Deutschen Institut für Bautechnik im Einvernehmen mit den obersten Bauaufsichtsbehörden bekannt gemacht wird.

Kostenplanung für gesunde Baustoffe

Erstellen einer Materialliste
Um einen Überblick zu erhalten, sollten Sie die benötigten Materialien für Ihr gesundes Haus detailliert aufstellen.

Formular
auf CD-ROM

Wandbaustoffe

	Preis pro m^2	Benötigte Menge	Gesamtpreis
Ziegel	.... €	.... m^2	.... €
Porenbeton	.... €	.... m^2	.... €
Kalksandstein	.... €	.... m^2	.... €
Lehm	.... €	.... m^2	.... €
Holz	.... €	.... m^2	.... €
Beton	.... €	.... m^2	.... €
Summe insgesamt für Wandbaustoffe:			.... €

Putze

	Preis pro m^2	Benötigte Menge	Gesamtpreis
Gipsputz	.... €	.... m^2	.... €
Kalkputz	.... €	.... m^2	.... €

Lehmputz	.... €	.... m^2	.... €
Naturfaserputz	.... €	.... m^2	.... €
Summe insgesamt für Putze:			.... €

Estrich

	Preis pro m^2	Benötigte Menge	Gesamtpreis
Zementestrich	.... €	.... m^2	.... €
Anhydritestrich	.... €	.... m^2	.... €
Lehmestrich	.... €	.... m^2	.... €
Magnesiaestrich	.... €	.... m^2	.... €
Trockenestrich	.... €	.... m^2	.... €
Summe insgesamt für Estrich:			.... €

Ausbauplatten

	Preis pro m^2	Benötigte Menge	Gesamtpreis
Hartfaserplatte	.... €	.... m^2	.... €
Gipsfaserplatte	.... €	.... m^2	.... €

Holzwolle-leichtbauplatte	.... €	.... m²	.... €
Summe insgesamt für Ausbauplatten:			.... €

Dämmstoffe	Preis pro m²	Benötigte Menge	Gesamtpreis
Baumwoll-dämmplatten	.... €	.... m²	.... €
Flachsfaser-dämmplatten	.... €	.... m²	.... €
Hanfdämmplatten	.... €	.... m²	.... €
Holzfaserdämmplatten	.... €	.... m²	.... €
Kalziumsilikatplatten	.... €	.... m²	.... €
Korkdämmplatten	.... €	.... m²	.... €
Schaumglas-dämmplatten	.... €	.... m²	.... €
Zellulosedämmplatten	.... €	.... m²	.... €
Kokosfasermatten	.... €	.... m²	.... €
Schafwoll-dämmmatten	.... €	.... m²	.... €
Baumwoll-Einblasdämmstoff	.... €	.... m²	.... €

Blähperlit	.... €	.... m²	.... €
Korkschrot	.... €	.... m²	.... €
Zellulose-Einblasdämmstoff	.... €	.... m²	.... €
Summe insgesamt für Dämmstoffe:			.... €

Dacheindeckungen	Preis pro m²	Benötigte Menge	Gesamtpreis
Betondachsteine	.... €	.... m²	.... €
Dachziegel	.... €	.... m²	.... €
Schieferplatten	.... €	.... m²	.... €
Summe insgesamt für Dacheindeckungen:			.... €

Dachbahnen	Preis pro m²	Benötigte Menge	Gesamtpreis
EPDM-Dichtungsbahnen	.... €	.... m²	.... €
Bitumenbahnen	.... €	.... m²	.... €
Summe insgesamt für Dachbahnen:			.... €

Das müssen Sie tun:
Wie Sie im vorhergehenden Kapitel erfahren haben, gibt es
verschiedene Möglichkeiten ein Gewerk mit gesunden Materialien zu errichten. Lassen Sie sich von den einzelnen Unternehmen verbindliche Angebote machen und kalkulieren Sie
auf dieser Basis den Preis für die einzelnen Bauabschnitte.

Die Sanierung Schadstoff belasteter Häuser

Es gibt eine ganze Reihe von Gründen, bauliche Maßnahmen am Gebäude durchzuführen. Einer davon ist die
Schadstoffbelastung von Bauteilen. Klären Sie aber vor
jeder baulichen Maßnahme ab, ob Schadstoffe an vorhandenen Bauteilen durch die Eingriffe freigesetzt werden können.

Oft ist es technisch und ökonomisch sinnvoll, Maßnahmen zur
Beseitigung von Schadstoffbelastungen mit anderen baulichen
Maßnahmen zu koppeln. Wenn beispielsweise eine asbesthaltige
Dacheindeckung durch eine neue ersetzt werden muss, bietet es
sich an eine zusätzliche Wärmedämmung anzubringen.

Hohe Sanie-
rungskosten

Beim Kauf eines Altbaus sollte man die Hälfte des Anschaffungs-
preises für zusätzliche Investitionen in Kellersanierung, Wärmedämmung und Erneuerung der Haustechnik vorsehen. Auch für
jüngere Immobilien fallen oft noch Kosten für Umbauarbeiten,
Erneuerungen und Schönheitsreparaturen an. Damit die vermeint-
lich günstige Anschaffung durch Altlasten nicht zur Kostenfalle

wird, sollten Sie vor dem Hauskauf von einem Sachverständigen eine sorgfältige Bauuntersuchung durchführen lassen. Dieser kann erkennen, welche Maßnahmen notwendig sind und wie viel Sie dafür investieren müssen, um eine Anpassung an heutige Standards zu erreichen. Der Bausachverständige kann außerdem über die Auswahl der Baustoffe beraten, die für das Anwesen in Frage kommen.

Worauf beim Hauskauf zu achten ist

Funktionierende Infrastruktur, angelegter Garten und die Nachbarn sind auch schon bekannt – ein Haus aus zweiter Hand hat seine Vorzüge. Wenn man es dazu noch günstig erwerben kann, steht dem Glück im neuen Haus eigentlich nichts mehr im Weg. Doch aufgepasst, Schnäppchen entpuppen sich nicht selten als Kostenfalle. Als potenzieller Käufer sollten Sie Folgendes immer berücksichtigen: Je älter ein Kaufobjekt, umso mehr Ausgaben für Sanierungs- und Modernisierungsmaßnahmen müssen eingeplant werden. Es lohnt sich deshalb immer einen Bausachverständigen hinzuzuziehen – am besten nehmen Sie ihn schon zur ersten Besichtigung mit. Aus Erfahrung weiß er wo sich typische Mängel und Problemzonen in Gebäuden befinden. Anhand seiner „Entdeckungen" kann er schließlich den Wert eines Gebäudes realistisch einschätzen.

Bausachverständigen hinzuziehen

PRAXISBEISPIEL

Vor dem Kauf
Der Verband Privater Bauherrn (VPB) rät dazu, vor dem Hauserwerb einen Bauherrnberater damit zu beauftragen, Informationen über das Grundstück für Sie einzuholen. Denn haben Sie den Kaufvertrag erst einmal unterschrieben, können Sie nachträgliche Reklamationen vergessen. Vor dem anstehenden Kauf sollte Ihr Berater folgende Dinge für Sie übernehmen:
❶ Prüfen ob Plan- und Ist-Zustand übereinstimmen.
❷ Baurechtliche Genehmigung aller Bauteile einsehen.
❸ Grundstücksauflagen anhand des geltenden Bebauungsplans feststellen.
❹ Eventuelle Beeinträchtigungen des Grundstücks herausfinden.

❺ Eingetragene Lasten oder Wegrechte ausfindig machen.

❻ Verkehrswert des Hauses ansetzen.

❼ Genehmigung für geplante Umbauwünsche prüfen bzw. einholen.

❽ Technische Möglichkeiten für Umbau, Anbau oder Aufstockung prüfen.

❾ Kostenschätzung für die geplanten Umbauten und Modernisierungsmaßnahmen erstellen.

Aufgaben des Bauherrn-beraters

Nach dem erfolgreichen Hauskauf erledigt Ihr Bauherrnberater diese Aufgaben für Sie:

❶ Keller, Wände und Dach auf Feuchteschäden und andere Mängel prüfen.

❷ Allgemeinzustand des Hauses (speziell der Außenhaut) prüfen.

❸ Qualität der Wärmedämmung feststellen.

❹ Prüfen der Dacheindeckung (inklusive Schornstein und Regenabläufe) auf Dichtigkeit.

❺ Einen Überblick über den Zustand und die Funktionalität der Haustechnik verschaffen (Heizung, Sanitäranlagen, Wasser- und Heizwasserleitungen, Hauselektrik).

❻ Genaue Untersuchung aller Holzteile auf Schädlingsbefall und Tragfähigkeit.

❼ Komplette Bodenanalyse (inklusive Bodenbeläge).

❽ Fenster und Außentüren auf Schäden und Dichtigkeit untersuchen.

Expertentipp

Dokumentation der Bauschritte

Bevor Sie mit Sanierungsmaßnahmen beginnen, sollten Sie zunächst den Ist-Zustand des erworbenen Hauses auf Fotografien festhalten. Dokumentieren Sie dann auch alle folgenden Bauschritte fotografisch. Im Nachhinein ist es nämlich schwer zu rekonstruieren, wo was unter dem Putz oder der Wandverkleidung versteckt war.

Typische Sanierungsbereiche in Altbauten

Altbauten haben typische Schwachpunkte, die Sie kennen sollten, wenn Sie mit dem Gedanken spielen, in ein solches Gebäude zu investieren. Nehmen Sie das Kaufobjekt genau unter die Lupe, nur so können Sie mögliche Schäden bereits im Vorfeld erkennen:

- Feuchteschäden im Kelleraußenwand- und Sockelbereich,
- undichte und funktionsunfähige Fenster und Außentüren,
- Schornsteinschäden,
- Schäden an Außenwänden,
- undichte Dachrinnen, Fallrohre und Gesimseinfassungen,
- Korrosionsschäden (an Stahlbauteilen, Balkonen etc.),
- undichte bzw. beschädigte Dachkonstruktion,
- Schäden an Holzbauteilen (Schädlings- oder Pilzbefall),
- Leitungsschäden (an Ver- und Entsorgungsleitungen, elektrischen Leitungen).

Schäden im Vorfeld erkennen

Wenn Sie sich für eine Immobilie interessieren, prüfen Sie das Objekt auf mögliche Feuchteschäden im Kellerbereich.

81

Expertentipp

Vibrationsquellen im Haus aufspüren

Vibrationen im Haus entstehen durch mechanische Schwingungen und Erschütterungen, werden aber von vielen Menschen nicht bewusst wahrgenommen. Dies ist tückisch, denn sie sind in der Lage unser gesundheitliches Wohlbefinden negativ zu beeinflussen. Mit ihrer niedrigen Frequenz (weniger als 16 Hertz) können sie die organspezifische Grundschwingung des menschlichen Körpers (1–18 Hertz) stören. Lang andauernde Vibrationen können sich ebenso auf die Stabilität des Gebäudes auswirken. Wenn man die Vibrationsquelle aufgespürt hat, kann man die Übertragungswege mit geeigneten baulichen Maßnahmen unterbrechen (beispielsweise durch elastische Verbindungen oder weich federnde Baustoffe). Quellen solcher Vibrationen sind beispielsweise Heizpumpen und Maschinen sowie eine Autobahn oder Bahnlinie in der Nähe. Mechanische Schwingungen können auch vorübergehend auftreten (z. B. Baustelle in unmittelbarer Nähe, Verkehrsumleitung). Achten Sie daher bei Immobilienbesichtigungen auf mögliche Vibrationsquellen.

Wärmedämmung

Dünne Wände · Ältere Immobilien, die noch in Zeiten gebaut wurden, als Heizöl und Erdgas vergleichsweise günstig waren, haben vielfach Außenwände, die den heutigen Wärmeschutzstandards nicht entsprechen. Teilweise sind die Wände insgesamt dünner als es bei heutigen Neubauten üblich ist. Besonders die Wandbereiche hinter den Heizkörpern sind meist nur wenige Zentimeter dick und bilden Wärmebrücken, über die eine Menge Wärme verloren geht. Fenster- und Türlaibungen sind in gleicher Weise verantwortlich für Wärmeverluste. Ungedämmte Hohlräume und schlecht ausgeführte Maueranschlüsse können häufig Ursache für die Entstehung von Wärmebrücken im Fenster- und Türenbereich sein. Ungenutzte Keller- und Dachräume entziehen dem Wohnraum viel Wärme, wenn sie nicht entsprechend gedämmt sind. Oft genügt jedoch schon eine Lage Dämmmaterial auf dem Dachboden oder unterhalb der Kellerdecke, um die Wärmeverluste zu verringern. Aufwendiger wird es, wen es um die Dämmung der Außenwände geht. Einschalige Wandaufbauten (z. B. massives Mauerwerk, Holzständerkonstruktion) können recht unkompliziert mit einer nachträglichen Außendämmung versehen werden, vorausgesetzt es ist ein ausreichend schützender Dachüberstand vorhanden. Als Außendämmung kommt entweder ein WDVS (Wärmedämmverbundsystem) oder eine hinterlüftete Vorhangfassade in Frage. Problematisch wird es allerdings, bei denkmalgeschützten Fassaden oder sichtbaren Fachwerkkonstruktionen. Da muss mit einem Fachmann über geeignete Dämmmöglichkeiten entschieden werden.

Dämmung der Außenwände

Mögliche Schadstoffe in der Gebäudesubstanz

Wer weiß schon, was sich in gebrauchten Immobilen hinter Wandverkleidungen oder unter Bodenbelägen verbirgt? Mancher Altbau steckt voller chemischer und biologischer Schadstoffe, die für die Gesundheit der Bewohner gefährlich werden können. Nicht alle Schadstoffe sind auf den ersten Blick sofort zu erkennen. Meist werden Gefahren erst mit einer umfassenden Wohnraumanalyse aufgedeckt, was sich dann unter Umständen wertmindernd auf den Kaufpreis auswirken kann. Es ist also ratsam, vor dem Hauskauf einen Schadstoffcheck durchzuführen. Im Hinblick auf die Kosten, die im Falle einer umfangreichen Sanierung auf Sie zukommen, rechnet sich die Investition in eine Innenraumanalyse auf jeden Fall.

Experten für Innenraumanalysen wissen, wo welche Schadstoffe zu finden sind. Im Hinblick auf die Entstehungszeit des Gebäudes und die Bauweise kann der Fachmann bereits mögliche Schadstoffbelastungen in Erwägung ziehen und die Gebäudesubstanz gezielt daraufhin untersuchen. Bei Altbauten handelt es sich meist um chemische Verbindungen, Schwermetalle, Stäube, Geruchsauffälligkeiten, biologische Giftstoffe (z. B. Schimmelpilze) und physikalische Faktoren (wie Radongas, Elektrosmog, Asbestfasern).

Innenraumanalyse

Außenwände

Nachkriegsgebäude besitzen in der Regel ein beidseitig verputztes Mauerwerk. Auf die Qualität der Baustoffe wurde damals noch kein großer Wert gelegt. Ab den 1960er-Jahren wurden die Wände schließlich solider gebaut und die Wärmedämmung dadurch etwas verbessert. Mit der ersten Wärmeschutzverordnung 1977 rückte die Wärmedämmung mehr und mehr in den Vordergrund und führte zu einer Anhebung des Standards.

Stahlbeton   Stahlbeton war seit den 1960er-Jahren ein beliebter Baustoff. Er kam in Skelettkonstruktionen und Fertigbauweisen zum Einsatz. Zu dieser Zeit wurden auch verstärkt Fertighäuser in Holzbauweise errichtet. Als Baumaterial für gemauerte Außenwände verwendete man in den 1950er-Jahren Bimshohlblocksteine, ab den 1960er-Jahren Lochziegel, Kalksandsteine und Porenbetonsteine. Folgende Schadstoffe oder schadstoffbelastete Materialien können in massiv gebauten Außenwänden dieser Zeit auftreten:

* Fugenmassen die PCB (polychlorierte Biphenyle) enthalten,
* Schimmelpilzbefall nach Durchfeuchtungen.

Kellerwände aus den 1950er-Jahren wurden in der Regel gemauert und von außen mit Bitumenbahnen oder Bitumenanstrichen gegen Feuchtigkeit aus dem Erdreich abgedichtet.

Weiße Wanne   Ab den 1960er-Jahren hat man die Kellerwände vermehrt aus Stahlbeton errichtet und ohne zusätzliche Abdichtung als „Weiße Wanne" wasserundurchlässig ausgeführt. Häufig vorkommende Schäden im Kellerbereich sind durchfeuchtete Wände, die durch Putzschäden, Risse in der Außenhaut sowie schlecht ausgeführte Außen- und Horizontalabdichtungen hervorgerufen werden. Salzausblühungen und Schimmelpilzbefall an den Wandinnenflächen sind eindeutige Indizien für Feuchteschäden.

Fassade

Feuchteschäden an der Außenwand   Putzfassaden waren kennzeichnend für die 1950er-Jahre – einfach und kostengünstig. Mit Klinker verkleidete Außenwände (regional bedingt) und Vorhangfassaden bestimmten neben Putzfassaden schließlich das architektonische Bild der 1960er- und 1970er-Jahre. Falls nicht schon saniert, können Gebäude aus diesen Jahrzehnten Feuchteschäden an der Fassade bzw. an der Außenwand aufweisen. Erkennungsmerkmale für Durchfeuchtungen sind dunkle Verfärbungen am Putz oder weiße Salzausblühungen an Klinkerschalen.

Die Sanierung von Asbestteilen darf nur von spezialisierten Fachkräften vorgenommen werden.

Bei Fassadenkonstruktionen aus den 1960er- und 1970er-Jahren sollten Sie besonders auf folgende Schadstoffe achten:

- Asbest in Fassadenplatten,
- Holzschutzmittel in der Außenverkleidung,
- Mineralwolle in Dämmmaterialien,
- PCB – polychlorierte Biphenyle in Dichtmassen,
- Formaldehyd und Chlornaphthaline in Holzspanplatten.

Fenster und Außentüren

Schlechte Wärmedämmwerte von Tür- und Fensterrahmen waren bis in die 1970er-Jahre die Regel. In bestehenden Gebäuden der 1950er- bis 1970er-Jahre wurden die einfachverglasten Originalfenster inzwischen größtenteils gegen Wärmeschutzverglasungen ausgetauscht. Dennoch können folgende Schadstoffe in den Fenstersystemen enthalten sein:

* Mineralwolle als Dämmung von Mauerwerksanschlüssen und Hohlräumen,
* PCB – polychlorierte Biphenyle in Fugenmassen.

Außenfensterbänke

Asbest-
zement-
platten

Ab den 1960er-Jahren wurden dünne Asbestzementplatten als Fensterbänke im Außenbereich verwendet. Innen kamen schadstoffhaltige Materialien wie Natur- oder Werksteinplatten, Massivholz- oder Holzwerkstoffplatten sowie Asbestzementplatten zum Einsatz. Achten Sie auch auf die Unterseiten von Holzfensterbänken über Heizkörpernischen, denn sie sind häufig mit Asbestpappen beschichtet.

Expertentipp

Achtung Asbest!

Asbestpappen und -platten gelten als schwach gebundene Asbestprodukte und können bei unsachgemäßer Behandlung eine Gefahr für die Gesundheit darstellen. Sie sollten auf keinen Fall in Eigenregie sondern nur durch eine Fachfirma ausgebaut und entsorgt werden (Asbestrichtlinie)!

Innenwände

Trocken-
bauweise

Als Materialien für Innenwände verwendete man meist massive Baustoffe wie Ziegel, Kalksandstein, Bims- oder Gasbeton (heute Porenbeton), die dann beidseitig verputzt wurden. Seit den 1960er-Jahren, mit Aufkommen der Fertigbauweise errichtete man zunehmend auch Wände im Trockenbauweise. Trockenbauwände bestehen aus einer Ständerkonstruktion (aus Holz oder Metallprofilen), einer Beplankung (aus Gipskarton- oder Gipsfaserplatten, seltener aus Holzwerkstoffen) und einer dazwischen liegenden Dämmung (meist aus Mineralwolle). Innenwände im Trockenbau können mit folgenden Schadstoffen belastet sein:

- Holzschutzmittel in Holzwänden aus Trockenbauweise,
- Mineralwolle in Dämmmaterialien,
- Formaldehyd und Chlornaphthaline in Holzwerkstoffplatten.

Brandschutztüren

Neben den üblichen Innentüren aus Holz und Holzwerkstoffen müssen etwa in Heizräumen Türen mit speziellen Anforderungen eingebaut werden, um vom übrigen Kellerbereich abgetrennt zu sein. Aus Gründen des Brandschutzes waren in Brandschutztüren der 1960er- und 1970er-Jahre asbesthaltige Materialien enthalten.

Decken

Geschossdecken wurden in den 1950er-Jahren überwiegend als Holzbalkendecken ausgebildet, in den 1960er-Jahren setzte sich dann Beton als vorrangiger Deckenbaustoff durch. Über der Decke verlegte man schwimmenden Zement-Estrich als Unterboden für den folgenden Fußbodenbelag. Die Dämmschicht unter dem Estrich bestand in der Regel aus Mineralwolle und später auch aus Polystyrol. Mögliche Schadstoffbelastungen bei der Deckenkonstruktion können demnach sein:

Schwimmender Estrich

- Mineralwolle in der Trittschalldämmung,
- Asbest in Steinholzestrichen,
- PAK – polyzyklische aromatische Kohlenwasserstoffe in Teerestrichen,
- Schimmelpilzbefall nach Durchfeuchtung.

Treppen

Treppen innerhalb von Gebäuden wurden aus einfachen Stahlkonstruktionen mit Holzstufen oder komplett aus Holz hergestellt. Lackaufträge als Oberflächenschutz waren in den 1950er-Jahren üblich. Ab den 1960er-Jahren schützte man Holzoberflächen mit Holzlasuren. Dementsprechend können Belastungen mit Bioziden und Lösemittel bestehen, infolge von mit Holzschutzmitteln behandelten Hölzern.

Lackaufträge

87

Dächer

Asbest-
wellplatten
Geneigte Dächer mit einem Dachstuhl aus Holz sind die meist verbreiteten Dachkonstruktionen. Bei fachgerechter Ausführung haben sie eine lange Lebensdauer. Als Dacheindeckung benutzt man bereits seit den 1950er-Jahren Dachziegel und etwas später auch Betondachsteine. Flach geneigte Dächer bekamen vor allem ab den 1960er-Jahren eine Dacheindeckung aus Asbestwellplatten. Zur Dämmung von ausgebauten Dachräumen verwendete man Holzwolleleichtbauplatten (1950er-Jahre) als Untersparrendämmung und später dann als Zusatzdämmung zwischen den Sparren (ab den 1960er-Jahren) Mineralwolle. Über die Jahrzehnte undicht gewordene Dämmbereiche führen zu Wärmebrücken mit den üblichen Folgeschäden.

Untersuchen Sie die Dachkonstruktion auf mögliche Feuchteschäden oder verwendete Holzschutzmittel.

Folgende Schadstoffe können bei geneigten Dächern bzw. bei Steildächern vorkommen:

- Asbest in Asbestzementwellplatten als Dacheindeckung,
- Mineralwolle im Dämmmaterial,
- Schimmelpilzbefall nach Durchfeuchtung,

- PAK in teerhaltigen Dachbahnen und Bitumendachbahnen von Flachdächern,
- Lösemittel und Biozide in mit Holzschutzmitteln behandelten Dachkonstruktionen.

Ein Flachdach kann aus einer Stahlbetondecke oder aus einer Holzbalkenkonstruktion gefertigt sein. Sind die Dachbahnen über die Jahre undicht geworden oder sind Wärmebrücken vorhanden, können Bauteile durchfeuchtet und mit Schimmelpilzen befallen sein. Bei länger zurückliegenden Modernisierungsarbeiten wurden eventuell die Dämmungen verbessert und die Abdichtungen erneuert. Dabei ist der Dachrand oft mit Asbestzementplatten verkleidet worden. Als Folge können folgende Schadstoffe bei Flachdächern auftreten:

Asbest-zement-platten

- Asbest in der Attikaverkleidung aus Asbestzementplatten,
- Mineralwolle im Dämmmaterial,
- Schimmelpilzbefall nach Durchfeuchtung,
- PAK in teerhaltigen Dachbahnen und Bitumendachbahnen,
- Lösemittel und Biozide in mit Holzschutzmitteln behandelten Dachkonstruktionen.

Balkone und Dachterrassen

Noch vor gut 50 bis 60 Jahren war es üblich Balkone als Verlängerung der innen liegenden Stahlbetondecke direkt nach außen zu führen. Heute stellen solche Balkonkonstruktionen ein bauphysikalisches Problem dar, da sie nicht gedämmt sind und über die gesamte Balkonbreite eine großflächige Wärmebrücke bilden. Bei Modernisierungsmaßnahmen zur verbesserten Wärmedämmung sollten Balkonplatten auf alle Fälle miteinbezogen werden. Undichte Stellen an den Maueranschlüssen oder an Balkon- bzw. Terrassentüren verursachen Feuchteschäden, die auf die Dauer den Balkonaufbau instabil und somit unsicher machen können. Vor allem wenn durch Frostschäden Teile der Konstruktion abplatzen und Risse entstehen. Dachterrassen liegen auf einer Stahlbetondecke oder alternativ auf einer Holzbalkendecke. Abgedichtet wurden sie mit Bitumenbahnen. Bei Balkonen und Dachterrassen können folgende Schadstoffe verarbeitet sein:

Bauphysikalisches Problem

- Lösemittel und Biozide in mit Holzschutzmitteln behandelten Dachkonstruktionen,
- PAK in teerhaltigen Dichtungsbahnen und Bitumendachbahnen,
- Asbest in Asbestfassadenplatten.

Mögliche Schadstoffe in Innenräumen

Austausch
alter
Materialien

Mit Schadstoffen belastete Oberflächen wie Bodenbeläge oder Wandbeschichtungen können die Gesundheit der Bewohner erheblich beeinträchtigen, da sie direkt an die Innenraumluft angrenzen. Falls nicht bereits durch die Vorbesitzer geschehen, können bedenkliche Materialien entfernt und gegen raumgesunde Produkte ausgetauscht werden.

Fußbodenbeläge

Fest eingebaute Fußbodenbeläge wie Fliesen, Steinbeläge, Terrazzoböden und Holzböden können bis heute im Originalzustand vorhanden sein. Lose Beläge wie Linoleum, PVC oder Teppiche sind meistens schon erneuert worden. Besonderes Augenmerk gilt Parkettböden, die damals mit teerhaltigen Klebern auf dem Untergrund befestigt wurden. In unbeschädigtem Zustand braucht man keine Bedenken bezüglich Schadstoffausdünstungen zu haben. Weitere Maßnahmen müssen in diesem Fall nicht ergriffen werden.

Teerhaltiger
Kleber

Federt das Parkett, ist es locker oder gar lose, kann der teerhaltige Klebstoff zu einer erhöhten PAK-Belastung im Raum führen. Auch durch breitere Fugen (> 2 mm) zwischen den Parkettstäben können PAK aus dem Kleber in die Raumluft gelangen.

Floor-Flex-
Platten

Neben PAK in Parkettklebern und Fußbodenplatten kann in Fußbodenbelägen auch Asbest vorkommen. Bis in die 1980er-Jahre wurden asbesthaltige Floor-Flex-Platten und die zweischichtige Cushion-Vinyl-Bahnenware als Bodenbelag verwendet. Dagegen sind alle anderen PVC-Beläge (auch die PVC-Beläge mit hellbraunem Jutefilz-Rücken aus den 1960er-Jahren) und Beläge nach 1981 asbestfrei. Sind die asbesthaltigen Böden unbeschädigt, müssen sie nicht ausgetauscht werden. Generell sind Sie als Vermieter nicht dazu verpflichtet, funktionstüchtige Floor-Flex-Platten auszubauen. Cushion-Vinyl-Beläge dagegen sind schwach gebundene Asbestprodukte, die bei Beschädigung eine Asbestbelastung der Raumluft zur Folge haben kann.

Moderne Parkettböden oder Teppichbeläge sind kaum oder gar nicht mit Schadstoffen belastet. Ist der Boden schon älter, sollten Sie ihn auf etwaige Ausgasungen untersuchen.

Expertentipp

BaP-Konzentrationen im Hausstaub messen!

Wenn Sie Schäden bei Bodenbelägen festgestellt haben und sich nicht sicher sind, was nun zu tun ist, haben sie die Möglichkeit eine Analyse des Hausstaubs durchführen zu lassen, um die sogenannte BaP-Konzentration festzustellen. BaP (Benzo[a]pyren) ist die Leitsubstanz, mit der PAK-Konzentrationen nachgewiesen werden können. Dafür wird frischer Hausstaub entnommen und auf BaP untersucht. Ab einem bestimmten Wert wird dann entschieden, ob weitere Maßnahmen unternommen werden müssen oder nicht.

Wand- und Deckenoberflächen

In den 1970er-Jahren war es „in", Decken und Wände mit Holzpaneelen zu verkleiden. Dazu wurde eine Unterkonstruktion aus Holzlatten hergestellt, auf der die Paneele angebracht wurden. Als Dämmmaterial zwischen den Latten (besonders unterhalb von Dachböden) wurde unter anderem Mineralwolle eingesetzt. Die Holzoberflächen hat man abschließend mit einer Holzlasur versiegelt. Wurde die Dämmschicht mit einer Dampfsperre gegen Feuchtigkeit abgedichtet, besteht die Möglichkeit einer permanenten Wanddurchfeuchtung hinter der Verkleidung, aufgrund nicht stattfindender Dampfdiffusion. Das Gleiche kann passieren hinter diffusionsdichten Tapeten oder Wandputzen. Wand- und Deckenverkleidungen aus Holz können zu folgenden Schadstoffbelastungen führen:

- Mineralwolle als Wärmedämmung,
- Lösemittel und Biozide in Holzschutzmitteln bei lasierten Verkleidungen und Unterkonstruktionen,
- Schimmelpilzbefall nach Durchfeuchtung.

Heizung – Sanitär – Lüftung

Austausch alter Heizanlagen

So richtig alte Heizungsanlagen dürften mittlerweile nicht mehr zu finden sein. Heizanlagen, die vor 1978 eingebaut wurden und nicht mehr den Normen entsprachen, mussten bereits ausgetauscht werden. Bis Ende 2008 muss auch die restliche Generation der 1978er Heizanlagen ausgewechselt werden. Im Zweifelsfall weiß Ihr zuständiger Schornsteinfeger Rat. Sanitär- und Elektroanlagen dagegen können noch im Originalzustand erhalten sein. Was aber nicht bedeutet, dass sie völlig in Ordnung sind. Leider ist oft das Gegenteil der Fall.

Bei annähernd 75 Prozent der zum Verkauf stehenden Altbauten müssen der Sanitärbereich und die Elektrik von Grund auf erneuert werden. Eine Komplettsanierung ist in diesem Fall zu empfehlen, da wenn möglich zugleich die alten Wasserrohre (Zu- und Abläufe) ausgetauscht werden sollten.

Überlastete Stromleitungen

Moderne Haushalte brauchen bedeutend mehr Strom, als das noch vor etwa 30 Jahren der Fall war. Alte Stromleitungen können da schnell überlastet sein und sollten ebenfalls komplett modernisiert werden. Elektromagnetische Belastungen können durch den Einbau von Netzfreischaltungen minimiert werden. Sie schalten sowohl das Elektrogerät als auch den gesamten Stromkreis ab, an dem das Gerät hängt. Eine ideale Lösung für Schlaf- und Ruhebereiche sowie für Kinderzimmer.

Schadstoffgefahr Heizungsanlage

Undichtigkeiten an der Heizungsanlage können zu schlechten Abgaswerten führen sowie zu einer Abgabe gesundheitsschädlicher Abgase an die angrenzenden Räume. Man erkennt undichte Stellen an Kaminverfärbungen. Den Nachweis über entweichende Abgase kann jedoch nur der zuständige Schornsteinfeger durch seine Messungen erbringen. Falsch dimensionierte Durchmesser der Abgasrohre sind die Schadensursache Nummer eins an Kaminen. Bis in die 1980er-Jahre wurden an Heizungsanlagen mancher Hersteller asbesthaltige Bauteile verwendet: Asbestscheiben, Abdichtungen, Asbestschnüre, Asbestpappen, Kitte, Stampfmassen zur Wärmedämmung sowie Stopfmassen zur Abdichtung. Asbesthaltige Pappen und Platten wurden als Brandschutz vor gefährdeten Bauteilen angebracht.

Kaminverfärbungen

Alte Elektro-Speicherheizgeräte sind die reinsten „Schadstoffschleudern". Sie enthalten asbesthaltige Stoffe und wurden obendrein mit Mineralwolle gedämmt. Geräte, die vor der PCB-Verbotsordnung 1989 hergestellt wurden, können zudem Kapillarrohr-Regler enthalten, die mit PCB (polychlorierte Biphenyle) gefüllt sind.

Elektro-Speichergeräte

Sanitärinstallationen

Bleihaltige Wasserrohre wurden in den Jahren 1950–1970 als Trinkwasserleitungen installiert. Wenn Sie wissen wollen, ob Ihr Kaufobjekt mit solchen Leitungen ausgestattet ist, probieren Sie einfach mal mit einem spitzen Gegenstand in das Metall der Leitung zu ritzen. Ist dies problemlos möglich, handelt es sich um kein Kupferrohr, sondern um eine bleihaltige Leitung, da Blei weicher ist als Kupfer. Sollten Sie Zweifel haben, ist es ratsam einen Sanitärfachmann hinzuzuziehen. Anhand einer Trinkwasseranalyse kann ein eventueller Bleigehalt im Trinkwasser mit

Bleihaltige Rohre

Sicherheit festgestellt werden. Bei nachweislichem Bleigehalt muss die Einhaltung bestimmter Grenzwerte vom Eigentümer sichergestellt werden. Im Rahmen von Modernisierungsmaßnahmen sollten Bleirohre auf jeden Fall ausgetauscht werden. Von diesen Bauteilen können Schadstoffbelastungen ausgehen:

- Bleihaltige Wasserleitungen (bis in die 1970er-Jahre),
- Wärmedämmungen aus Mineralwolle an Wasserleitungen.

Prüfen Sie, ob es sich bei der Wasserinstallation um Kupfer- oder Bleirohre handelt. Lässt sich das Material nicht einritzen, handelt es sich um Kupfer.

Lüftungsinstallationen

Fertigung mit Asbestzement

Lüftungen wurden in Wohnhäusern zur Entlüftung von Bad, Küche und Heizungsraum installiert. Die Lüftungskanäle in älteren Gebäuden können aus Asbestzement gefertigt sein. Eine Sanierungspflicht für den Hausbesitzer besteht jedoch nicht, da Asbest-Lüftungskanäle zu den festgebundenen Asbestprodukten zählen und nur bei Beschädigung gefährliche Fasern freisetzen. Sollten Kanäle also beschädigt sein, ist es möglich, dass Asbestfasern in die Raumluft gelangen können. In diesem Fall ist eine Asbestsanierung durch den Fachmann ratsam. Lüftungsleitungen können folgende Schadstoffbelastungen verursachen:

- Belastung durch Mikroorganismen wie Viren, Bakterien oder Schimmelpilze,
- Asbestbelastung durch beschädigte Asbestzemet-Lüftungskanäle.

Schadstoffbelastung in alten Fertighäusern

Hauptproblem von Fertighäusern bis zum Baujahr 1985 ist die erhöhte Formaldehyd-Belastung. Man verwendete damals in großem Umfang Spanplatten für Wände, Decken und Fußböden. Zum Einsatz kamen auch feuchtebeständige Spanplatten des Typs V 100 G, die unter Zugabe eines Fungizids (Chlornaphthalin-Gemisch – CN) hergestellt wurden. Diese Platten wurden im Innenbereich hauptsächlich für Fußböden und im Außenbereich für Dächer und Außenschalungen verwendet. Ausdünstungen von CN-behandelten Platten können Beschwerden wie Kopfschmerzen, Betäubung des Geruchssinns, Reizungen der Schleimhäute (Augen, Nase) sowie Taubheitsgefühle hervorrufen. Eine erhebliche CN-Emission durch diese Spanplatten kommt bei Verrottungsprozessen infolge von Durchfeuchtung vor. Häufig treten im gleichen Zeitraum Schimmelpilze an den betroffenen Stellen auf. Wenn Sie CN-haltige Platten im Haus (mit Kontakt zum Innenraum) vermuten, schalten Sie am besten einen Schadstoff-Spezialisten ein. Er kann prüfen, ob und welche Maßnahmen durchzuführen sind.

Formaldehyd-Belastung

Da Fertighäuser in Leichtbauweise errichtet sind, sind die Innenwände stoßempfindlich und können leicht beschädigt werden. Sind die Beschädigungen oberflächlich, kann Feuchtigkeit aus der Raumluft (vor allem in kalten Monaten) in die Wand eindringen und auf Dauer das dahinterliegende Dämmmaterial durchfeuchten. Dadurch entstehen Wärmebrücken und die Dämmung verliert ihre Wirkung. Reichen die Beschädigungen tief in die Wandkonstruktion hinein, können sich Fasern aus der Dämmung lösen und in den Innenraum gelangen. Das ist dann problematisch, wenn als Dämmmaterial Mineralwolle verwendet wurde. Achten Sie deshalb vor dem Kauf auch auf unbeschädigte Wandoberflächen. Für Fertighäuser bis Baujahr 1985 können die folgenden Schadstoffe typisch sein:

Unbeschädigte Wandober-flächen

95

Typische
Schadstoffe

Bei Außenwänden:

- Formaldehyd und Chlornaphthaline in Holzwerkstoffplatten für Wände, Böden, Decken,
- Lösemittel und Biozide in mit Holzschutzmitteln behandelten Hölzern,
- Asbest in der Außenfassade, in Lüftungskanälen oder in der Heizungsanlage,
- Künstliche Mineralfasern (KMF) im Dämmmaterial von Ständerwänden, Decken, Dach und Rohrisolierungen,
- Polychlorierte Biphenyle (PCB) in Fugenmassen bei Fassaden und Fenstern.

Bei Decken:

- Lösemittel und Biozide in mit Holzschutzmitteln behandelten Hölzern,
- Künstliche Mineralfasern (KMF) im Dämmmaterial,
- Formaldehyd und Chlornaphthaline in Holzwerkstoffplatten.

Schadstoffbelastungen in Fertighäusern sind oft mit typischen Gerüchen verbunden:

- Stechend-säuerlich: möglicherweise Formaldehyd,
- schimmlig-muffig: möglicherweise Chloranisole, Schimmelpilze,
- schimmlig-muffig-süßlich: möglicherweise Chlornaphthaline.

Der Weg zum gesunden Altbau

Erster
Verdacht

Liegt ein begründeter Verdacht für eine Schadstoffbelastung der Innenraumluft vor, muss eine qualifizierte Bestandsaufnahme des Gebäudes durch einen Schadstoff-Sachverständigen vorgenommen werden. Er hat Erfahrungen mit Altbausanierungen und schadstoffbelasteten Bauteilen und kann gezielt Material- und Raumluftanalysen durchführen. Anhand seiner Ergebnisse können weitere Maßnahmen geplant und durchgeführt werden.

Gezielte
Planung

Eine notwendige Sanierung schadstoffbelasteter Bauteile bedarf einer gezielten Planung. Unter gesundheitlichen Aspekten muss geklärt werden, inwieweit die festgestellte Schadstoffbelastung die Gesundheit der Bewohner beeinträchtigen kann und welche zwingenden oder sinnvollen Sanierungsmaßnahmen erforderlich sind. Falls zusätzlich auch Modernisierungsmaßnahmen geplant sind, muss der Eigentümer wissen, über welchen Zeitraum sich die Sanierung erstrecken wird und welchen Umfang die Arbeiten annehmen werden. An dieser Stelle ist man mit einem Planungskonzept am besten beraten. Darin können die verschiedenen Maßnahmen in eine sinnvolle zeitliche Abfolge eingeteilt und alle baubiologischen, bautechnischen und ökologischen Aspekte der Sanierung und Modernisierung berücksichtigt werden.

Hauskeller auf Radon untersuchen

Falls sich Ihr Haus in einer Radon gefährdeten Region befindet, können Innenraumanalytiker mithilfe von speziellen Tests eine etwaige Radonbelastung feststellen. Entsprechend der Höhe der gemessenen Werte müssen innerhalb bestimmter Zeiträume Sanierungsmaßnahmen durchgeführt werden. Grundsätzlich kann regelmäßiges Lüften und der Einbau eines Ventilators in die Kelleraußenwand die Radonbelastung verringern. Folgende weitere Sanierungsmaßnahmen können das Problem beheben:

- Setzrisse und offene Fugen mit geeignetem Material abdichten,
- Installationsschächte für Wasser, Gas und Strom verschließen,
- Haarrisse im Mauerwerk und im Boden flächig versiegeln (nur durch einen Fachmann!).

Expertentipp

Radonbelastungen selbst messen!

Mithilfe eines Radonexposimeters kann auch der Laie in seinem Haus Radonkonzentrationen ermitteln. Die Messungen sollten über einen längeren Zeitraum in zwei verschiedenen Räumen durchgeführt werden, am besten in einem Wohnraum und einem Schlafraum. Beziehen kann man das Exposimeter bei sogenannten Messstellen, die Sie bei den Landesmessstellen oder bei Stiftung Warentest erfragen können.

Schadstoffsanierung

Detaillierter Sanierungsplan

Für die Sanierung Schadstoff belasteter Bauteile sind Baufachleute und Innenraumanalytiker gefragt. Am besten entwickeln sie gemeinsam einen Sanierungsplan, der optimal auf die Gebäudesubstanz abgestimmt ist. Anhand dessen wird auch das geeignete Material für die Sanierungsarbeiten ausgewählt. Verschleißende Baumaterialien (z. B. Fußbodenbeläge oder Tapeten) können recht problemlos ausgebaut oder entfernt und durch unbedenkliches Material ersetzt werden. Bei konstruktiven Bauteilen wie Wänden, Dachbalken oder Stützen ist ein Austausch oft nicht möglich oder zu teuer und kompliziert. In diesem Fall werden diese Bauteile „isoliert". Das kann durch eine nachträgliche Beschichtung geschehen wie etwa bei Formaldehyd-, PCP- oder Lindan-Belastungen oder mit einem Überzug aus Absorbervlies. Auf diese Weise werden die gesundheitsschädlichen Emissionen eingeschlossen und können nicht mehr in die Raumluft gelangen.

Gefahr durch künstliche Mineralfasern (KMF)

Eingebaute KMF-Produkte sollten dann entfernt werden, wenn sie in direktem Luftaustausch mit dem Innenraum stehen und es dadurch zu einer Belastung mit lungengängigen Fasern kommen kann. Grundsätzlich darf nur speziell geschultes Fachpersonal Arbeiten an krebsverdächtigen KMF vornehmen. Wie dabei vorgegangen wird, ist in der technischen Regel für Gefahrstoffe (TRGS 551) festgelegt. Geringfügige Arbeiten können Sie zwar auch selbst vornehmen, achten Sie aber dabei unbedingt auf geeignete Schutzmaßnahmen, wie das Aufsetzen einer Feinstaubmaske, das Anfeuchten des KMF-Produkts sowie das Auslegen von Folien vor Arbeitsbeginn.

Formaldehyd belastete Bauteile sanieren

Raumluftmessung

Formaldehydbelastungen in Innenräumen entstehen hauptsächlich durch Emissionen aus Holzwerkstoffplatten. Besteht der Verdacht einer Raumluftbelastung, muss als Erstes eine Raumluftmessung durchgeführt werden, die Sie problemlos in Form eines Schnelltests selbst vornehmen können. Bei einer nachgewiesenen Formaldehydbelastung müssen die belasteten Bauteile saniert werden. Ein Bausachverständiger kann dabei große Hilfe leisten, da er mit speziellen Messmethoden (z. B. mit Materialanalysen) die Art und die Höhe der schädlichen Konzentration feststellen kann. Anhand der Messergebnisse können geeignete Sanierungsmaßnahmen geplant werden.

Leicht zu ersetzende Bauteile oder Materialien sollten nach Möglichkeit vollständig entfernt werden. Statisch wichtige Bauteile oder gut zugängliche Emissionsquellen (z. B. Bohrlöcher, Kanten oder Risse) können mit Dichtmassen oder unbedenklichen Lacken abgedichtet und verschlossen werden. Sorgfältiges Arbeiten ist dabei die Grundvoraussetzung für ein Erfolg versprechendes Ergebnis.

Vollständige Entfernung

Eine weitere Methode bei unersetzlichen Bauteilen ist die chemische Bindung von Formaldehyd durch Schafwollvlies. Aufgrund der natürlichen chemischen Zusammensetzung der Wolle kann Formaldehyd über Jahre aus der Raumluft in den Wollfasern gebunden werden. Ein sachkundiger Gutacher kann klären, ob diese Methode in Ihrem Fall erfolgreich angewendet werden kann.

Asbestsanierung

Besteht der Verdacht auf eine Belastung mit Asbestfasern muss zunächst die Quelle und die Asbestart (schwach oder fest gebunden) geklärt werden. Eine Freisetzung von Asbestfasern erfolgt erst nach einer Beschädigung der potenziellen Emissionsquelle. Eine Analyse von Staubproben bringt Aufschluss über das Ausmaß der bestehenden Kontamination. Gemäß der Asbest-Richtlinie der jeweiligen Bundesländer wird ein Wert ermittelt, der einer bestimmten Dringlichkeitsstufe zugeordnet werden kann. Je nach Zuteilung müssen weitere Maßnahmen beschlossen werden. Dringlichkeitsstufe 1 bedeutet für den Eigentümer, dass er die Gefahr durch freigesetzte Asbestfasern unverzüglich durch Sicherungsmaßnahmen abwehren muss. Ferner ist der Eigentümer dazu verpflichtet, die betroffenen Bauteile so bald wie möglich durch eine Fachfirma sanieren zu lassen.

Klärung der Herkunft

Schimmelbekämpfung

Material-
analyse
durch Experten

Schimmel tritt überall dort auf, wo es dauerhaft feucht ist. Die Ursachen eines Schimmelbefalls müssen geklärt werden, bevor eine Sanierung der betroffenen Stellen erfolgen kann. Dabei ist der Hausbesitzer auf professionelle Hilfe angewiesen. Erfahrene Schimmelexperten können bereits beim Betrachten der befallenen Region auf die mögliche Ursache schließen. Trotzdem sollten zusätzlich Materialproben genommen und Luftraummessungen durchgeführt werden, bevor mit der Sanierung begonnen wird. Üblicherweise erfolgt eine komplette Sanierung in folgenden Schritten:

• Zuerst wird durch geeignete Sofortmaßnahmen eine weitere Sporenausbreitung verhindert,
• dann wird eine Analyse der Ursache vorgenommen und wenn möglich beseitigt,
• das befallene Material entfernt,
• falls erforderlich die betroffenen Bereiche trockengelegt,
• und der sanierte Bereich wiederhergestellt.

PRAXISBEISPIEL

Richtiger Umgang mit Schimmel!
Kleine Schimmelstellen können Sie in Eigenregie beseitigen, vorausgesetzt die Ursache kann zweifelsfrei geklärt und behoben werden. Versuchen Sie auf keinen Fall getrockneten Schimmel abzubürsten oder abzureiben. Die feinen Sporen könnten dadurch in die Raumluft gelangen. Verwenden Sie vorsichtshalber auch eine Atemschutzmaske um sich vor eventuellen Sporen in der Luft zu schützen. Öffnen Sie die Fenster und sorgen Sie für eine ausreichende Lüftung des Arbeitsbereiches bevor Sie mit den Sanierungsarbeiten beginnen. Die Schimmelfläche muss mit Alkohol (70–80 Prozent) besprüht werden, damit die Poren kurzfristig gebunden werden. Dann können die befallenen Materialteile (Tapeten, Bodenbelag u. A.) vorsichtig entfernt und ausgetauscht bzw. erneuert werden. Auch wenn oberflächlich nur kleine Pilzherde zu erkennen sind, können unterhalb der entfernten Materialteile größere Flächen befallen sein. In solch einem Fall ist vor-

sichtshalber ein Schimmelexperte hinzuzuziehen, um das tatsächliche Ausmaß beurteilen zu können.

Belastung durch Pentachlorphenol beseitigen

Das toxische Pentachlorphenol (PCP) war ebenso wie das Insektizid Lindan in vielen Holzschutzmitteln enthalten. PCP drang nicht tief in den Baustoff ein, sodass der größte Teil der Belastung direkt unterhalb der Oberfläche des behandelten Bauteils liegt. Eine PCP-Belastung kann nur durch eine Analyse festgestellt werden. In der „Richtlinie für die Bewertung und Sanierung PCP-belasteter Baustoffe und Bauteile in Gebäuden" (PCP-Richtlinie) ist vorgegeben, wie die Bewertung der Messergebnisse erfolgen soll, wie die genaue Vorgehensweise bei einer PCP-Sanierung sein soll, welche Schutzmaßnahmen dabei getroffen werden müssen und wie die Abfälle zu entsorgen sind.

Belastung
unter der
Oberfläche

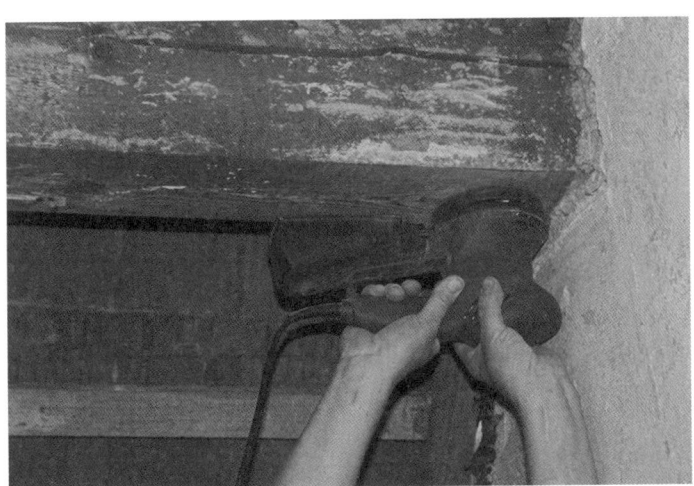

Giftstoffe, die durch Holzschutzmittel freigesetzt werden, liegen meist direkt unter der Materialoberfläche.

Mit einer Hausstaubanalyse ist schon mal eine grobe Einschätzung der vorhandenen Belastung möglich. Doch erst mit einer

Materialanalyse kann man die kontaminierten Bauteile mit Sicherheit identifizieren und somit die geeigneten Sanierungsmaßnahmen beschließen. Für eine erfolgreiche und dauerhafte Sanierung sind verschiedene Methoden geeignet, die von einer Fachfirma ausgeführt werden. Die behandelten Bauteile werden entweder beschichtet und bekleidet, räumlich getrennt oder entfernt. Wurden nur Bauteilbereiche behandelt, genügt es diese zu entfernen. Sekundär belastete Materialien oder Gegenstände werden gereinigt und im Zweifelsfall ebenfalls entfernt. Eine abschließende Raumluftmessung dient zur Erfolgsbestätigung der Sanierung.

Dichtheitsmessung

Blower-Door-Test

Mittels Blower-Door-Test (Differenzdruck-Messverfahren) kann ein Gebäude auf seine Luftdichtigkeit hin gemessen werden. Ein Ventilator, der in den Rahmen eines geöffneten Fensters luftdicht eingesetzt wird, erzeugt im geschlossenen Raum einen Umgebungsdruck zwischen innen und außen. Das kann ein Unter- oder ein Überdruck sein, der durch Ausblasen oder Ansaugen von Luft erzeugt wird. Im Ventilator sind Messinstrumente eingebaut, welche die Druckdifferenz und die durch den Ventilator transportierte Luftmenge messen. Besteht ein Leck in der Gebäudehülle, muss der Ventilator mehr Luft nach außen bzw. nach innen befördern. Auf diese Weise wird die Luftwechselrate festgestellt, die mit den geltenden Normwerten abgeglichen werden kann. Undichte Stellen müssen dann vom Fachmann gefunden und repariert werden. Die Kosten für einen Blower-Door-Test liegen etwa bei 300 €.

✓ KOSTEN-CHECK

Kalkulieren Sie die Renovierungskosten

Die Sanierung eines Altbaus ist mit hohen Kosten verbunden, besonders wenn zusätzlich giftige Schadstoffe vorhanden sind, die möglicherweise durch Spezialfirmen ausgetauscht werden müssen.

Formular auf CD-ROM

❶ Außenwände

Befinden sich in den Außenwänden gesundheits- **ja** ☐   **nein** ☐
schädliche Stoffe, die entfernt werden müssen?
Wenn ja, welche?

Bemerkung: ....

Ist es möglich und erlaubt, die Sanierung in Eigen- **ja** ☐   **nein** ☐
leistung zu erbringen?

Wenn ja, was muss getan werden und wie hoch sind die zu erwartenden Kosten?

Renovierungs-maßnahme	Materialien	Einzelpreis u. Menge	Gesamtkosten
....	....	.... /	.... €
....	....	.... /	.... €

Wenn nein, holen Sie sich bei mehreren Fachbetrieben ein detailliertes Angebot zu den notwendigen Arbeiten ein:

Unternehmen	Maßnahme	Arbeitsstunden	Preis
1.	....	.... Stunden	.... €
2.	....	.... Stunden	.... €
3.	....	.... Stunden	.... €

❷ Fassade

Befinden sich in der Fassade gesundheitsschädli- ja ☐   nein ☐
che Stoffe, die entfernt werden müssen?
Wenn ja, welche?

Bemerkung: ....

Ist es möglich und erlaubt, die Sanierung in Eigen- ja ☐   nein ☐
leistung zu erbringen?

Wenn ja, was muss getan werden und wie hoch sind die zu
erwartenden Kosten?

Renovierungs-maßnahme	Materialien	Einzelpreis u. Menge	Gesamtkosten
....	....	.... /	.... €
....	....	.... /	.... €

Wenn nein, holen Sie sich bei einem Fachbetrieb ein detailliertes
Angebot zu den notwendigen Arbeiten ein:

Unternehmen	Maßnahme	Arbeitsstunden	Preis
1.	....	.... Stunden	.... €
2.	....	.... Stunden	.... €
3.	....	.... Stunden	.... €

❸ Fenster, Fensterbänke, Außentüren

Befinden sich in den Fenstern, Fensterbänken   ja ☐   nein ☐
oder den Außentüren gesundheitsschädliche
Stoffe, die entfernt werden müssen?
Wenn ja, welche?

Bemerkung: ....

Ist es möglich und erlaubt, die Sanierung in Eigen- ja ☐   nein ☐
leistung zu erbringen?

Wenn ja, was muss getan werden und wie hoch sind die zu
erwartenden Kosten?

Renovierungs-maßnahme	Materialien	Einzelpreis u. Menge	Gesamtkosten
....	....	.... /	.... €
....	....	.... /	.... €

Wenn nein, holen Sie sich bei einem Fachbetrieb ein detailliertes
Angebot zu den notwendigen Arbeiten ein:

Unternehmen	Maßnahme	Arbeitsstunden	Preis
1.	....	.... Stunden	.... €
2.	....	.... Stunden	.... €
3.	....	.... Stunden	.... €

❹ Innenwände

Befinden sich in den Innenwänden gesundheits-   ja ☐   nein ☐
schädliche Stoffe, die entfernt werden müssen?
Wenn ja, welche?
Bemerkung: ....

Ist es möglich und erlaubt, die Sanierung in Eigen- **ja** ☐   **nein** ☐
leistung zu erbringen?

Wenn ja, was muss getan werden und wie hoch sind die zu
erwartenden Kosten?

Renovierungs-maßnahme	Materialien	Einzelpreis u. Menge	Gesamtkosten
....	....	.... /	.... €
....	....	.... /	.... €

Wenn nein, holen Sie sich bei einem Fachbetrieb ein detailliertes
Angebot zu den notwendigen Arbeiten ein:

Unternehmen	Maßnahme	Arbeitsstunden	Preis
1.	....	.... Stunden	.... €
2.	....	.... Stunden	.... €
3.	....	.... Stunden	.... €

❺ Decken

Befinden sich in den Zimmerdecken gesundheits-   ja ☐   nein ☐
schädliche Stoffe, die entfernt werden müssen?
Wenn ja, welche?

Bemerkung: ....

Ist es möglich und erlaubt, die Sanierung in Eigen-   ja ☐   nein ☐
leistung zu erbringen?

Wenn ja, was muss getan werden und wie hoch sind die zu
erwartenden Kosten?

Renovierungs-maßnahme	Materialien	Einzelpreis u. Menge	Gesamtkosten
....	....	.... /	.... €
....	....	.... /	.... €

Wenn nein, holen Sie sich bei einem Fachbetrieb ein detailliertes
Angebot zu den notwendigen Arbeiten ein:

Unternehmen	Maßnahme	Arbeitsstunden	Preis
1.	....	.... Stunden	.... €
2.	....	.... Stunden	.... €
3.	....	.... Stunden	.... €

❻ Dach, Dacheindeckung

Befinden sich im Dach oder der Dacheindeckung gesundheitsschädliche Stoffe, die entfernt werden müssen?   ja ☐   nein ☐
Wenn ja, welche?

Bemerkung: ....

Ist es möglich und erlaubt, die Sanierung in Eigenleistung zu erbringen?   ja ☐   nein ☐

Wenn ja, was muss getan werden und wie hoch sind die zu erwartenden Kosten?

Renovierungs-maßnahme	Materialien	Einzelpreis u. Menge	Gesamtkosten
....	....	.... /	.... €
....	....	.... /	.... €

Wenn nein, holen Sie sich bei einem Fachbetrieb ein detailliertes Angebot zu den notwendigen Arbeiten ein:

Unternehmen	Maßnahme	Arbeitsstunden	Preis
1.	....	.... Stunden	.... €
2.	....	.... Stunden	.... €
3.	....	.... Stunden	.... €

❼ Fußböden, Wand- und Deckenoberflächen

Befinden sich in Fußbodenbelägen, Wandfarben   ja □   nein □
oder Tapeten gesundheitsschädliche Stoffe, die
entfernt werden müssen?
Wenn ja, welche?

Bemerkung: ....

Ist es möglich und erlaubt, die Sanierung in Eigen-   ja □   nein □
leistung zu erbringen?

Wenn ja, was muss getan werden und wie hoch sind die zu
erwartenden Kosten?

Renovierungs-maßnahme	Materialien	Einzelpreis u. Menge	Gesamtkosten
....	....	.... /	.... €
....	....	.... /	.... €

Wenn nein, holen Sie sich bei einem Fachbetrieb ein detailliertes
Angebot zu den notwendigen Arbeiten ein:

Unternehmen	Maßnahme	Arbeitsstunden	Preis
1.	....	.... Stunden	.... €
2.	....	.... Stunden	.... €
3.	....	.... Stunden	.... €

❽ Heizung, Sanitär, Lüftung

Befinden sich in der Heizungsanlage bzw. der   ja ☐   nein ☐
Sanitär- und Lüftungsinstallation gesundheits-
schädliche Stoffe, die entfernt werden müssen?
Wenn ja, welche?

Bemerkung: ....

Ist es möglich und erlaubt, die Sanierung in Eigen- ja ☐   nein ☐
leistung zu erbringen?

Wenn ja, was muss getan werden und wie hoch sind die zu
erwartenden Kosten?

Renovierungs- maßnahme	Materialien	Einzelpreis u. Menge	Gesamtkosten
....	....	.... /	.... €
....	....	.... /	.... €

Wenn nein, holen Sie sich bei einem Fachbetrieb ein detailliertes
Angebot zu den notwendigen Arbeiten ein:

Unternehmen	Maßnahme	Arbeitsstunden	Preis
1.	....	.... Stunden	.... €
2.	....	.... Stunden	.... €
3.	....	.... Stunden	.... €

Das müssen Sie tun:
Gehen Sie die Checkliste Schritt für Schritt durch und planen Sie die Sanierung Ihres mit Schadstoffen belasteten Eigenheims gründlich und genau. Überlegen Sie, ob und in welchem Umfang es möglich ist, die Arbeiten in Eigenleistung zu erbringen oder ob es besser ist, einen Fachbetrieb damit zu beauftragen.

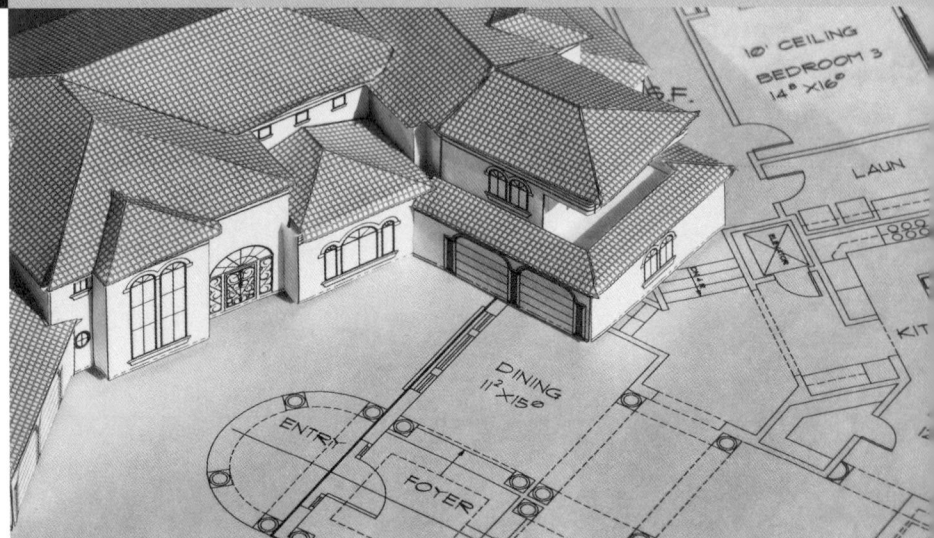

Gesund bauen Schritt für Schritt

Die Grundvoraussetzung für ein gesundes Leben hängt neben einer bewussten Ernährung und Lebensführung von einem Schadstoff freien Wohnbereich ab. Was genau am Bau gesund oder ungesund ist, kann nicht einfach allgemeingültig definiert werden. Nicht immer ist alles, was von der Natur kommt, gut und gesund, genauso wenig wie alles Chemische oder Künstliche immer schlecht und ungesund sein muss.

Alle Faktoren im Einklang

Entscheidend ist, dass alle den Hausbau bestimmenden Faktoren im Einklang miteinander stehen und die Gesundheit und das Wohlbefinden der Bewohner nicht negativ beeinträchtigen. Deshalb sollte die Auswahl des Standorts, der Baumaterialien und Baustoffe, der Haustechnik und der Innenausstattung im Vorfeld wohl überlegt und gut geplant sein.

Worauf es bei der Planung eines Neubaus ankommt

So mancher Traum vom Eigenheim kann ganz schnell zum Alb- Altlasten
traum werden, wenn sich im Nachhinein herausstellt, dass das erkennen
erworbene Grundstück mit Schadstoffen belastet ist. In der an-
fänglichen Euphorie kann es schon einmal passieren, dass man
Begriffe wie „Altlasten" nicht gleich hinterfragt. Nach dem Grund-
stückskauf allerdings kommt dann das böse Erwachen.

| Expertentipp |

Vor dem Kauf alles gründlich prüfen

Beauftragen Sie am besten einen Bausachverständigen mit
der Prüfung des gewünschten Grundstücks. Er kann bereits
vor dem Kauf feststellen, ob das Bauland überhaupt für Ihr
geplantes Bauvorhaben geeignet ist.
Wer sein Eigenheim mit einem Bauträger schlüsselfertig
bauen möchte ist gut damit beraten, einen Bausachverständigen hinzuzuziehen. Für Bauträger bedeutet schlüsselferti-
ges Bauen oftmals auch billiges Bauen. Das heißt unter Umständen, dass an der Qualität des Baumaterials gespart wird,
um die Kosten niedrig zu halten. Der Bausachverständige
prüft bereits vor Vertragsabschluss die Baubeschreibung und
kann im Vorfeld Einfluss auf die Auswahl der Bauprodukte
nehmen. Sollten vom Bauträger gesundheitlich bedenkliche
Bauprodukte geplant sein, kann der Bauherr den Vertrag
entsprechend seinen Baustoffwünschen ändern lassen.
Wichtig ist auf jeden Fall, dass etwaige Vertragsänderungen
vor der Unterzeichnung des Vertrages vorgenommen werden
– so ersparen Sie sich Ärger und mögliche Aufpreise für nachträgliche Vertragsänderungen.

Standort

Zu Beginn Ihrer Planung sollten Sie den Standort für Ihr neues Standort
Eigenheim genau in Augenschein nehmen. Inspizieren Sie das untersuchen
Baugelände am besten an einem Werktag, dann können eventuel-
le Störfaktoren wie unangenehme Gerüche oder Lärm aus der
Umgebung realistisch wahrgenommen werden. Achten Sie darauf,

dass in nächster Umgebung keine Gebäude, Bepflanzungen oder Anhöhen ihr zukünftiges Haus verschatten können. Wenn nämlich die Nutzung von Solarenergie geplant ist, sollte die Sonne ungehindert auf die Kollektoren oder Module strahlen können. Eine Dachausrichtung nach Süden ist aus diesem Grund sehr wichtig. Bei der Grundrissplanung bietet es sich an, auch die Räume entsprechend den Himmelsrichtungen anzuordnen. Räume, in denen man sich am häufigsten aufhält, sollten im Süden liegen, damit das Tageslicht effektiv genutzt werden kann. Schlaf- und Vorratsräume können dagegen im Norden des Hauses liegen.

Altlasten

Lagerung giftiger Stoffe Als Altlasten werden gefährliche und gesundheitsgefährdende Stoffe bezeichnet, die durch unsachgemäße Verwendung oder Lagerung zu Bodenschäden oder anderen Gefahren für Mensch und Tier führen können. Altlasten können durch industrielle, gewerbliche und militärische Nutzung eines Gebietes entstehen oder auf ehemaligen Deponiegeländen. Mehr als 270.000 Flächen gelten in Deutschland als altlastverdächtig. Bei den Umweltämtern der Länder oder den Kommunen werden alle Altlasten und altlastverdächtigen Flächen in einer Datenbank, dem sogenannten Altlastenkataster, erfasst. Darin sind beispielsweise folgende Daten gespeichert:

- Standort, Größe und Lage der betroffenen Flächen,
- Untersuchungsergebnisse über die Zusammensetzung des Bodens (physikalische, chemische und biologische Beschaffenheit),
- Art und Menge von Abfällen und Stoffen,
- die jetzige und frühere Nutzung,
- die jetzigen und ehemaligen Eigentümer oder Nutzungsberechtigten.

Haftung des Eigentümers Mit Altlasten ist nicht zu spaßen! Wenn von einem Grundstück eine Gefahr für die öffentliche Sicherheit ausgeht, dann haftet der Grundstückseigentümer bzw. der Bauherr für deren Beseitigung. Das gilt selbst dann, wenn unwissentlich ein Grundstück mit Altlasten gekauft wurde.

Text
auf CD-ROM

Die Altlasten-Rechtsprechung sieht die planenden Gemeinden nicht dazu verpflichtet, Untersuchungen zur Sicherheit eines als Baugebiet ausgewiesenen Baugrunds durchzuführen. Erst wenn Hinweise auf Schadstoffe in einem Plangebiet vorliegen, muss die Gemeinde Bodenproben entnehmen und untersuchen lassen. Die Rechtsgrundlage hierfür bildet das „Gesetz zum Schutz vor schädlichen Bodenveränderungen und zur Sanierung von Altlasten" oder kurz: das „Bundes-Bodenschutzgesetz (BBodSchG)" (→CD-ROM).

Expertentipp

Forschen Sie nach!

Jeder Bauherr hat bei der Kreis- oder Stadtverwaltung einen Anspruch auf Auskunft, über die in dem Kataster gespeicherten Daten. Hilfreich sind zusätzliche Nachforschungen, verbunden mit der Einsicht in Grundbücher und Bauakten. Im Zweifelsfall sollten Sie auf Nummer sicher gehen und einen Sachverständigen hinzuziehen. Am besten lassen Sie noch eine Bodenanalyse durchführen, auch wenn dafür Mehrkosten anfallen. Für die Entfernung zu spät entdeckter Altlasten müssen Sie weitaus tiefer in die Tasche greifen. Sichern Sie sich auf jeden Fall im Kaufvertrag gegen Risiken von Altlasten und daraus resultierenden Sanierungskosten ab.

Gesund bauen

Anders als beim Kauf eines bestehenden Hauses hat man beim Neubau von Anfang an die Möglichkeit ein schadstofffreies Eigenheim zu errichten. Das Wissen über Wohngifte und schadstoffhaltige Baumaterialien ermöglicht es beim Bau eines neuen Hauses komplett auf diese Stoffe zu verzichten. Doch das alleine reicht noch nicht aus. Bereits während der Bauphase sollte man darauf achten, dass keine Bauschäden entstehen. Offene Baustellen sind häufig über längere Zeiträume nassem Wetter ausgesetzt und komplett durchfeuchtet. Wenn dies nicht rechtzeitig erkannt und die Baustelle abgedeckt wird, können sich Schimmelsporen festsetzen, die später gesundheitliche Probleme verursachen.

Verzicht auf schädliche Stoffe

Niederschlag von Feuchtigkeit

Unbeheizte Baustellen sind eine weitere Schwierigkeit. Wenn das Dach gedeckt ist und Fenster und Türen eingebaut sind kann die Feuchtigkeit aus trocknenden Estrichen und Putzen nicht mehr nach draußen entweichen. Das ist vor allem in kalten Jahreszeiten ein Problem, da sich dann die entweichende Feuchtigkeit an kalten Stellen im Neubau niederschlägt. Auch hier besteht die Gefahr einer Schimmelbildung. Ist erst mal ein solcher Bauschaden entstanden, kommen, um eine Gefahr für die Gesundheit zu vermeiden, unplanmäßige Sanierungsarbeiten auf den Bauherrn zu, die wiederum – je nach Schadensumfang – mit erheblichen Kosten verbunden sein können (den Ärger und zeitlichen Bauverzug nicht mitgerechnet). Mit konsequentem Heizen und regelmäßigem Lüften kann Feuchteschäden vorgebeugt werden.

Expertentipp

Schimmel auf der Baustelle!

Wenn Sie Schimmel auf Ihrer Baustelle entdecken oder auch nur vermuten, sollten Sie nicht zögern und umgehend einen Bausachverständigen einschalten. Zum einen bekommen Sie Gewissheit und zum anderen dient eine sachkundige Bewertung als Beweis, um dem verschuldenden Bauunternehmer gegenüber Ansprüche geltend machen zu können. Der durch Nachlässigkeit entstandene Schaden geht somit voll zulasten des verantwortlichen Unternehmers. Damit nicht noch weitere Fehler oder Mängel entstehen können, wird die Sanierung unter baufachlicher Aufsicht durchgeführt.

Ausreichend Tageslicht

Was oftmals nicht genügend berücksichtigt wird, ist die Raumaufteilung. Hauptnutzungsflächen sollten immer ausreichend mit Tageslicht versorgt werden, denn das fördert das Wohngefühl und Wohlempfinden. Deswegen sollten diese Räume auf der Südost- bis Südwestseite liegen und Räume, die weniger genutzt werden, sollten sich auf der Nordseite befinden. Warme und kalte Zonen sollten räumlich getrennt sein, ebenso Räume unterschiedlicher Nutzung. So sollten Ruhebereiche beispielsweise nicht unbedingt neben einem Arbeitsraum oder zur Straßenseite hin liegen, wo immer mit Lärm und Unruhe zu rechnen ist.

Planen Sie die Räume so, dass häufig genutzte Zimmer ausreichend mit Tageslicht versorgt werden.

Als Bauherr kann es von Vorteil sein, die wichtigsten Bestimmungen und Richtlinien zu kennen, die ein Neubau zu erfüllen hat. Keine Angst, Sie müssen keine Gesetze pauken. Es genügt, wenn Sie einen Überblick haben, welche Anforderungen an Ihr zukünftiges Eigenheim gestellt werden. Das ist vor allem deshalb wichtig, da Zuschüsse und Fördergelder an bestimmte einzuhaltende Richtlinien gebunden sind. Wenn Sie also in Erwägung ziehen, staatliche Zuschüsse zu beantragen, sollten Sie die vorgegebenen Bedingungen bereits bei der Grundstücksplanung berücksichtigen. In den Landesbauordnungen der Länder sind die baulichen Anforderungen an Neubauten bezüglich Brandschutz, Schallschutz oder Wärmeschutz genauestens festgelegt.

Bestimmungen und Richtlinien

Bauweisen

Mit dem Entwurf des Hauses ist der Grundstein gelegt – nun kann ein gesundes und schadstofffreies Wohnhaus entstehen. Doch welche Bauweise soll es sein? In Deutschland ist die Massivbau-

Massiv- oder Leichtbau

weise vorherrschend. Etwa 90 Prozent der Neubauten sind aus Stein gebaut. Weniger verbreitet sind Fertighäuser und Holzhäuser in Leichtbauweise. Vom gesundheitlichen Aspekt her gesehen, ist weder die Massivbauweise noch die Leichtbauweise klar besser oder schlechter. Beide Varianten eignen sich ideal für gesundes Bauen. Entscheiden Sie, deshalb selbst, was für Sie in Frage kommt.

	Massivbau	Leichtbau
Vorteile	• Wertbeständigkeit • guter Schall- und Brandschutz • angenehmes Wohnklima • geringe sommerliche Überwärmung • Winddichtigkeit	• hoher Anteil nachwachsender Rohstoffe • gute Wärmedämmung • hinterlüftete Fassade (somit freie Fassadengestaltung) • schnelle und kostengünstige Errichtung • Trockenbau (daher keine Restfeuchte) • viel Vorfertigung möglich
Nachteile	• lange Bauphase und Austrocknungszeit • höherer Energiegehalt der Baustoffe • zusätzliche Wärmedämmung notwendig • geringere Möglichkeiten der Vorfertigung	• geringere Wärmespeicherkapazität • aufwendiger Schallschutz und Wärmeschutz im Sommer • Bauschäden durch feuchte Holzbauteile möglich • anspruchsvolle Montagearbeiten • längere Planungszeit

Massivbauweise

Mineralische Baustoffe

Bei einem konventionellen Massivhaus bestehen die Wände aus relativ unbedenklichen mineralischen Baustoffen wie Kalksandstein, Porenbeton-, Ziegel- oder Leichtbaustein, die mit geeignetem Kleber oder Mörtel verbunden werden. Für die Außenwände nimmt man meistens leichte Steine, da diese einen guten Schutz gegen Wärmeverluste bieten. Schwere Steine sind dagegen gefragt, wenn ein optimaler Schallschutz erreicht werden soll. Als

Mauerkonstruktion kommen mehrere Möglichkeiten in Frage. Eine einschalige Mauerwand wäre die einfachste Variante. Sie wird beidseitig verputzt oder bekommt auf der Außenseite eine vorgehängte hinterlüftete Fassadenverkleidung, auch Vorhangfassade genannt. Gebräuchlicher ist allerdings ein mehrschaliger Wandaufbau, wobei der Hohlraum zwischen den Schalen mit Dämmmaterial ausgefüllt wird (Kerndämmung). Eine sogenannte Vorhangfassade ist übrigens ein optimaler Schutz gegen Witterung.

Zeit- und Kostensparen werden immer wieder als Hauptargumente angeführt, die für eine Leichtbauweise sprechen. Mittlerweile werden aber auch für den Massivbau Fertigteile hergestellt (Platten, Wände und Decken), die schnell verbaut werden können und das Budget entlasten. Im direkten Preisvergleich schneiden sogar Massivbauhäuser besser ab als Leichtbau-Fertighäuser.

Nutzung von Fertigteilen

Ein Argument, das für den Massivbau spricht, ist die hervorragende Wärmespeicherung der massiven Baustoffe. Im Sommer wird überschüssige Sonnenwärme tagsüber in den massiven Wänden und Decken gespeichert. Der Innenraum bleibt schön kühl, denn die Fassade lässt die Sonnenwärme nur sehr langsam und abgeschwächt hindurch. Fachleute bezeichnen diesen Vorgang als Phasenverschiebung (auch Amplitudenverschiebung). Erst gegen Abend, wenn es draußen kühler wird, ist der Innenraum aufgeheizt. Nun kann die überschüssige Wärme einfach weggelüftet werden.

Gute Wärmespeicherung

Leichtbauweise

Fertighäuser und Holzhäuser werden in Leichtbauweise errichtet. Am häufigsten wird die Holzrahmenbauweise (auch Holztafelbau) angewandt, da die Herstellung vergleichsweise kostengünstig ist. Grundelement beim Holzrahmenbau ist ein tragendes Gerüst aus Holzbalken, das mit Baustoffplatten beplankt wird. Die Zwischenräume werden mit Dämmmaterial ausgefüllt. Damit keine Wärmebrücken im Traggerüst entstehen, sollten zwei oder drei Dämmschichten gegeneinander versetzt eingebracht werden. Problemlos kann auf diese Weise ein Passivhausstandard erreicht werden. Ein Haus im Holzrahmenbau ist in wenigen Tagen errichtet und kann somit bei nahezu jedem Wetter ausgeführt werden. Wände, Decken und andere Bauteile werden bereits im Vorfeld angefer-

Holzrahmenbau

tigt, inklusive Wärmedämmung und eingebauten Fenstern. Sie müssen dann lediglich auf der Baustelle zusammengesetzt und montiert werden. Die Holzrahmenbauweise hat sich sowohl beim Bau von Einfamilienhäusern als auch von mehrgeschossigen Bauwerken bewährt.

Der Vorteil der Leichtbauweise ist, dass das Haus innerhalb weniger Tage errichtet werden kann.

Eine andere beliebte Holzbauweise ist die Skelettbauweise – eine moderne Form des traditionellen Fachwerkbaus. Das tragende Gerüst (Skelett) aus Kanthölzern erhält seine nötige Aussteifung und Stabilität durch Stahlverbindungen und die Wand- und Deckenelemente. Dadurch, dass die Fassade nicht in die Tragstruktur eingegliedert ist, können auch sehr große Glasflächen realisiert werden. Die Fassade wird komplett vor das Traggerüst gestellt und umhüllt es mit einer wärmedämmenden und winddichten Schicht. Weitere Holzbauweisen sind der Blockhausbau und die Massivholzbauweise, die ausschließlich mit Holz ausgeführt wird. Bei fachlich korrekter Ausführung können Holzhäuser annähernd so haltbar sein wie Steinhäuser.

Bei jeder gesunden Bauweise mit Holz spielt der konstruktive Holzschutz eine zentrale Rolle. Holz ist ein sehr beständiger Baustoff, wenn sein Feuchtegehalt nicht über 20 Prozent liegt. Ist Holz über einen längeren Zeitraum ungeschützt intensiver Feuchtigkeit ausgeliefert, kann es zu Pilzbefall und Verformung (Aufquellen oder Schwinden) kommen. Durch bauliche Maßnahmen kann die Voraussetzung für konstruktiven Holzschutz und dadurch langlebige Holzkonstruktionen geschaffen werden:

Konstruktiver Holzschutz

- Ableiten von Niederschlägen: durch Vermeiden von waagrechten Flächen und Oberflächenrisse, Abführen von Staunässe mittels Ablaufbohrungen, Schaffung von Tropfnasen etc.
- Witterungsschutz bieten: durch große Dachüberstände, Abschrägen liegender Holzflächen, Abdecken von Hirnholzflächen, offenen Bohr- und Zapfenlöchern.
- Hinterlüften von Verschalungen.
- Erdkontakt vermeiden: durch die Verwendung von Pfostenschuhen.
- Auswahl geeigneter Hölzer.
- Feuchtegehalt des Holzes sollte der Feuchtedisposition während der Nutzungsphase entsprechen.
- Vermeiden von Tau- und Schwitzwasser.

Expertentipp

Bauweisen miteinander kombinieren

Kombinieren Sie die Vorteile der Massivbau- und Leichtbauweise miteinander. Wenn beispielsweise der Baukern aus Stein gefertigt wird und für die Außenwände Fertigbauelemente verwendet werden, kann eine optimale Schalldämmung nach innen und ein sehr guter Wärmeschutz nach außen erreicht werden. Und ganz nebenbei können die Baukosten gesenkt und die Bauzeit verkürzt werden.

Rohbau

Mit dem Aushub des Kellers beginnt die „aktive" Bauphase. Schicht für Schicht arbeitet sich der Bagger in die Tiefe. Sobald die Baugrube ausgehoben ist, muss zügig mit den Rohbauarbeiten begonnen werden, damit der Grund nicht durch Regen aufgeweicht wird und mit stabilisierendem Material aufgefüllt werden muss.

Fundament

Fundamente werden nach zwei Kriterien unterschieden:

Flach- und Tiefgründung

- nach ihrer Tiefe: Flach- und Tiefgründung,
- nach ihrer Ausführung: einzel-, Streifen- und Plattenfundament.

Verzicht auf Stahlbewehrung

Ein Fundament in den oberen Bodenschichten nennt man Flachgründung, eine Ableitung der Bauwerkslasten in tiefere Bodenschichten erfolgt durch eine Tiefengründung. Einzelfundamente kommen nur bei Einzelbauteilen in Frage, Streifenfundamente bei tragenden Wänden und Bodenplatten bei nicht tragenden Wänden. Im Idealfall kann auf eine Stahlbewehrung, welche die Feldlinien des erdmagnetischen Strahlenfeldes beeinflussen könnte verzichtet werden. Aus diesem Grund ist der Einbau von stahlmattenbewehrten Fundamentplatten bedenklich und sollte wenn möglich vermieden werden. Als Material für das Fundament kommt Beton mit Portlandzement gebunden in Frage oder auch Biobeton mit hochhydraulischem Kalk als Bindemittel. Allerdings muss bei Biobeton eine längere Abbindezeit in Kauf genommen werden.

Grundvoraussetzungen für ein sicheres baubiologisches Fundament:

Baubiologisches Fundament

- Der Baugrund der gesamten Gebäudefläche muss homogen und tragfähig sein.
- Die Bodenart muss setzungsunempfindlich sein: gewachsene Böden (Kies-, Sand-, Lehm- und Tonböden), Felsböden und bei Eignung auch geschütteter Boden
- Der Baugrund muss frei von Grundwasser und Stauwasser sein.
- Die Gründungssohle darf nicht gefroren sein.
- Die verwendeten Baustoffe müssen frostsicher sein.

- Unter allen Fundamenten muss die gleiche Bodenpressung existieren.
- Das Fundament muss konstruktiv gegen aufsteigende Feuchtigkeit geschützt werden.
- Die Planung und Ausführung muss von einem Fachmann vorgenommen werden.

In Radon belasteten Gebieten ist es ratsam die Bodenplatte so zu schützen, dass ein Eindringen verhindert wird. In der Regel bieten Beton-Plattenfundamente und Abdichtungen gegen Bodenfeuchte einen wirkungsvollen Schutz. Leitungsdurchführungen im Mauerwerk, die sich in Erdnähe befinden, sollten ebenfalls abgedichtet werden. Mithilfe eines Radon-Brunnens kann Radon, das sich unter Bodenplatte gesammelt hat, abgepumpt werden. Der Brunnen funktioniert ähnlich wie die Überläufe zum Grundwasserabpumpen. Hierzu wird im Boden ein quadratischer Schacht ausgehoben, in dem sich das Radon sammeln kann, bevor es abgepumpt wird.

Radon-Brunnen

Das gasförmige Radon entsteht durch Zerfallsprozesse von Gestein im Erdreich und wandert zur Erdoberfläche. Das Gas entweicht aus dem Boden und dringt in undichte Hauskeller ein, wo es sich zu ungesunden Konzentrationen anreichert. In überhöhter Dosis kann Radon Lungenkrebs verursachen. Auf der Internetseite des Bundesamtes für Strahlenschutz gibt die sogenannte Radonkarte eine Übersicht über die gefährdeten Gebiete.

Keller

An den Keller sind ganz spezielle Anforderungen gestellt. Da er direkten Erdkontakt und eine wichtige statische Funktion hat, unterscheidet er sich im Aufbau von den restlichen Gebäudeebenen. Kellerwände werden aus schweren und möglichst homogenen Baustoffen gebaut. Als sehr verlässlich gelten einschalig gemauerte Wände aus Betonsteinen, Kalksandsteinen oder Ziegelsteinen. Besonders empfehlenswert ist der Ziegelstein. Mit seinen guten Wärmedämmeigenschaften und einem guten Feuchteverhalten ist er prädestiniert dafür, ein gesundes Kellerklima zu bewirken.

Schutz gegen Feuchtigkeit
Der gesündeste Baustoff nützt nichts, wenn die Kellerwände nicht optimal gegen Feuchtigkeit geschützt sind. Die Bauwerksabdichtung ist aus baubiologischer Betrachtung etwas problematisch, da keine unbedenklichen Baustoffe auf dem Markt sind, die diesem hohen Anspruch der Feuchtigkeitsisolierung gewachsen wären. Wenn man nicht auf einen Keller verzichten will, muss man auf gängige, aber auch bewährte Materialien wie Bitumenpappe, Folie oder Dichtungsschlämme zurückgreifen. Alle Gebäude müssen horizontal gegen aufsteigende Feuchtigkeit abgedichtet werden (Horizontalsperre). Das abdichtende Material wird auf der ersten Steinschicht jeder Wand aufgebracht und sollte bis zur Absperrschicht des Kellerbodens reichen. Zur Sicherheit wird eine zweite Schicht unmittelbar unterhalb der Kellerdecke angebracht. Mit einer sogenannten vertikalen Sperrschicht werden die Kelleraußenwände gegen seitlich eindringende Feuchtigkeit (z. B. Spritzwasser, ablaufendes Regenwasser) geschützt. Außenwandputz aus Trasszement und Sand ist bestens als Isoliermaterial geeignet. Anschließend wird der Putz mit einer feuchtigkeitsabwehrenden Bitumenlösung (oder Steinkohleteerpechlösung) bestrichen. Zum Schutz der Außenabdichtung können Kokosfasermatten, magnesitgebundene Holzwolleleichtplatten oder Bitumenwellplatten vor die Isolierung gestellt werden. So wird beim Verfüllen der Baugrube die Außenhaut vor Beschädigung geschützt.

Mangelhafte Dränage
Eine mangelhaft ausgeführte Dränage ist oft daran schuld, wenn es in Kellern zu Feuchteschäden kommt. Rund um die Bodenplatte muss ein Röhrensystem als geschlossene Ringleitung installiert sein. Somit kann Sicker- und Stauwasser vom Gebäude weggeführt werden und die erdberührenden Bauteile bleiben von Feuchteschäden verschont.

Dränagerohre
Dränagerohre bestehen normalerweise aus wasserdurchlässigen Kunststoffschläuchen. Unter baubiologischen sowie ökologischen Gesichtspunkten sollte dieses Material nicht verwendet werden. Dränagerohre aus Ton sind hierfür die geeignete Alternative. Damit die Dränagerohre nicht völlig versanden, kann man sie mit Kokosfilzmatten abdecken.

Rohrleitungen

Für die Trinkwasserleitungen sollten wenn möglich nur gesundheitlich unbedenkliche Rohrmaterialien gewählt werden. In Frage kommen sowohl Kunststoff- als auch Kupferrohre.
Wenn die Wahl auf Kunststoffrohre fällt, sollten sortenreine Kunststoffe wie Polyethylen (PE) oder Polypropylen (PP) bevorzugt werden. Die Vorzüge von Kunststoffrohren sind Korrosionsbeständigkeit, Flexibilität, geringes Gewicht. Außerdem entstehen keine inneren Verkrustungen, wenn hartes Wasser durch sie fließt. Es ist bisher nicht bekannt, dass Inhaltsstoffe aus dem Kunststoffmaterial in gesundheitlich bedenklicher Konzentration ins Trinkwasser gelangen. PVC-Rohre sollten besser nicht verwendet werden, da sie aus Polyvinylchlorid (PVC) bestehen, das unter Zusatz von Weichmachern flexibler gemacht wird. Mit der Zeit werden die Weichmacher teilweise wieder freigesetzt und stellen daher eine Belastung der Innenräume dar. Hinzu kommt, dass bei der Verbrennung von PVC-haltigem Material, aufgrund der beigesetzten Schwermetalle, hochgiftiges Dioxin und Furan entstehen können.

Sortenreine Kunststoffe

Kunststoffrohre eignen sich neben Kupfer- und Edelstahlrohren für die Verwendung als Trinkwasserleitung.

Für Kalt- und Warmwasserleitungen ist Edelstahl eigentlich das unproblematischste Rohrmaterial. Etwa 75 Prozent aller Trink-

Kupferrohre

wasserleitungen in Neubauten bestehen jedoch aus Kupfer. Im Vergleich zu Stahlrohren neigen diese Rohre bedeutend weniger zu Innenverkrustungen. Bei sehr hartem Wasser werden bevorzugt Kunststoffrohre verwendet, da die Lebensdauer von Kupferleitungen durch die Wasserhärte stark herabgesetzt werden kann. Wasser aus Eigenversorgung beispielsweise kann aufgrund seiner Härte unter Umständen Kupfer aus den Leitungen herauslösen. Hier ist eine Messung des Wasser-Härtegrades zu empfehlen, um das am besten geeignete Rohrmaterial zu bestimmen. Wasser, das von den Versorgungswerken bezogen wird, ist in der Regel auf das Rohrmaterial eingestellt und wirkt nicht aggressiv auf die Rohrleitungen.

Wandaufbau

Beim Aufbau der Außenwände von Erdgeschoss und weiteren Obergeschossen muss nicht in gleicher Weise wie beim Kellergeschoss auf Feuchteschutzmaßnahmen geachtet werden. Die Materialauswahl ist demnach größer und kann komplett entsprechend baubiologischer Grundsätze ausgewählt werden.

Gute Wärme-dämmung Gerade die Wärmedämm- und Wärmespeichereigenschaften einer Wand spielen heutzutage eine bedeutende Rolle. Die Außenwand sollte ausreichend Potenzial zur Wärmespeicherung besitzen und gleichzeitig Wärme aus dem Innenraum möglichst nicht durch die Wand nach außen abgeben. Im Allgemeinen sind leichte Steine mit vielen Luftporen besser wärmedämmend als schwere Mauersteine. Dahingegen speichern schwere Steine Wärme bedeutend besser als leichte Mauersteine, schneiden aber hinsichtlich Wärmedämmung wiederum schlechter ab. Ideal ist deshalb, wenn Mauersteine diese beiden wichtigen Eigenschaften in sich vereinen.

Je nachdem welches Steinmaterial für die Außenwände gewählt wird, sind verschiedene Konstruktionen denkbar.

Wandkonstruktion	Merkmale und Eigenschaften	Wandaufbau (von außen nach innen)
Einschalige Wand	• sehr einfacher Wandaufbau, • gute Reparaturmöglichkeiten, • langlebige Konstruktion, • gute Sorptionsfähigkeit bei entsprechendem Innenputz, • gute Nutzung passiver Sonnenenergie, • gute bis sehr gute Wärmespeicherfähigkeit (abhängig von der Steinsorte), • weniger gute Wärmedämmung, • geringe Materialvielfalt.	• hochhydraulischer Außenputz, • Mauerstein, • diffusionsoffener Innenputz.
Außenwand mit Wärmedämmverbundsystem (WDVS)	• hohe Materialvielfalt, • sehr gute Wärmedämmfähigkeit, • schottet Innenraum gegen Kleber- oder Dämmstoffausdünstungen ab, • Risse im Außenputz können Dämmwirkung umkehren, • keine passive Solarnutzung möglich, • aufwendige Reparaturen, • weniger langlebige Konstruktion.	• hochhydraulischer Außenputz • Dämmplatte • Mauerstein • diffusionsoffener Innenputz

Mehrschalige Außenwand mit Luft- und Dämmschicht	• langlebige Konstruktion, • hohe Materialvielfalt, • sehr gute Dämmfähigkeit, • komplizierter Aufbau (fachmännische Ausführung wichtig), • keine passive Solarnutzung möglich, • Ausdünstungen, Baufeuchte und Tauwasser werden über Luftschicht an Außenluft abgegeben.	• Vormauerziegel, • Luftschicht, • Dämmstoff, • Mauerstein, • diffusionsoffener Innenputz.
Außenwand mit Kerndämmung	• langlebige Konstruktion, • hohe Materialvielfalt, • sehr gute Dämmfähigkeit, • gute Wärmespeicherfähigkeit bei mineralischer Schüttung, • komplizierter Aufbau (fachmännische Ausführung wichtig), • passive Solarenergie nur eingeschränkt nutzbar, • schlechte Abgabe von Baufeuchte und eingedrungener Feuchtigkeit nach außen.	• Vormauerziegel, • Dämmstoffschüttung, • Mauerstein, • diffusionsoffener Innenputz.

Transparente Wärmedämmung (TWD)

Bei diesem neuartigen System hat eine lichtdurchlässige Außendämmung aus Glas oder Kunststoff die Aufgabe, Wärmeverluste
von innen nach außen zu verringern, aber gleichzeitig auch Wär-
megewinne von außen nach innen zu erlauben. Auf diese Weise
kann durch passive Nutzung von Sonnenenergie der Energieverbrauch während der Heizzeit noch weiter reduziert werden, als
dies durch konventionelle Wärmedämmung möglich ist. Konventionelle Dämmsysteme schränken zwar Wärmeverluste von innen
nach außen ein, doch die Sonneneinstrahlung auf die Fassade
bleibt ungenutzt, da sie reflektiert wird. Im Sommer ist das ganz
hilfreich, weil es im Gebäudeinneren schön kühl bleibt. An kalten
Tagen jedoch bleibt die auftreffende solare Strahlung ohne Wirkung. Eine transparente Wärmedämmung dagegen lässt einen
Großteil der Strahlung durch. Die Sonnenstrahlen treffen dabei
auf eine Absorberwand, wo sie in Wärme umgewandelt und an die
Gebäudemauer weitergeleitet werden. In der Mauer wird die
Wärme gespeichert und nach und nach in Form von Strahlungswärme an den Innenraum abgegeben (passiver Solarwärmege-
winn). Wenn sich die Wandtemperatur an der Rauminnenseite auf
20–35 °C erhöht, macht sich der energiesparende Effekt nach dem
Prinzip der Wärmestrahlung bemerkbar: Die Wände strahlen die
gespeicherte Wärme an den Innenraum ab und die Heizenergie
kann reduziert werden. Es gibt drei TWD-Fassadensysteme: Pfos-
ten-Riegel-System, vorgehängte Fassade und transparentes Wärmedämmverbundsystem (TWDVS). Außer dem TWDVS brauchen
transparente Wärmedämmsysteme im Sommer eine Schutzvor-
richtung gegen Überhitzung (Rollos, Jalousien), die recht kostenintensiv ausfallen kann.

Verringerung von Wärmeverlusten

Innenwände

Man unterscheidet Innenwände nach ihrer statischen Funktion –
in tragende und nicht tragende Wände – und nach verwendeten
Baumaterialien. Tragende Wände sind feste Bestandteile der
Tragkonstruktion eines Gebäudes und haben die Aufgabe der
Lastenverteilung. Sie müssen aus festem Steinmaterial in einem
stabilen Verband gemauert sein, um den statischen Ansprüchen
zu genügen. Nicht tragende Wände dagegen müssen keine Lasten

Tragende und nicht tragende Wände

aus anderen Bauteilen übernehmen, sondern nur ihre Eigenlast tragen können. Meistens übernehmen sie als Leichtbauwand raumteilende Funktionen. Entsprechend der gewünschten Wandeigenschaften, etwa als Schall- oder Wärmedämmer, wird das Material für die Innenwände ausgewählt. Hierbei sollten Naturprodukte bevorzugt werden, da sie Garant für ein gesundes Raumklima sind. Vorstellbar wäre beispielsweise eine Holzrahmenkonstruktion, beplankt mit Gipsfaserplatten und abschließend mit einem Naturputz veredelt. Solche Trennwände gibt es übrigens auch in vorgefertigter Form.

Steinwände und Ständerkonstruktion

Unterscheidet man Innenwände nach Baumaterialien, kann man folgende zwei Gruppen bilden: gemauerte Steinwände (aus Ziegel-, Kalksandstein-, Gasbetonsteinen) und Wände mit Ständerkonstruktionen (Ständer-, Fachwerk-, Lehmwände).

Ziegelwände: Baubiologisch betrachtet ist der Tonziegel besonders empfehlenswert für die Errichtung von Innenwänden, da er ausschließlich aus natürlichen Rohstoffen (Ton und Lehm) besteht. Aufgrund seiner hervorragenden raumklimatischen Eigenschaften ist der Tonziegel die Nummer eins im Innenausbau. Speziell der Hochlochziegel besitzt ausgezeichnete Wärmedämmeigenschaften und ist zudem ein guter Wärmespeicher. Er ist diffusionsoffen, das heißt, er kann Feuchtigkeit aus der Umgebung aufnehmen und wieder abgeben.

Ziegelwände sind besonders unter dem Aspekt des gesunden Bauens zu empfehlen.

Kalksandsteinwände: Kalksandsteine sind Sandsteine mit Kalk als Bindemittel. Sie werden hauptsächlich im Kellerbereich eingesetzt oder überall dort, wo Wandkonstruktionen mit hohen Anforderungen an Brand- und Schallschutz gefragt sind. Gegenüber Ziegel hat Kalksandstein eine schlechtere Wärmedämmeigenschaft, dafür eine gute Wärmespeicherfähigkeit. Aufgrund seiner geringen Diffusionsoffenheit ist Kalksandstein nur wenig wasserdampfdurchlässig und benötigt lange Austrocknungszeiten. *Sandstein mit Kalk*

Porenbetonstein (Gasbetonstein): Der Porenbetonstein ist ein aufgeschäumter Stein, der bedingt durch die Poren sehr gute Wärmedämmeigenschaften besitzt. Allerdings sind die Schalldämmeigenschaften schlecht und als Wärmespeicher eignet sich Porenbeton eher weniger. Von der Festigkeit her ist dieser Baustoff nicht mit Ziegel vergleichbar, denn durch die Poren verliert er etwas an Härte. Dafür hat der Baustoff ein geringes Gewicht und ist deshalb bei Selbstbauer sehr beliebt. *Aufgeschäumter Stein*

Gipsdielen: Gipsdielen sind nässeempfindlich und daher nur für den trockenen Innenausbau geeignet. Trennwände aus Gipsdielen können einfach und kostengünstig im Selbstbau errichtet werden. Ihre feuchteausgleichenden Eigenschaften wirken sich in positiver Weise auf das Raumklima aus.

Ständerwand: Eine Ständerwand (auch Leichtbauwand) kann entweder aus einem hölzernen Traggerüst oder aus unbedenklichen Metallprofilen errichtet werden. Zur Schalldämmung wird Dämmmaterial zwischen den Ständern eingebaut. So kann eine gute Schall- und Wärmedämmung erreicht werden. Abschließend kann eine Verkleidung mit Lehm-, Gipskarton- oder Holzwolleleichtbauplatten o. Ä. erfolgen. *Hölzernes Traggerüst*

Fachwerkwand: Wer es gerne rustikaler mag, kann seine Innenraumwände als Fachwerk ausführen. Dabei dient ein gehobeltes Holzfachwerk als Tragkonstruktion, die später als Fachwerk sichtbar bleibt. Mit Ziegel, Kalksandstein oder Gasbeton können dann die verbliebenen Zwischenräume ausgemauert und von beiden Seiten verputzt werden. Bei der Verbindung der Holzteile mit bestehendem Mauerwerk ist auf einen optimalen Wandanschluss zu achten, damit sich bei natürlichen Materialbewegungen keine Risse bilden können. Eine Sonderform der Fachwerkwand ist die Lehmwand. Bei dieser Innenwandbauweise werden die Ausfachungen des Fachwerks mit Leichtlehm ausgefüllt. Mit leichten

Zuschlagstoffen wie Schilf, Stroh, Hanffasern und ähnlichem Material wird die Rohdichte des Lehms verringert und dadurch eine bessere Wärmedämmung erreicht. Je nachdem welche Eigenschaften die Wandkonstruktion aufweisen soll, können auch mineralische Zuschläge dem Lehm beigemischt werden.

Deckenaufbau

Betondecken Decken nehmen die vertikalen und horizontalen Lasten auf und müssen höchsten Anforderungen hinsichtlich Wärmedämmung, Brandschutz und Feuchteschutz entsprechen. Im Massivbau kommen vorzugsweise Betondecken zur Anwendung, wobei in Einfamilienhäusern verstärkt Holzbalkendecken eingesetzt werden. Zentrales und statisch tragendes Element im Deckenaufbau bildet die Rohdecke. Darüber kommen die Schichten, die für Trittschall-, Wärme- und Feuchteschutz zuständig sind. In der Regel ist das der Estrich mit entsprechender Dämmung und einer darüberliegenden Tragschicht für den späteren Fußbodenaufbau. Unterhalb der Rohdecke werden Verkleidungen angebracht, die zur optischen Verschönerung der Decke dienen, wie etwa Holzverschalungen bei Holzbalkendecken oder Deckenputz bei Ziegelhohlkörperdecken. Falls erforderlich können die Verkleidungen so ausgeführt werden, dass sie zusätzlich Wärme- und Schallschutzfunktionen übernehmen können. Für den Wohnungsbau stehen folgende Rohdeckenausführungen zur Auswahl:

Einlagen aus Stahl **Betondecke:** Grundsätzlich bieten Betondecken aufgrund ihrer Dicke (16–20 cm) einen ausreichenden Brand- und Luftschallschutz. Im konventionellen Wohnungsbau sind sie am häufigsten anzutreffen. Da Beton nur Druckkräfte übernimmt, müssen Einlagen aus Stahl eingebaut werden, welche die Zugkräfte tragen. Das Erdmagnetfeld jedoch wird vom Stahl beeinträchtigt, daher sollten Stahleinlagen bei Decken wenn möglich vermieden werden. In punkto Feuchteausgleich kann Beton im Vergleich zu anderen Baustoffen nicht mithalten, kann also in dieser Hinsicht nicht positiv auf das Raumklima einwirken.

Befestigung zwischen Fertigteilen **Ziegelhohlkörperdecke:** Bei dieser Deckenvariante werden Ziegelhohlkörper zwischen Fertigteilträgern befestigt. Der Anteil an Stahl in den Trägern ist geringer als der in massiven Betondecken.

Aus statischen Gründen kann man bei dieser Tragkonstruktion kaum auf Stahl verzichten. Wer dennoch keinen Stahl in seiner Gebäudekonstruktion haben möchte, kann anstelle von bewehrten Betonträgern auch Holzbalkenträger einsetzen, auf die dann Ziegelhohlkörper aufgelegt werden. Leider verringern Holzträger den Brandschutz, was bei Kellerdecken nicht vertretbar ist. Daher muss abschließend eine Unterdecke angebracht werden, die für einen verstärkten Brandschutz sorgt (z. B. Gipskartonplatten). Ziegelhohlkörperdecken sind zwar nur mäßig luftschalldämmend, doch gegenüber Betondecken haben sie den Vorteil, dass sie mehr für den Feuchteausgleich und damit für das Raumklima beitragen können.

Holzbalkendecke: Vom baubiologischen Aspekt her gesehen, sind Holzbalkendecken die absolute Nummer eins und jeder anderen Konstruktion vorzuziehen. Wie bereits im vorangegangenen Punkt erwähnt, bestehen beim Einsatz von Holzbauteilen Mängel bezüglich Schall- und Brandschutz. Holz ist ein sehr guter Schallleiter und bringt nicht genug Eigengewicht mit, um Luftschall ausreichend dämmen zu können. Durch geeignete schallreduzierende Maßnahmen beim Unterdeckenbau kann dieses Problem weitgehend gelöst werden. Da Holzbalkendecken vor Feuchtigkeit geschützt werden müssen, sollten vor allem in Nassräumen geeignete Sperrschichten mit eingeplant werden. Aufgrund unzureichender Brandschutzeigenschaften können Holzbalkendecken nicht über Kellergeschossen verlegt werden. Dafür sind Ziegelhohlkörperdecken besser geeignet. In den übrigen Gebäudeebenen sind dagegen Holzbalkendecken brandschutztechnisch unproblematisch.

Gesündeste Variante

Dachaufbau

Welches Dach Ihr Haus haben darf, entscheidet die zuständige Gemeinde anhand des Bebauungsplans. Bei der Auswahl der Dachform sollten zum einen gebietsspezifische Witterungsbedingungen berücksichtigt werden (wie z. B. häufige Schneelasten, Stürme etc.), zum anderen sollte auch der Hausstil optisch zum zukünftigen Dach passen. Ganz gleich, welches Dach letztendlich Ihr Haus ziert, die Zusammensetzung der Dachschichten – sprich: der Dachaufbau – muss sorgfältig und ohne Mängel ausgeführt sein. Wenn unter dem Dach Wohnraum entstehen soll, ist die Verwendung von wohngesunden Baustoffen, von der Tragkonstruktion bis zur Dacheindeckung Bedingung. Eine Tragkonstruktion oder Dachschalung aus dem Werkstoff Holz ist dann wohngesund, wenn komplett auf chemische Holzschutzmittel verzichtet wird. Dafür müssen die verwendeten Hölzer trocken sein und dürfen nicht durch Undichtigkeiten im Dachsystem Feuchtigkeit ausgesetzt sein.

Beim Aufbau der Dachkonstruktion ist besondere Sorgfalt notwendig.

Langsames Abfließen von Feuchtigkeit

Flachdach: Holz ist aus baubiologischer Sicht einer Massivdecke aus bewehrtem Beton in jedem Fall vorzuziehen. Längst hat sich das Flachdach auch im Wohnungsbau etabliert. Man kann es zur Terrasse umfunktionieren oder sogar in einen Garten verwandeln. Der entscheidende Faktor in Bezug auf die Langlebigkeit der Dachkonstruktion ist die Ausführung der Abdichtung. Feuchtigkeit kann aufgrund des geringen Gefälles nur langsam abfließen. Sind Schwachstellen (z. B. Risse) in der Abdichtung, kann Wasser in die Dachkonstruktion eindringen und Bauschäden verursachen. Schon kleinste Fehler können Feuchteschäden nach sich ziehen.

Beim Flachdach ist die abschließende Geschossdecke bereits Teil der Flachdachkonstruktion. Anders als beim Steildach wird das Tragwerk und der Dachaufbau des Flachdachs als eine Einheit betrachtet.

Geneigtes Dach und Steildach: Die Konstruktion eines geneigten Daches setzt sich aus mehreren Schichten zusammen: Eindeckung, Lattung und Konterlattung, Unterdach (Dachbahn, Schalung oder Unterspanbahn), Traggerüst oder Sparren aus Holz, Wärmedämmung, Dampfbremse und -sperre. Je nachdem ob das Dach als Warm- oder Kaltdach ausgeführt werden soll, kann der Schichtaufbau variieren. Ganz wichtig ist, dass die Dampfbremse fachmännisch angebracht und nicht beschädigt wird (z. B. beim Anbringen des Dämmmaterials). Weitere Knackpunkte sind die Anschlüsse an Schornstein, Dachfenster, Dachgauben, und Blitzschutzanlage. Auch Sie müssen absolut dicht sein, damit auch beim miesesten Wetter keine Feuchtigkeit in die Dachkonstruktion eindringen kann.

Warm- oder Kaltdach

Gründach: Mit einer Grünfläche auf dem Dach geben Sie der Natur einen Teil ihrer Fläche zurück und tragen in dicht besiedelten Gebieten zur Luftverbesserung bei. Für das Anlegen eines Gründachs sind Dachneigungen von 0–30 Grad geeignet. Bei Dachneigungen ab 20 Grad sollten allerdings Vorkehrungen gegen Abrutschen getroffen werden. Man kann wählen zwischen einer pflegeleichten Extensivbegrünung oder einer anspruchsvolleren Bepflanzung in Form einer Intensivbegrünung.

Luftverbesserung

Durch die Begrünung wird die Dachhaut vor UV-Strahlung und starken Temperaturschwankungen geschützt. Das Erdreich verbessert nicht nur den Schallschutz, sondern schützt bei Intensivbegrünung das Gebäudeinnere im Sommer gegen Hitze und im Winter vor Kälte. Ab einer entsprechenden Erdreichdicke und spezieller Bepflanzung kann sogar effektiv Heizenergie eingespart werden. In der Regel wird das Dach durch die Begrünung nicht beschädigt, es sei denn, die Wurzelschutzschicht wurde nicht sachgemäß verlegt oder abgedichtet. Bei fehlerfreier Ausführung des Gründachs und entsprechender Pflege erhöht die Begrünung die Lebensdauer des Daches.

Schutz vor UV-Stahlung

Expertentipp

Dachbegrünung wird gefördert!

Bevor Sie die geplante Dachbegrünung in die Tat umsetzen, lohnt es sich bei der zuständigen Gemeinde- bzw. Stadtverwaltung (Bauamt, Grünflächenamt, Amt für Umweltschutz usw.) Fördermöglichkeiten zu erfragen. Informieren Sie sich ebenfalls über eine eventuelle Senkung der Abwasserkosten.

Fassadengestaltung

Sobald der Rohbau fertiggestellt ist, braucht das Haus eine robuste Hülle, die es vor Sonne, Wind und Wetter schützt. Heutzutage sind der Gestaltung von Fassaden fast keine Grenzen gesetzt. Ob Holz, Glas, Sonnenmodule oder Kletterpflanzen – nahezu alle Ideen können umgesetzt werden. Bei allen Gestaltungskonzepten sollte jedoch der Witterungsschutz im Vordergrund stehen. Er ist maßgeblich für die Lebensdauer einer Fassade verantwortlich. Mangelhafter Fassadenschutz kann zu Feuchteschäden an der dahinterliegenden Bausubstanz führen und kostenintensive Sanierungsarbeiten nach sich ziehen.

Haftung am Untergrund

Putze: Diffusionsoffenheit und Witterungsbeständigkeit sind mit die wichtigsten bauphysikalischen Grundvoraussetzungen, die ein Außenputz erfüllen sollte. Um eine ideale Haftung mit dem Untergrund herzustellen, sollte ein Putz passend zum bestehenden Außenwandmaterial ausgewählt werden. Um Rissbildungen bei starken Temperaturschwankungen vorzubeugen, sollte der Putz auch eine gewisse Dehnfähigkeit besitzen. In der Regel erfüllen kalkgebundene mineralische Fassadenputze (z. B. Trasskalkputze) alle bauphysikalischen Anforderungen. Sie können auf jeden Untergrund aufgebracht werden und beinhalten keine gesundheitsgefährdenden Zuschlagstoffe. Kalkhaltige Putze und Farben haben außerdem den Vorteil, dass sie alkalisch sind und keinen Nährboden für Schimmelpilze bieten.

Verbesserte Energiebilanz

Fassadenbegrünung mit Kletterpflanzen: Kletterpflanzen an Fassaden sehen nicht nur schön aus, sie haben auch eine ökologische Bedeutung, denn sie können die Energiebilanz eines Gebäudes verbessern. Im Sommer bieten die Pflanzen einen guten Sonnenschutz und halten die Sonnenstrahlen von der Gebäudehülle fern, was sich unter anderem positiv auf das Wohnraumklima im Hausinnern auswirkt. Dämmende Wirkung haben begrünte Fassadenflächen zwar nicht, doch an kalten Tagen werden die Flächen nicht so kalt wie wenn sie ungeschützt wären. Dadurch geht weniger Raumwärme durch die Außenwände verloren. Ein weiteres

Plus einer Fassadenbegrünung: Kletterpflanzen können die Fassade bei Schlagregen vor Durchfeuchtung schützen. Im Hinblick auf die Vorteile, die eine Fassadenbegrünung mit sich bringt, fällt der Arbeitsaufwand für Laubentfernen, gelegentliches Zurückschneiden und Wässern der Kletterpflanzen kaum ins Gewicht. Beschädigungen der Fassade durch Kletterpflanzen treten für gewöhnlich nicht auf. Manche Kletterpflanzen (z. B. Efeu) wachsen in Risse oder Mauerschäden ein und sollten deshalb nur auf intakten Fassadenflächen gepflanzt werden. Falls Sie dennoch Bedenken haben, können Sie genauso gut sogenannte Gerüstkletterer an Kletterhilfen entlang der Fassade wachsen lassen. Das hat den positiven Nebeneffekt, dass zwischen der Rankwand und der Fassade ein Luftpolster entsteht, welches sich wiederum positiv auf das Wohnklima auswirkt.

Kletterpflanzen an der Hauswand haben den positiven Effekt, das Mauerwerk vor Schlagregen zu schützen.

Bauelemente

Die Anschlüsse von Bauelementen an die Wandkonstruktion gestalten sich immer wieder problematisch und erfordern bautechnisches Know-how beim ausführenden Handwerker. In diesen

Anschlüsse an die Wand

137

Bereichen müssen Wärmebrücken vermieden werden, damit sich kein Kondenswasser an den entsprechenden Stellen absetzen und Schimmelbildung vermieden werden kann. Im konventionellen Hausbau werden die entstehenden Fugen und Zwischenräume mit Montageschaum ausgeschäumt. Während der Anwendung von Montageschaum wird Treibmittel freigesetzt, das unter anderem ozonschädliche HFKW (teilfluorierte Kohlenwasserstoffe) enthält. Ebenso emittieren Isocyanate bei der Verarbeitung, die Atemwegserkrankungen auslösen können. Auf dem Heimwerkermarkt werden zwar seit ein paar Jahren HFKW-freie Schäume angeboten, im professionellen Bereich jedoch werden immer noch HFKW-haltige Montageschäume verwendet. Wer gesund bauen will, sollte alternativ zu Naturdämmstoffen (z. B. Hanfwolle) greifen. Mit ihnen kann ein ebenso guter und luftdichter Wandanschluss ausgeführt werden, wie mit Montageschaum.

Fenster

Zuglufter-scheinungen

Fenster sind wärmedämm- und schallschutztechnisch gesehen die Schwachpunkte in der Gebäudehülle. Material und Konstruktion des gesamten Fenstersystems (Rahmen und Verglasung) sowie der Mauerwerksanschluss entscheiden über die Qualität von Schall- und Wärmeschutz. Undichte Stellen am Fenster führen zu unangenehmen Zuglufterscheinungen und schlechte Dämmeigenschaften verursachen Lärmbelästigungen.

Knackpunkt eines Fenstersystems ist der Fensterrahmen. Es nützt die beste Wärmeschutzverglasung nichts, wenn die Wärme durch den Rahmen genau so schnell wieder entweicht, wie sie durch die Verglasung hineingekommen ist. Anhaltspunkt für die Auswahl des Rahmenmaterials ist der U-Wert, der möglichst gering sein sollte. Holzrahmen weisen mitunter die niedrigsten Energieverluste auf, da Holz eine geringe Wärmeleitfähigkeit besitzt. Aus baubiologischer Sicht sind Holzfenster das Nonplusultra. Innen wie außen haben sie immer eine angenehme Oberflächentemperatur. Stoßecken oder Kratzer können problemlos abgeschliffen werden, was bei Kunststofffenstern beispielsweise nicht möglich ist.

Schlechte Schall-dämmung

Aufgrund ihres geringeren Gewichts und ihrer Beweglichkeit haben Fenster im Vergleich zur Anschlusswand eine schlechtere schalldämmende Wirkung. Entscheidend für die Luftschalldämmung eines Fenstersystems ist die Dicke der Glasscheiben und deren Abstand zueinander, der Wandanschluss und die Fugendichtigkeit. Doppelverglaste Fenster sollten aus zwei unterschiedlich dicken Glasscheiben bestehen, wobei die dicke Scheibe außen sein muss. Je größer der Scheibenabstand zueinander ist, desto mehr kann der Luftschall gedämmt werden. Ein Luft-Gas-Gemisch zwischen den Scheiben erhöht zusätzlich die Dämmwirkung. Nicht zu unterschätzen ist der Wandanschluss. Er muss absolut dicht und fehlerfrei ausgeführt sein. Durch Risse, Löcher oder offene Fugen geht Schall ungehindert durch.

Alternativ zu Rollläden bieten sich konventionelle Klappläden aus Holz an, die vor der Fassade hängen und ihren Teil zum Wärme- und Schallschutz beitragen können. Es gibt auch horizontal verschiebbare Fensterläden (Horizontalläden), die außen an der Hauswand auf Schienen bewegt werden. Beide Läden haben eins gemeinsam: Sie sind kein bauphysikalischer Bestandteil der Außenwand wie beispielsweise Rollladenkästen und bilden somit keine Wärmebrücken.

Klappläden statt Rollläden

Türen

Türen müssen teilweise hohen Belastungen standhalten. Oftmals trennen sie Bereiche mit hohen Temperatur- und Feuchtigkeitsunterschieden. Haustüren, Wohnungstüren oder Kellergeschosstüren müssen solche klimatisch bedingten Belastungen aushalten können. Auch die Aspekte Einbruch-, Rauch- und Brandschutz sind nicht unwichtig für die Auswahl von Türsystemen. Für den gesunden Hausbau sind Holztüren immer die richtige Wahl. Vorausgesetzt sie wurden nicht mit schadstoffhaltigen Substanzen behandelt.

Innenausbau

Mit der Auswahl natürlicher und emissionsarmer Baustoffe für den Innenausbau legen sie die Weichen für ein gesundes Leben in Ihren eigenen vier Wänden. Ein fachgerechter Einbau der Materialien – ob zur Wärmedämmung oder zur Vermeidung gesundheitlicher Risiken – ist die Garantie für deren langfristige Wirksamkeit und Lebensdauer. Der Einsatz chemischer Mittel im Innenbereich

Schadstoffe vermeiden

ist im Normalfall nicht notwendig. Auf den Einsatz von Bioziden und Fungiziden kann daher vollständig verzichtet werden. Im Zweifelsfall dienen Volldeklarationen und Qualitätssiegel (z. B. Blauer Engel) der Orientierung und ermöglichen einen verhältnismäßig schadstofffreien Einsatz chemischer Mittel. In Produkten wie Voranstriche, Kleber, Schäume und Silikone, Baukalk und Gips sowie Trockenbaustoffe (Putz, Mörtel, Zement) können flüchtige organische Lösemittel und andere Gefahrenstoffe enthalten sein, die auch noch nach der Verarbeitung langfristig die Raumluft belasten können. Gerade sensible Personen können dadurch gesundheitlich beeinträchtigt werden. Am besten verzichtet man auf Baustoffe, die problematische Inhaltsstoffe (auch in geringer Menge) aufweisen. Für die meisten Anwendungsbereiche gibt es ungefährliche Alternativprodukte, die entsprechend gekennzeichnet sind.

Estrich

Untergrund für Bodenbelag

Grundlage eines jeden Bodens bildet der Estrich, eine ausgleichende Bauteilschicht, die direkt auf den Rohboden bzw. auf die Rohdecke aufgebracht wird. Estrich kann als begehbare Schicht (Verbundestrich) oder als Untergrund für Bodenbeläge (schwimmender Estrich) ausgeführt sein. Schwimmender Estrich besteht üblicherweise aus zwei Schichten: die Dämmschicht und die eigentliche Estrichschicht. Zuerst wird die Dämmschicht verlegt – sie dient der Wärme- und Trittschalldämmung. Um den Trittschall bestmöglich zu dämmen, sollte nur federndes Material für die Dämmschicht verwendet werden. Aus baubiologischer Sicht sind unverrottbare Kokosmatten, Holzweichfaserplatten oder Korkschrotmatten am besten geeignet. Auf die Dämmschicht wird dann der Estrich entweder in flüssiger Form (Gips- bzw. Anhydritestrich) aufgebracht oder als Trockenestrich (Gipsbau- oder Holzwerkstoffplatten) verlegt. Für elastische Bodenbeläge (Linoleum, Kork, Parkett usw.) sowie auf Stampflehmböden und alten Holzböden ist Trockenestrich besonders geeignet.

Keine Verbindung mit Untergrund

Damit der Estrich „schwimmt", darf er nicht mit Bauteilen (z. B. Wände) verbunden sein. Im Gegensatz zum schwimmenden Estrich ist Verbundestrich fest an den Untergrund gebunden.

Soll der abschließende Bodenbelag aus Holzdielen bestehen, ist kein Estrich notwendig, denn Holzdielen werden auf einer Konstruktion aus Lagerhölzern verlegt. Unter den Lagerhölzern befinden sich dann trittschalldämmende Filzstreifen. Falls erforderlich kann eine weitere Dämmung zwischen den Lagerhölzern erfolgen.

Wandbeschichtungen

Wandbeschichtungen sollten Feuchtigkeit aufnehmen und wieder abgeben und somit für ein gesundes Raumklima sorgen. Naturputze besitzen diese Eigenschaft und sind äußerst empfehlenswert, wenn es um gesunde Raumluft geht. Dampfdichte Kunstharzputze beispielsweise behindern den Feuchtigkeitsaustausch zwischen Luft und Wand und sind deshalb für den Innenraum nicht empfehlenswert.

Mineralische Putze – das sind Lehm- und Kalkputze – sind feuchtigkeitsregulierend und können auf die meisten Innenwände aufgetragen werden.

Mineralische Putze

Lehmputze sind heute in der Beliebtheitsskala wieder weit oben angesiedelt, auch wenn sie nur für „trockene" Wohnräume geeignet sind. Wird Lehmputz nämlich wiederholt durchfeuchtet, ohne richtig abtrocknen zu können, bildet sich ganz schnell Schimmel. Mit der passenden Armierung haftet Lehmputz auf allen Untergründen. Schmutz und kleine Putzschäden sind schnell und einfach mit einem feuchten Schwamm beseitigt. Lehmputz lädt sich nicht elektrostatisch auf und kann Schadstoffe absorbieren. Er ist ein Garant für behagliches Wohnklima. Abschließend kann Lehmputz mit Kalkkasein- oder Silikatfarben gestrichen oder einfach zum Schutz lasiert werden.

Kalkputze sind alkalisch und können in Feucht- und Kellerräumen verwendet werden. Ihre Alkalität verhindert den Befall von Schimmelpilzen, da diese auf alkalischen Gründen nicht existieren können. Ein großes Plus von Kalkputzen ist daher der komplette Verzicht auf fungizide Zusätze. Mischt man Zellulosefasern oder vergleichbare Dämmmaterialien dem Kalkputz hinzu, gewinnt man eine diffusionsoffene und gleichzeitig dämmende Oberfläche. Diese ist leicht zu pflegen und ist in der Lage schlechte Gerüche zu absorbieren. Zum Gestalten kalkverputzter Wände eignen sich

Kalkputze

Kasein-, Kalkkasein- oder Naturharzfarben sowie Anstriche, die auf rein mineralischen Rohstoffen basieren.

Expertentipp

Achten Sie auf Volldeklaration

Selbst wenn Dispersionsfarben mit dem Gütesiegel „Blauer Engel" gekennzeichnet sind, können Dispersionsfarben Zusätze enthalten, die bei einzelnen Anwendern Allergien oder andere gesundheitliche Beeinträchtigungen zur Folge haben können. Es besteht die Möglichkeit, dass auf dem Etikett nicht alle Zuschlagstoffe deklariert sind. Aus diesem Grund sollten Sie auf Nummer sicher gehen und ausschließlich Naturfarben den Vorzug geben.

Dichtungs- und Fugenmassen

Ausdünstung gefährlicher Stoffe

Zwischen Bauteilen und in Fugen werden dauerelastische Dichtstoffe eingesetzt, um Feuchtigkeitseintritte und Zuglufterscheinungen zu verhindern. Dichtungsmassen, die Kontakt zur Innenraumluft haben, bergen ein gewisses Risiko: Sie können gefährliche Stoffe ausdünsten und die Raumluftqualität verschlechtern. Konventionelle Montageschäume beispielsweise enthalten häufig gesundheitsgefährdende Zusatzstoffe, die bei der Anwendung freigesetzt werden. Pflanzenchemiehersteller haben unbedenkliche Dicht- und Füllmassen auf Naturstoffbasis als Alternative zu PUR-Schäumen entwickelt, mit Bestandteilen wie Korkgranulat, Hanf, Flachs, Dammar, Naturkautschukmilch oder dem Füllstoff Talkum. Dichtungsmassen aus Naturlatex sind für kleinere Fugen geeignet.

Silikon auf Wasserbasis

Sollen Silikone verwendet werden, ist es wichtig darauf zu achten, dass sie auf Wasserbasis hergestellt sind. Für den Einsatz im hygienischen Bereich sollten Silikone daneben noch frei von Bioziden sein.

Hersteller haben inzwischen Silikone auf Naturstoffbasis entwickelt.

Expertentipp

Untergrund prüfen!

Nicht jede Dichtungsmasse hält auch auf jedem Untergrund. Je nachdem für welchen Anwendungsbereich das Dichtungsmaterial gebraucht wird, muss deshalb zuerst der Untergrund auf seine Haftfähigkeit geprüft werden. Danach kann die geeignete Dichtungsmasse bestimmt werden.

Oberflächenbehandlung

Die richtige Behandlung der Oberflächen von Bauteilen erhöht deren Lebensdauer. Vor allem Holzflächen und Putze müssen langfristig vor Witterungseinflüssen geschützt werden. Chemische Holzschutzmittel sind größtenteils hochgiftig und können über Jahre durch Ausdünstung schädlicher Fungizide und Insektizide die Luftqualität erheblich verschlechtern. Der Gesundheit zuliebe sollten Bauherrn besser zu giftlosen Imprägnierungen greifen.

Borsalze sind als Imprägnierung (z. B. Borax) wirkungsvoll gegen Insekten und Pilzbefall und haben nur eine sehr geringe Schadstoffabgabe. Um die Salze vor Auswaschung zu schützen, werden Borsalzimprägnierungen Lasuren beigemischt. Produkte wie Bo-

Borsalzimprägnierungen

143

rax-Ölemulsionen eignen sich sogar als Grundierung für Deckanstriche, sowohl im Innen- als auch im Außenbereich. Naturharzöle sind dampfdurchlässig und eignen sich ebenfalls für innen und außen. Mit Naturharzöl imprägniertes Holz ist geschützt vor Durchfeuchtung und resistent gegen Schädlinge und Pilzbefall. In Kombination mit einer Naturharzöllasur kann die Beanspruchbarkeit der Imprägnierung optimiert werden. Buchenholzteer ist ein effektiver Schutz erdberührter Holzbauteile, vor allem im Sockelbereich.

Witterungs-schutz Fenster- und Türrahmen aus einheimischen Hölzern müssen mehrmals lackiert werden, um eine lange Lebensdauer zu erreichen. Beschichtungsmaterialien auf Basis nachwachsender Rohstoffe halten im Schnitt (je nach Witterungslage und Pflege) etwa zwei bis fünf Jahre, bis sie erneuert werden müssen. Materialien mit hohem Pigmentanteil schützen das Holz vor UV-Strahlung. Bauteile, die der Sonne ausgesetzt sind, sollten, damit sie nicht zu heiß werden, in hellen Farbtönen gestrichen sein. Mit solchen konstruktiven Maßnahmen können Bauteile aus Holz ausreichend geschützt werden, sodass keine Imprägnierung mit Holzschutzmittel-Wirkstoffen notwendig ist.

Haustechnik

Bereits bei der Grundrissgestaltung des neuen Eigenheims ist es möglich, potenziellen Gefahren durch elektromagnetische Felder aus dem Weg zu gehen. Planen Sie deshalb die Installation von Zählerkästen, Stromkreisverteilern sowie Räume für die Heizungsanlage und Öltanks nicht in umliegender Nähe zu Schlafräumen. Installieren sie im Schlafraum selbst, wenn möglich, nur an einer Wand Steckdosen und Lichtschalter. Lassen Sie Ihren elektrischen Hausanschluss nur über ein Erdkabel ausführen, damit seine elektromagnetischen Wechselfelder nicht die Wohnbereiche belasten.

Schadstofffreie Wasserleitungen Die Auswahl des Heizungssystems, der Wasserleitungen und der Lüftungssysteme sind weitere wichtige Faktoren der Haustechnik, wobei Schadstofffreiheit bei der Zuführung von Wärme, Wasser und Frischluft immer gewährleistet sein sollte.

Elektroinstallationen

Je nach Frequenz können elektromagnetische Felder den Menschen physisch zusetzen. Niederfrequente Felder (Frequenzbereich bis 30 kHz) dringen in den Körper ein und verursachen dort
nicht wahrnehmbare elektrische Ströme. Erst bei Überschreitung
spezieller Grenzwerte können Nerven- und Muskelzellen elektrisch erregt werden und zu Funktionsstörungen der Reizleitungen
vor allem am Gehirn und am Herz führen. Hochfrequente Felder
(Frequenzbereich von 30 kHz bis 300 GHz) führen im Körper oder
in Teilbereichen, je nach Stärke, zu Temperaturerhöhungen und
können unter Umständen Augen und Hoden schädigen. Implanta-
te wie Herzschrittmacher, Insulinpumpen oder Hörgeräte können
ebenfalls beeinflusst werden. Diese thermischen Effekte sind
unumstritten und gut untersucht.

Elektromagneti-
sche Felder

**Wenn Sie neu bauen oder ein bestehendes Gebäude von Grund auf sanieren,
empfiehlt es sich nur abgeschirmtes Installationsmaterial zu verwenden.**

Es ist kein großer Aufwand die Elektroinstallationen eines Neubaus komplett mit geschirmten Installationsmaterialien durchzuführen. Aus baubiologischer Sicht sollen Installationen im Wohn-
gebäude elektrische, magnetische und elektromagnetische Feld-
ausbreitungen reduzieren. Jede elektrische Leitung, jede Steckdo-
se und jedes angeschlossene Gerät (auch im ausgeschalteten

Geschirmtes
Material

Zustand) verursacht ein elektrisches Feld. Dagegen entstehen magnetische Felder erst wenn Strom fließt, das heißt, wenn ein Gerät eingeschaltet ist. Durch Verdrillung der einzelnen Adern des entsprechenden Kabels können Magnetfelder stark reduziert werden. Geschirmte Installationsmaterialien und Anschlussleitungen können ein elektrisches Feld nahezu komplett beseitigen. Ihre Verlegung ist in allen Räumen und Wänden möglich und erfolgt auf, im und unter Putz.

Keine Leitungen am Bett Im Vorfeld kann man bereits bei der Raumplanung die Wände bestimmen, an denen ein Bett stehen soll. Für diese Wände sollten keine Elektroleitungen vorgesehen werden. Insgesamt sollten im Wohnbereich ausschließlich abgeschirmte sowie PVC- und halogenfreie Kabel verwendet werden. Als Kabelmaterial sind sortenreine Kunststoffe (Polyethylen – PE, Polypropylen – PP) geeignet.

Heizung und Energie

Konvektionswärme Die Wärmeabgabe von konventionellen Heizkörpern an den Raum geschieht überwiegend durch Konvektion (Konvektionswärme). Nachteil dieser Wärme durch „Luftumwälzung" ist die ständige Staubaufwirbelung. Als angenehmer und behaglicher empfinden wir dagegen Strahlungswärme, wie sie beispielsweise durch einen Kachelofen entsteht. Aus diesem Behaglichkeitsempfinden heraus und natürlich auch aus energetischen Gründen wurden sogenannte Flächenheizungssysteme entwickelt, die als Fußbodenheizung, Wandheizung und Deckenheizung ausgeführt sein können. Deckenheizsysteme werden für gewöhnlich jedoch nicht im Wohnungsbau eingesetzt. Von oben kommende Wärme wird vom Menschen schnell als unangenehm empfunden. Der bestehende Dämmstandard eines Gebäudes entscheidet über die benötigte Größe der Heizfläche.

Aufwirbelung von Staub **Fußbodenheizung:** Fußbodenheizungen gelten mittlerweile nicht mehr als ideal. Sind sie zu warm eingestellt, wird Staub vom Boden aufgewirbelt, wodurch die Bewohner ein „Trockenheitsgefühl" in den Atemwegen empfinden können. Der Einbau von Fußbodenheizungen ist eigentlich nur in Gebäuden mit hohem

Dämmstandard empfehlenswert, da ihre Heizleistung begrenzt sind und der Kaltluftabfall kaum kompensiert werden kann. **Wandheizung:** Höchste Behaglichkeit im Wohnraum bietet ein Wandheizungssystem. Es strahlt nach dem Kachelofenprinzip Wärme gleichmäßig zur Seite ab und verursacht keine Luftbewegungen. Der Mensch wird von der Wandheizung angestrahlt. Der Wärmeentzug durch kalte Wände gehört somit der Vergangenheit an. Eine Kompromisslösung aus Wandheizung und konventionellem Heizkörper sind sogenannte Randleistenheizungen. Sie werden entlang der Außenwand installiert und sind mit einer Wandheizung vergleichbar. Nachteil beider Systeme ist die eingeschränkte Wandnutzung durch Mobiliar.

Gleichmäßige Wärme

Energiesparen und schadstofffrei heizen

Die Energieeffizienz eines Neubaus wird maßgeblich von seiner Energie- und Haustechnik bestimmt. Neu entwickelte Heizungssysteme und Heiztechniken zeichnen sich aus durch einen geringen Brennstoffbedarf und eine geringe Schadstofffreisetzung während der Beheizung und Warmwasserbereitung. Um langfristig Energiekosten einzusparen, sollten Sie in eine effiziente Anlagentechnik investieren. Anstelle von Standard- oder Niedertemperaturkesseln sollten Brennwertkessel eingebaut werden, am besten in Kombination mit einer Anlage zur Nutzung regenerativer Energien, beispielsweise mit einer Solarthermie-Anlage. Gegenüber Standardkesseln kann mit einem modernen Brennwertkessel der Energieverbrauch um ganze 30 Prozent gesenkt werden. Kombiniert mit einer Solaranlage ist eine weitere Senkung möglich. Zudem bekommen Sie vom Staat noch ein paar satte Prämien dazu.

Geringe Schadstofffreisetzung

Expertentipp

Holen Sie sich die Klima-Prämie

Wenn Sie Ihren Neubau mit erneuerbaren Energien wärmen wollen, zahlt Ihnen der Staat dafür eine Klima-Prämie. Mithilfe des Marktanreizprogramms wird der Einbau von thermischen Solaranlagen, Biomasseheizkesseln und Wärmepumpen gefördert. Sie können entweder einen Investitionszuschuss beim Bundesamt für Wirtschaft und Ausfuhrkontrolle (BAFA) beantragen oder über das KfW-Förderprogramm „Erneuerbare Energien" bei Ihrer Hausbank ein zinsgünstiges Darlehen mit Tilgungszuschuss bekommen.

Dafür gibt es bares Geld

Thermische Solaranlage (bis 40 m² Bruttokollektorfläche):
- Solarkollektoren für die Warmwasserbereitung: 60 €/m² Bruttokollektorfläche (mindestens 410 €)
- Solarkollektoren für Warmwasserbereitung und Heizungsunterstützung: 105 €/m² Bruttokollektorfläche
- Thermische Solaranlage kombiniert mit einer anderen erneuerbaren Energie: einmalig 750 €
- Großanlage für Mehrfamilienhaus (20–40 m²): 210 €/m² Bruttokollektorfläche

Brennwerttechnik und Solarthermie (Warmwassererzeugung und Heizungsunterstützung):
- einmalig 750 € für den Heizkessel und 105 €/m² Kollektorfläche

Automatisch beschickte Biomassekessel (mit Nennwärmeleistung bis 100 kW):
- Pelletofen: mindestens 1.000 €
- Pelletkessel: mindestens 2.000 €
- Hackschnitzelkessel: einmalige Pauschale von 1.000 €
- Scheitholzvergaser (bis 50 kW): einmalige Pauschale von 1.125 €

Effiziente Wärmepumpen:
- Einfamilienhaus (Neubau): pro m² Wohnfläche bis zu 10 €, maximal 2.000 €

Lüftungsanlage

Kontrollierte Lüftung

Bei der heutigen luftdichten Bauweise steigt die Bedeutung einer kontrollierten Wohnraumlüftung. Durch Kochen, Duschen und Atmen steigt der Feuchtigkeitsgehalt in der Raumluft an. Kann die

Feuchtigkeit nicht nach außen entweichen, besteht die Gefahr, dass sich an kalten Flächen Kondenswasser bildet. Über einen längeren Zeitraum ohne Lüftung führt das zu einem unangenehmen Raumklima und im schlimmsten Fall sogar zu Schimmelbildung. Schadstoffe die aus Mobiliar und Baumaterialien ausdünsten und Allergene die durch Haustiere und Mikroben abgegeben werden stören ebenso auf Dauer das Wohlbefinden, wenn kein ausreichender Luftaustausch stattfindet.

Eine mechanische Lüftungsanlage schafft hier Abhilfe. Um den vom Gesetzgeber geforderten Primärenergie-Grenzwert einzuhalten, empfiehlt sich die Installation einer zentralen Lüftungsanlage mit Wärmerückgewinnung, denn sie ist die energieeffizienteste Lösung. Sie sorgt gleichzeitig für den nötigen Luftaustausch und für die Erwärmung der angesaugten Frischluft. Die verbrauchte und schlechte Luft wird aus Küche, Bad und WC abgesaugt und nach draußen geleitet. Im Gegenzug wird Frischluft in die Wohn- und Schlafbereiche zugeführt. Abluft und Frischluft werden im Wärmetauscher getrennt aneinander vorbeigeleitet. Dabei wird die zugeführte frische Luft von der abgesaugten warmen Abluft erwärmt. Auf diese Weise können Sie jährlich bis zu 20 kWh/m^3 Heizenergie sparen. Die Anlage selbst beansprucht jährlich lediglich 2–3 kWh/m^3. Sogar Allergiker können aufatmen, denn durch die Lüftungsanlage werden Staub und Pollen herausgefiltert. In Ihrem Wohnbereich entsteht so eine dauerhaft gesunde Raumluft.

Mechanische Lüftungsanlage

Expertentipp

Regelmäßig warten

Mit der Zeit entstehen an einer Lüftungsanlage Verunreinigungen, die für die Raumnutzer eine gesundheitliche Beeinträchtigung zur Folge haben können. Um diese Gefahr zu vermeiden, sollten Lüftungsanlagen einmal im Jahr von geschultem Fachpersonal gewartet und kontrolliert werden. Achten Sie darauf, dass der Filter ausgetauscht wird und die Leitungen gereinigt werden. In den Ablagerungen nisten sich ansonsten Bakterien an, die über die Lüftung in den Innenraum gelangen können.

Zentralstaubsauger

Verwirbelung von Staub

Wenn es um Schadstoffe im Wohnraum geht, spielt das Saugen eine nicht unerhebliche Rolle. Konventionelle Staubsauger saugen zwar den Schmutz von Ihren Böden, doch durch den eingebauten Ventilator wird der ganze Feinstaub (Milben, Milbenkot, Mikrostäube, Pollen und Bakterien) aus dem Sauger wieder in den Wohnraum zurückgeblasen und überall verteilt. Das belastet die Raumluft. Mit der Installation eines Zentralstaubsaugers können Sie diesen Störfaktor beseitigen. Das Herzstück der Anlage, die Zentraleinheit (Motor und Filter), kann im Keller oder in einem Nebenraum untergebracht werden. Auf diese Weise entfällt auch die lästige Geräuschkulisse. Voraussetzung für eine effektive Nutzung ist allerdings, dass eine Entlüftung ins Freie erfolgen kann. Aus diesem Grund wird die Zentraleinheit so nah wie möglich an einer Außenwand platziert und die Abluft auf direktem Weg nach draußen geleitet. Motor- und Saugleistung übertreffen die Leistung herkömmlicher Sauggeräte um ein Vielfaches. Alle Räume werden über verdeckt installierte Rohrleitungen mit der Zentraleinheit verbunden. In jedem Zimmer sind sogenannte Saugsteckdosen installiert, an denen der leichte Saugrüssel angeschlossen wird. Die Kosten für einen Zentralstaubsauger belaufen sich etwa zwischen 600 und 1.000 €.

Beim Saugen wirbelt der Staub durch die Luft und kann Allergikern große Probleme bereiten.

Wasser und Sanitär

Die Reinigung unseres Brauchwassers ist sehr aufwendig. Oft gehen wir – ohne dass es uns bewusst ist – verschwenderisch mit unserem Wasser um. Im Durchschnitt benötigt jeder von uns täglich etwa 130 Liter Wasser, wovon nur ein sehr geringer Teil zur Nahrungszubereitung benutzt wird. Das meiste Wasser brauchen wir für die Körperpflege, zum Waschen und für die Toilettenspülung. Ohne auf Komfort verzichten zu müssen, kann man mit einfachen Sparprodukten den Kostenfaktor Wasser eindämmen. Wassersparende Armaturen liefern exakt die Menge Wasser, die man tatsächlich braucht, und verhindern unnötige Wasservergeudung. WC-Tiefspülkästen mit Spar- oder Wasserstopptasten sorgen dafür, dass beim Spülen nur die notwendigste Wassermenge verbraucht wird. Mit einer Regenwassernutzungsanlage können Sie die Gartenbewässerung und Toilettenspülung komplett bedienen und den Trinkwasserverbrauch erheblich reduzieren. Beachten Sie bitte, dass es unbedingt notwendig ist, die Trinkwasseranlage regelmäßig durch Fachleute warten und reinigen zu lassen.

In Bezug auf Schadstoffe können Sie mit speziellen Sanitärtextilien und PVC-freien Duschvorhängen eine Gefahrenquelle ausschließen. Empfehlenswert sind alle Sanitärtextilien, die mit dem „Öko-tex 100-Siegel" gekennzeichnet sind.

PVC-freie
Sanitärtextilien

Der Weg zum gesunden Wunschhaus

Formular
auf CD-ROM

Mit dieser Checkliste können Sie für sich einmal alle Faktoren zusammenstellen, die für Ihr gesundes Wunschhaus eine wichtige Rolle spielen. Zusammen mit Ihrem Architekten oder Bauleiter können Sie dann anhand der Liste besprechen, inwieweit die Realisierung Ihrer Wünsche und Vorstellungen möglich ist.

Das sollten Sie sich überlegen:

In welcher Bauweise soll Ihr Haus entstehen?

Leichtbauweise	ja ☐ nein ☐
Massivbauweise	ja ☐ nein ☐
Holzbauweise	ja ☐ nein ☐
Flachdach	ja ☐ nein ☐
geneigtes Dach	ja ☐ nein ☐

Bemerkung: ....

Welche Baustoffe kommen für den Wandaufbau in Frage?

Holz	ja ☐ nein ☐
Lehm	ja ☐ nein ☐
Beton	ja ☐ nein ☐
Ziegel	ja ☐ nein ☐
Kalksandstein	ja ☐ nein ☐

Bemerkung: ....

Welche Estrich-Art soll als Beschichtung aufgebracht werden?

Zementestrich	ja ☐ nein ☐
Anhydritestrich	ja ☐ nein ☐
Lehmestrich	ja ☐ nein ☐

Magnesiaestrich   ja ☐   nein ☐
Trockenestrich   ja ☐   nein ☐

Bemerkung: ....

Welche Dämmstoffe sollen verwendet werden?

Organisches Dämmmaterial   ja ☐   nein ☐
Wenn ja, welches: ....
Mineralisches Dämmmaterial   ja ☐   nein ☐
Wenn ja, welches: ....
Sind Kombinationen von organischen und mineralischen Dämm-
materialien gewünscht?   ja ☐   nein ☐
Bemerkung: ....

Welches Material wünschen Sie für die Dacheindeckung?

Geneigtes Dach:
Tondachziegel   ja ☐   nein ☐
Betondachsteine   ja ☐   nein ☐

Schieferplatten Flachdach:
Bitumen   ja ☐   nein ☐
Kunststoff/ Kautschuk   ja ☐   nein ☐
Dachbegrünung   ja ☐   nein ☐
Bemerkung: ....

Aus welchem Material soll die Fassade bestehen?

Kalkputz   ja ☐   nein ☐
Holz   ja ☐   nein ☐
Kunstharzputz   ja ☐   nein ☐
Ist eine Fassadenbegrünung gewünscht?   ja ☐   nein ☐
Bemerkung: ....

Welche Fußbodenbeläge möchten Sie im Haus verlegen?

Holz   ja ☐   nein ☐

In diesen Räumen: ....

Fliesen   ja ☐   nein ☐

In diesen Räumen: ....

Teppichboden   ja ☐   nein ☐

In diesen Räumen: ....

Linoleum   ja ☐   nein ☐

In diesen Räumen: ....

Welche Wandbeschichtungen sind im Innenbereich geplant?

Putz   ja ☐   nein ☐

Tapete   ja ☐   nein ☐

Holzverkleidung   ja ☐   nein ☐

Andere? Wenn ja, welche: ....

Welche Putze sollen im Innenraum verwendet werden?

Lehmputz   ja ☐   nein ☐

Kalkputz   ja ☐   nein ☐

Gipsputz   ja ☐   nein ☐

Naturfaserputz   ja ☐   nein ☐

Bemerkung: ....

Haben Sie die Absicht regenerative Energien zu nutzen?

Solarthermie   ja ☐   nein ☐

Fotovoltaik   ja ☐   nein ☐

Regenwassernutzung   ja ☐   nein ☐

Biomasseheizung   ja ☐   nein ☐

Wärmepumpe   ja ☐   nein ☐

Bemerkung: ....

Soll ein bestimmter Gebäude-Dämmstandard erreicht werden?

Passivhaus   ja ☐   nein ☐

Niedrigenergiehaus   ja ☐   nein ☐

Bemerkung: ....

Wünschen Sie Maßnahmen zur   ja ☐   nein ☐
Reduktion von Elektrosmog
(z. B. abgeschirmte Elektroleitungen)?

Bemerkung: ....

Soll eine zentrale Staubsauganlage   ja ☐   nein ☐
installiert werden?

Bemerkung: ....

Das müssen Sie tun:
Legen Sie den ausgefüllten Check Ihrem Architekten oder Bauleiter vor. Gemeinsam können Sie für die verschiedenen
Wohnbereiche die Verwendung bestimmter Baustoffe beschließen und vertraglich festhalten. Lassen Sie sich bezüglich
der Nutzung regenerativer Energien ausführlich beraten, auch
wenn die Nutzung erst in ein paar Jahren geplant ist.

Gesund wohnen

Bei gesundheitlichen Beschwerden denken die meisten Menschen an eine bessere Ernährung oder sportliche Betätigung. Dass das Wohnumfeld ursächlich für eine belastete Gesundheit sein kann, rückt dabei selten ins Blickfeld.

Kleine Veränderungen, große Wirkung

Bauprodukte emittieren flüchtige Substanzen, Pflanzen und Schimmelpilze geben Allergene ab, Schädlinge dringen in das Haus ein, werden mit der Chemiekeule vertrieben – und wir sitzen mittendrin, ohne zu lüften, weil die Energiepreise stark gestiegen sind. So müssen wir nicht wohnen, denn schon mit kleinen Veränderungen kann man bereits große Wirkung erzielen!

Elektrosmog

Der Kunstbegriff Elektrosmog bezeichnet den Stress, den die allgegenwärtigen elektrotechnischen Wellen, Felder und Strahlen auf uns ausüben. Elektrische, magnetische Felder oder elektromagnetische Wellen entstehen, wenn künstliche, elektrische Energie hergestellt, transportiert und genutzt wird. Die gesundheitlichen Auswirkungen von Elektrosmog sind abhängig von der Intensität, also der Dauer und Stärke sowie von Frequenz und Amplitude. Die Stärke der Felder nimmt mit zunehmendem Abstand zur Quelle ab.

Elektrische und magnetische Gleichfelder

Schmerzlich bewusst wird uns die Existenz von elektrischen Gleichfeldern, wenn beim Griff nach einer Türklinke eine plötzliche Entladung erfolgt. Dieser elektrostatische Effekt ist das Ergebnis der Reibung zweier elektrisch isolierender Körper (Schuhsohlen, Kunstfaserteppichboden), der einen negativen Einfluss auf das Raumklima hat. Magnetische Gleichfelder entstehen, wenn Gleichstrom fließt. Im Haushalt kommen sie z. B. in der Nähe von Lautsprechern vor. Ihre gesundheitlichen Auswirkungen sind wissenschaftlich ungeklärt.

Elektrostatischer Effekt

Niederfrequente Wechselfelder (< 30 kHz)

Die Stromversorgung wird in Deutschland mit einer Wechselspannung von 50 Hz betrieben, dadurch entstehen elektrische Wechselfelder unabhängig davon, ob ein Verbraucher eingeschaltet ist oder nicht. Deshalb verursachen alle Stromleitungen und viele elektrische Geräte in ihrer Nähe ein elektrisches Feld, das verschwindet, wenn der Stecker gezogen wird. Nach dem Einschalten elektrischer Geräte fließt Strom und ein magnetisches Wechselfeld entsteht. Mit der Stromstärke wächst auch das magnetische Feld. Elektrische und magnetische Felder entstehen in der Nähe von Hochspannungsleitungen, Trafostationen, Hausanschlüssen, der häuslichen Elektroinstallation und Haushaltsgeräten.

Wechselspannung

Hochfrequente Wechselfelder (> 30 kHz)

Ab einer Frequenz von 30 kHz treten elektrische und magnetische Felder nur noch gemeinsam auf. Da diese nicht mehr ortsgebunden sind und sich im Raum ausbreiten, werden sie als elektromagnetische Wellen bezeichnet. Aufgrund dieser Eigenschaft können sie mit dem ungepulsten oder dem gepulsten Verfahren für die Übertragung von Informationen genutzt werden. Je nach Intensität

Elektromagnetische Wellen

und Frequenz erwärmen bzw. durchdringen diese Wellen Materialien. Daher ist das Anwendungsspektrum elektromagnetischer Wellen vielfältig: Rundfunk, Mikrowellenherd, Mobilfunk, Radartechnik usw.

Gesundheitliche Risiken und Grenzwerte

Individuelle Konstitution

Gesundheitliche Belastungen durch elektrische Felder hängen sehr stark vom Tagesablauf, den Bedingungen am Arbeitsplatz und der Situation in den eigenen vier Wänden ab. Auch die individuelle Konstitution (z. B. bei Allergien, Belastung durch Schadstoffe o. Ä.) beeinflusst die Sensibilität gegenüber Elektrosmog. Im Laufe der langjährigen, wissenschaftlichen Diskussion häufen sich die Hinweise auf gesundheitliche Risiken durch künstlich erzeugte Felder und Wellen. Der menschliche Körper kommuniziert und steuert einige Funktionen durch elektrische Impulse und Schwingungen, sodass von außen einwirkende Feldstärken oder Wellen Störungen mit unterschiedlichen Folgen verursachen können.

Besonders in Kinder- und Jugendzimmern ist es wichtig, geeignete Maßnahmen zum Schutz vor Elektrosmog zu treffen.

Gegenwärtig werden nur gesundheitliche Auswirkungen durch niederfrequente Felder mit hohen Feldstärken und hochfrequente Wellen mit hoher Intensität anerkannt. Unstrittig ist, dass starke elektrische und magnetische Felder im Körper Ströme auslösen können (Auswirkungen: Reizungen von Nerven und Muskeln bis hin zu tödlichen Verkrampfungen des Herzmuskels) und dass starke, elektromagnetische Wellen messbare, thermische Wirkungen im Körper hervorrufen (Überhitzung beschädigt oder zerstört Gewebe). Solche Belastungen entstehen vor allem in der Nähe von Kraftwerken, Umspannwerken, Hochspannungsleitungen, Industrieanlagen oder in der Nähe von Mobil- oder Rundfunksendern.

Vor diesen Auswirkungen soll die Einhaltung von Grenzwerten schützen (26. Bundesimmissionsschutzverordnung) (→CD-ROM). Für Mobilfunkgeräte gelten zusätzlich die Richtwerte der Internationalen Strahlenschutzkommission für nicht ionisierende Strahlung (ICNIRP).

Text auf CD-ROM

Bisher nicht eindeutig geklärt sind gesundheitliche Belastungen durch nieder- und hochfrequente Felder unterhalb dieser Grenzwerte. Die Überlegungen zu möglichen biologischen Effekten beruhen auf der gestiegenen Zahl elektrosensibler Menschen, wie die Erfahrung der baubiologischen Beratungs- und Messpraxis zeigt. Denkbar ist, dass dies auf die erhöhte Menge von Feldern und Wellen im Alltag zurückzuführen ist.

Als Beschwerden durch niederfrequente Felder treten oft Schlafstörungen, Kopfschmerzen oder Herz-Kreislauf-Probleme auf. Verschiedene Studien schließen das erhöhte Leukämie-Risiko bei Kindern und Störungen im Hormonhaushalt, des zentralen Nervensystems und der kognitiven Funktionen durch magnetische Wechselfelder nicht aus. Weitere internationale Untersuchungen deuten auf elektromagnetische Wellen als Ursache für eine Schwächung des Immunsystems, Veränderungen im Schlafverhalten sowie zu Beeinträchtigungen von Hirnstromaktivitäten und der kognitiven Fähigkeiten hin. Der Zusammenhang zwischen Krebserkrankungen und erhöhter Belastung durch nieder- oder hochfrequente Felder konnte hingegen nicht eindeutig geklärt werden.

Störung des Hormonhaushalts

Um gesundheitliche Risiken trotz ungeklärter Fragen vorsorglich zu reduzieren, wurde von baubiologischen Instituten und Verbänden der „Standard der baubiologischen Messtechnik" mit entsprechenden Richtwerten für einen gesunden Schlafplatz erarbeitet. Sie orientieren sich an den natürlichen Verhältnissen und zielen auf eine Minderung des Langzeitrisikos.

Reduzieren von Elektrosmog

Technische Schutzmaßnahmen

Zum Schutz vor gesundheitlichen Gefahren durch Elektrosmog werden zahlreiche Produkte angeboten. Ein großer Teil des Angebots ist trotz vollmundiger Versprechungen wirkungslos. Im Zweifelsfall hilft eine Nachfrage bei einer Verbraucherschutzzentrale. Da Elektrosmog auf technische Ursachen zurückzuführen ist, sollten auch technische Schutzmaßnahmen ergriffen werden.

Expertentipp

Messungen durch den Fachmann

Bevor Sie Sanierungsmaßnahmen beginnen, ist die Messung durch Fachleute (baubiologische Messtechniker, Ingenieure oder Elektrotechniker) unerlässlich. Hierdurch wird die Höhe der Belastung und ihre Quelle festgestellt, sodass eine gezielte, wirkungsvolle und langfristige Lösung erfolgen kann. Auch die Durchführung der Sanierungsmaßnahmen gehört in die Hände von Fachleuten.

Vorbeugung

Wo laufen die Kabel?

Planen Sie richtig: Nehmen Sie den Standort Ihres zukünftigen Heims unter die Lupe. Wo verlaufen Strom- oder Bahntrassen, gibt es in der Nähe Trafostationen oder Sendemasten? Schon in der Planungsphase können Sie für die Schlaf- und Aufenthaltsräume eine feldarme Installation mit abgeschirmten Leitungen und reduzierter Steckdosenzahl festlegen. Vor dem Hauskauf sollten Sie die technische Qualität der Elektroinstallation prüfen und auf den neusten Stand bringen lassen. Achten Sie auf eine einwandfreie Erdung der Haustechnik.
Kaufen Sie bewusst: Jedes zusätzliche technische Gerät erhöht die Belastung in Ihrem Haushalt. Trafos, Vorschaltgeräte, Elek-

tromotoren, drahtlose Produkte wie Telefone und WLAN, Monitore, Flachstecker, Halogen- oder Energiesparlampen sorgen für die Zunahme von nieder- und hochfrequenten Feldern in Ihrer Umgebung.

Schalten Sie ab: Elektrische und magnetische Felder verschwinden, wenn Sie die Geräte vom Netz trennen. So reduzieren Sie den Elektrosmog und sparen Strom. Bei Stand-by-Geräten hilft es nur, den Stecker zu ziehen. Eine gute Variante sind Steckerleisten mit Schalter oder eine Zeitschaltuhr. Für Wohnbereiche ohne Dauerverbraucher lohnt sich der Einbau eines Netzfreischalters im Sicherungskasten. Dieser schaltet den entsprechenden Stromkreis (z. B. für das Schlafzimmer) nach Abschalten aller Verbraucher komplett ab. Mit dem Bedienen des Lichtschalters fließt der Strom aber sofort wieder.

Stecker ziehen

Halten Sie Abstand: Elektrogeräte mit starken Motoren oder hoher Heizleistung wie Wasch- und Spülmaschinen sowie Mikrowellenherde verursachen starke Felder. Besonders bei älteren Geräten sind die Abschirmungen ungenügend. Stellen Sie Betten möglichst fern der Hauptstromleitungen des Hauses auf, die starke Felder erzeugen. Heizdecken wärmen zwar Ihr Bett an, darauf schlafen sollten Sie aber nicht. Für das Schlafzimmer gilt generell: Neben gut geerdeten Nachttischlampen keinerlei elektrische Geräte betreiben. Grundsätzlich verringert sich die Belastung bei kürzerer Nutzungsdauer.

Starke Felder meiden

| Expertentipp |

Weitere Infos

Weitere Informationen zu diesem Thema erhalten Sie beim Institut für Baubiologie Neubeuern, dem Berufsverband Deutscher Baubiologen oder den Verbraucherzentralen.

Farben und Tapeten

Ob man sich für eine dekorative Tapete oder einen farbigen Anstrich entscheidet, ist meist lediglich eine Frage des persönlichen Geschmacks. Dabei besitzen gerade Produkte zur Wandgestaltung sehr unterschiedliche Eigenschaften, die sich auf die Qualität der Raumluft und des Raumklimas auswirken. Deshalb ist es sinnvoll, die Wandverkleidung auf die Raumnutzung abzustimmen. In Feuchträumen wie Küchen, Bädern, Waschküchen aber auch Schlafzimmern kann ein offenporiger Wanddekor entscheidend zur Schimmelvermeidung beitragen, denn diffusionsoffene Wände können als Feuchtigkeitsspeicher fungieren. So helfen offenporige Wände das Raumklima auf ein angenehmes Niveau einzustellen. Grundsätzlich gilt, egal ob es sich um Farben oder Tapeten handelt: Je höher der Kunststoffanteil, desto weniger offenporig ist die Wand.

Anstrichprodukte

Große
Farbpalette

Der Trend der letzten Jahre zeigt, dass sich der Einsatz von Farben zur Wandgestaltung nur noch selten auf das Streichen von Raufasertapete beschränkt. Durch die mühelose Handhabung der Produkte können eigene Vorstellungen leicht verwirklicht werden. Mit der vielfältigen Farbpalette von Kunstharzprodukten halten Lehm-, Kalk- oder Pflanzenfarben mittlerweile problemlos mit. Es gibt jedoch einige beachtenswerte Unterschiede zwischen den Anstrichsystemen im Hinblick auf Inhaltsstoffe und Eigenschaften.

Bei der farblichen Gestaltung Ihrer vier Wände sind keine Grenzen gesetzt. Achten Sie aber darauf, keine gesundheitsschädlichen Produkte zu benutzen.

Hinsichtlich der Untergrundvorbereitung gilt für alle Produkte:

- Jeder Anstrich ist nur so schön wie der vorbereitete Untergrund: An einer glatten Wand führt kein Weg vorbei!

  Untergrund vorbereiten
- Salzausblühungen sollten vorher beseitigt werden.
- Eine Haftung auf dem Untergrund muss möglich sein: Poröse oder stark saugende Flächen müssen mit einer Grundierung vorbehandelt werden.
- Grundierungen sollten grundsätzlich aus den gleichen Bestandteilen bestehen wie die Anstrichprodukte.
- Falls Sie das System wechseln und den Altanstrich überstreichen wollen, müssen die Herstellerangaben des neuen Systems beachtet werden. Unter Umständen ist ein Wandabschliff notwendig. Lassen Sie sich hierzu von einem Fachberater genau instruieren.

Es gibt drei Kategorien von Wandgestaltungsprodukten:

❶ Farben sind voll deckende Anstriche und werden meist mit einem Wandroller aufgetragen.

Dekoranstriche

❷ Transparente Lasuren sind lediglich leicht pigmentiert und lassen den Untergrund durchschimmern. Die Fläche wirkt wolkig und aufgelockert. Je nach gewünschtem Effekt kann der Auftrag durch Lasurbürste, Schwamm, Handschuh oder Wandroller erfolgen.

❸ Dekorative, farbige Spachtelputze sind im Zustand der Verarbeitung zähflüssig. Aufgetragen wird mit der Kelle. Durch diese Produkte lassen sich sowohl einfarbige als auch wolkige, mehrfarbige Flächen erzeugen. Außerdem kann man je nach Geschmack Strukturen aufbringen (glatt, aufgeraut, römischer Kellenschlag). Der Einsatz der Kelle sollte vorher geübt werden, z. B. an einer Gipskartonplatte. Viele Fachmärkte bieten auch Do-it-yourself-Workshops an.

Diese drei Formen von Dekoranstrichen gibt es in verschiedenen Qualitäten und Systemen. Neben den weitverbreiteten Kunstharzprodukten erfreuen sich Lehm-, Kalk- und Naturharzprodukte zunehmender Beliebtheit. Denn diese Produkte erfüllen in punkto Verarbeitung und Farbpalette alle Wünsche. Sie sorgen überdies für eine gute Dampfdurchlässigkeit. Viele Hersteller bieten eine Volldeklaration an. Dies ist besonders für Allergiker interessant, so können sie sich leicht über die Verträglichkeit informieren.

Wand-
dispersionen

Kunstharzprodukte: In Wanddispersionsfarben bzw. -lasuren liegt das Kunstharz-Bindemittel in Wasser dispergiert vor, das heißt, sie lösen sich kaum bzw. nicht ineinander und sind chemisch nicht verbunden. Deshalb muss man sie vor Gebrauch immer gut verrühren, damit sie sich vermengen. Sie enthalten bis zu 2 Prozent flüchtige Lösungsmittel, Titandioxid als Weißpigment, Füllstoffe (z. B. Kreide, Calcit, Aluminiumsilikat) und je nach Eigenschaften Hilfslösemittel, Antischaummittel, Emulgatoren, Verlaufsmittel oder Weichmacher.

Da Wanddispersionen zum großen Teil aus Wasser und organischen Substanzen bestehen, werden Konservierungsmittel zugesetzt, denn diese Mischung ist „ein gefundenes Fressen" für Bakterien. Neben Formaldehyd bzw. Formaldehydabspaltern werden Isothiazolinone zur Konservierung eingesetzt. Diese Verbindungen erreichen kurz nach dem Auftrag hohe Konzentrationen in der Raumluft, die auf Allergiker sensibilisierend wirken, deshalb bieten die Hersteller auf ihrer Produktetikettierung die Telefonnummer einer Allergiker-Hotline an. Nach etwa zehn Tagen sinkt die Belastung der Raumluft meist auf ein Niveau unterhalb des Grenzwertes. Empfindliche Personen sollten somit isothiazolinonhaltige Produkte nicht selbst verarbeiten und erst nach Ablauf der zehn Tagesfrist die renovierten Räume betreten.

Unterschiedliche
Abdichtung

Wandfarben dichten Wände je nach Höhe des Kunststoffanteils ab. Dispersionen mit einem sehr hohen Kunststoffgehalt sorgen für eine glänzende, strapazierfähige und wasserabweisende Schicht. Diese Produkte werden als Latexfarben vermarktet. Verbraucherschutzverbände raten von der Verwendung dieser Anstriche im Innenraum ab, da zugesetzte Weichmacher lange ausdünsten und die Luft belasten.

Die herkömmliche, weißpigmentierte Wanddispersionsfarbe bzw. -lasur kann man entweder selbst abtönen, oder man entscheidet sich für fertig gemischte Produkte. Lassen Sie sich im Fachhandel beraten: Oft lohnen sich Kosten und Mühe nicht, die Farben selbst anzumischen!

Naturharzdispersionen und pflanzliche Lasuren: Die meisten Pflanzenfarbenhersteller deklarieren alle Inhaltsstoffe auf den Produktetiketten. Die Zusammensetzung variiert je nach Firmenphilosophie sehr stark, da keine einheitlichen, branchenspezifischen Standards formuliert wurden und jeder Hersteller seine eigenen Qualitätskriterien entwickelt hat. Der Verbraucher ist deshalb sehr stark auf eigene Recherchen bzw. den beratenden Fachhandel angewiesen. Allgemein enthalten Naturharzdispersionen pflanzliche Harze als Bindemittel, Füllstoffe (z. B. Talkum, Glimmer, Zellstoff), Konservierungsmittel (z. B. Silberchlorid, Eukalyptusöl) und Lösemittel (z. B. Orangenöl, Isoaliphate). Verwendbar sind sie wie Kunstharzdispersion als weißer oder abgetönter Anstrich.

Pflanzenlasuren werden teilweise als Zweikomponentensystem (Binder und Pigment) oder fertig gemischt angeboten. Die Zusammensetzung variiert ähnlich wie bei den Naturharzdispersion. Die Verwendung von Orangenöl kann für Allergiker ein Problem darstellen, denn es enthält die Allergie auslösende Verbindung Limonen, das auch für den Orangengeruch verantwortlich ist. Aufgrund der Allergieproblematik haben einige Produzenten Rezepturen ohne Orangenöl entwickelt. Ein Vorteil für Verbraucher liegt bei diesen Produkten in der Volldeklaration. So kann man mit Hilfe von Fachberatern das passende Produkt auswählen.

Pflanzenlasuren

Lehm- und Kalksysteme: Diese beiden Baustoffe haben eine jahrhundertealte Tradition. Die heutigen Produkte entsprechen jedoch allen Ansprüchen unserer Zeit. Diese beiden mineralischen Systeme bieten gegenüber Kunstharzprodukten und Naturharzdispersionen den geringsten Dampfdiffusionswiderstand. Für welches der beiden Baustoffsysteme man sich entscheidet, hängt hauptsächlich von der eigenen Vorliebe ab, denn in ihren Eigenschaften ähneln sie sich stark. Neben der Offenporigkeit wirken sie je nach Schichtdicke mehr oder weniger feuchtigkeitsregulierend. Ein Vorteil von Kalk liegt in seiner hohen Alkalität. Deshalb können Kalkprodukte streichfertig angeboten werden ohne Zusatz von Konservierungsmitteln. Diese hohen pH-Werte vertragen Mikroorganismen in der Regel nicht. Sie wirken aufgrund dieser Eigenschaft sowohl bakterizid als auch fungizid und unterstützen bei der nachhaltigen Schimmelsanierung. Lehmprodukte findet

Alte Produkte auf neuestem Stand

man als Trockenmaterial im Handel. Vor Gebrauch wird Wasser zugesetzt. Im Gegensatz zum Kalk können gebrauchsfertige Gebinde nicht dauerhaft gelagert werden. Sie verderben auch im Kühlschrank nach wenigen Tagen. Auch Lehm hat gegenüber Kalk einen Vorteil: Dieser Baustoff lässt sich ebenfalls als farbiger Spachtelputz sehr schön gestaltend modellieren.

Tapeten

Seit die Tapete gegen Ende des 15. Jahrhunderts auftauchte, hat sie bis heute viele Wandlungen durchlaufen, die gerade in den letzten Jahrzehnten nicht nur auf das Design beschränkt waren. Seitdem gibt es die unterschiedlichsten Tapetentypen. Sie werden zum einen durch das Trägermaterial (Papier oder Vlies) zum anderen durch die Dekorschicht (z. B. Papiermuster-, Vinyl-, Strukturtapete) unterschieden.

Zellulosefasern **Trägermaterialien:** Papiertapeten bestehen zu etwa 80–90 Prozent aus Zellulosefasern, die chemisch und mechanisch aufbereitet wurden. Neben Kunstharzzusätzen, die eine Reißfestigkeit gewährleisten sollen, enthalten die Papierträger mineralische Füllstoffe. Geklebt werden diese Tapeten mit normalem Tapetenkleister aus Methylzellulose, dieser enthält Konservierungsmittel (z. B. Formaldehyd oder -abspalter, Isothiazolinone), die Emissionen verursachen können.

Die Auswahl an Design und Qualität ist bei Tapeten in den letzten Jahren stark gewachsen.

Zellstoff- und Polyesterfasern bauen den Träger der Vliestapeten auf. Sie erobern einen zunehmend größeren Teil des Marktes, weil sie sich sehr leicht tapezieren lassen. Sie sind relativ dünn und lassen den Untergrund durchschimmern, deshalb muss meist mit weiß pigmentiertem Tapetengrund vorgestrichen werden. Aus Umweltschutzgründen sollte man sich für die wässrige Variante entscheiden, die aus einer feinteiligen Kunstharzdispersion besteht. Geklebt werden diese Tapeten mit Spezialkleister, dessen Klebekraft durch Kunststoffzusätze erhöht ist. Durch den Einsatz von Tapetengrund und Spezialkleister verringert sich die Dampfdurchlässigkeit. Der Vliesträger selbst ist genauso diffusionsoffen wie der Papierträger.

Polysterfasern

Trägerbeschichtungen: Die Raufasertapete besteht aus ein oder mehreren Papierschichten, die zum größten Teil auf recyceltes Material zurückgehen. In diese Papiermasse sind Holzspäne eingebettet, die je nach Korngröße grobe oder feine Strukturen ergeben. Ähnlich wie offenporige Anstriche sind Raufasertapeten dampfdurchlässig. Werden sie allerdings mit Kunstharzdispersionsfarbe gestrichen, büßen sie diese Eigenschaft ein, mit Lehm- oder Kalkfarbe bleibt sie erhalten. Der Vorteil der Raufasertapete liegt in der leichten Verarbeitung, und sie verzeiht Unebenheiten der Wand.

Bei den Papiermustertapeten wird der Papierträger direkt bedruckt. Durch den Farbaufdruck kann es zu Emissionen von leicht flüchtigen Substanzen (VOCs) kommen.

Der Papier- oder Vliesträger einer Vinyltapete wird in der Regel mit einer Polyvinylchlorid(PVC)-Schicht versehen. Diese Tapeten enthalten Weichmacher und andere Hilfsmittel. Sie sind sehr strapazierfähig, wasser-, scheuer- und lichtbeständig. Durch die PVC-Schicht sind sie nicht diffusionsoffen und verhindern sogar, dass Wände Wärme speichern. Bedruckte Vinyltapeten können wie Papiertapeten flüchtige Verbindungen aus dem farbigen Aufdruck freisetzen.

PVC-Schicht

Strukturen von Tapeten werden mit Papier (Papierprägetapete) aber auch mit PVC-Schaum (Strukturprofiltapete) erzeugt. Bei der geschäumten PVC-Beschichtung entstehen die gleichen Probleme wie bei der Vinyltapete.

PVC-Beschichtung

Wenn Sie in einer gut gedämmten Wohnung leben und normal lüften, müssen sie nicht zwingend auf eine dampfdurchlässige Wandverkleidung achten. In alten Häusern kann man mit offenporigen Anstrichen einer Schimmelentstehung entgegenwirken, obwohl diese Maßnahme allein die Pilze nicht vertreibt. Empfindliche Personen sollten sich gut über die Inhaltsstoffe der Produkte informieren, da der Auftrag in der Regel auf einer relativ großen Fläche erfolgt und der Stoffeintrag recht hoch ist.

Fußböden, Bodenbeläge und Teppiche

Ein Aspekt der Raumgestaltung ist die Wahl des Bodenbelags. Kaufentscheidend ist nicht allein der optische Eindruck, sondern auch Dauerhaftigkeit und Pflegeaufwand. Aufgrund seiner Fläche ist der Einfluss des Bodenbelages auf das Raumklima und die Behaglichkeit immens: Daher sollten auch gesundheitliche und ökologische Aspekte beachtet werden.

Untergrund

Keine Restfeuchte

Der Untergrund muss fest, staub- und rissfrei sowie eben und glatt sein. Er darf keine Restfeuchte aufweisen und muss frei von Kleberresten sein. Je nach Estrichart können weitere Vorbereitungsmaßnahmen notwendig werden. Die meisten Schäden und Geruchsentwicklungen nach Verlegung von Bodenbelägen entstehen durch zu kurze Trocknungszeiten oder chemische Reaktionen von Klebern, Spachtelmassen und Grundierungen. Bei der Verlegung von Bodenbelägen mit Klick-Systemen können mechanische Schäden durch einen instabilen Untergrund entstehen.

Altbeläge

Beseitigung von Altbelägen

In Mietwohnungen ist der Vermieter für den Bodenbelag verantwortlich. Über Renovierung oder Austausch sollte vor der Anmietung verhandelt werden. Beim Kauf eines Bestandsgebäudes sollten Altbeläge immer komplett entfernt werden. Mögliche Staub- und Schadstoffemissionen durch Zerfallsprozesse sind auf Dauer nicht isolierbar. Vorsicht ist bei sehr alten CV- oder Hart-PVC-Böden geboten, diese können einen Asbestanteil enthalten.

Offenbart sich unter den Altbelägen ein schwarzer Untergrund, handelt es sich oft um teerhaltige Kleber, die polyaromatische Kohlenwasserstoffe (PAKs) emittieren. In diesen Fällen muss eine Spezialfirma die Entfernung und Untergrundsäuberung vornehmen.

PVC

Der Deutschen liebster Bodenbelag ist das vielseitige PVC. Die Vorteile liegen auf der Hand: leichte Verlegung, pflegeleicht, strapazierfähig und wasserbeständig. Es gibt aber auch deutliche Nachteile: Als vollständig aus Kunststoffen bestehendes Produkt beinhaltet es gesundheitsschädliche Substanzen wie Weichmacher, Stabilisatoren, Flammschutzmittel und antibakterielle Beschichtungen, die langfristig aus dem Belag entweichen. Die Herstellung und Entsorgung sorgt für schwerwiegende Umweltbelastungen. Ein Verzicht auf PVC-Böden ist daher eine Maßnahme des vorbeugenden Gesundheitsschutzes und zur Schonung von Umwelt und Klima.

Laminat

Der Laminatträger besteht zu 80 Prozent aus Holzfasern, der mit einem Foto von einem Holzboden beklebt ist. Die Oberfläche ist kunststoffversiegelt (Melaminharz). Diese Deckschicht bestimmt Härte und Widerstandsfähigkeit des Bodenbelags. Beliebt ist das pflegeleichte Laminat wegen der einfachen Verlegung mit der Möglichkeit zur Wiederverwendung. In verschiedenen Produkttests wurde es trotz Kunstharzbeschichtung als emissionsarm eingestuft. Nachteilig wirkt sich die begrenzte Haltbarkeit aus: Verkratzte Oberflächen lassen sich im Gegensatz zu Parkett nicht wieder auffrischen. Die Trägerschicht hält ständige starke mechanische Belastungen nicht aus und ist oft nicht dauerhaft wasserbeständig. Laminat gilt als Staubfänger, weil die Kunstharzoberfläche elektrostatische Aufladungen verursacht. Trotz Schalldämmung werden sowohl Geh- als auch Trittschall verursacht. Überdies belasten Herstellung und Entsorgung Klima und Umwelt.

Kunststoffversiegelte Oberfläche

Teppichboden und Teppiche

Fußwarmer
Belag

Kaum ein anderer Bodenbelag bietet so viele Möglichkeiten, durch Farben und Designs Räume zu gestalten. Teppichböden sind fußwarm, schonen die Gelenke aufgrund der hohen Trittelastizität und schlucken Schall. Mit Einschränkungen gelten sie als allergikerfreundlich, da sie Staub binden. Teppichböden aus Naturfasern (Ziegenhaar, Schafwolle, Sisal, Kokos) regulieren die Luftfeuchtigkeit und verbessern so das Raumklima. Schafwolle kann zudem Schadstoffe wie Formaldehyd binden. Die meisten in Deutschland verkauften Teppichböden haben einen Kunstfaserflor. Schadstoffemissionen können aus der technischen Ausrüstung und Verklebung von Deck- und Trägerschicht resultieren. Außerdem laden sich Teppichböden aus Kunstfasern elektrostatisch auf und tragen so zu einem schlechten Raumklima bei. Wollteppichböden werden meist mit dem Mottengift Permethrin behandelt, das auch für den Menschen gefährlich ist. Prinzipiell kann die Insektizidbehandlung bei regelmäßiger Pflege entfallen. Durch Qualitäts- und Umweltkennzeichen kann man Produkte mit unerwünschter Ausrüstung vermeiden.

| Expertentipp |

Vorsicht bei Importen

Bei importierten, gewebten Teppichen oder Brücken ist Vorsicht geboten: Diese Produkte sind aus Gründen des Transportschutzes mit allerlei Giften ausgestattet und die Produktionsbedingungen schwer nachvollziehbar. Kaufen Sie solche Produkte nur mit Kennzeichnung (Rugmark).

Kork

Schall-
dämmende
Wirkung

Kork ist ideal für Schlaf- und Kinderzimmer, weil er fußwarm und schalldämmend ist. Die glatte Oberfläche wirkt auf natürliche Weise antibakteriell. Als vollflächig verklebte Fliese ist der Belag auch wasserfest und für Bäder geeignet. Daneben wird Klick-Fertigparkett mit geölter, gewachster oder lackversiegelter Oberfläche angeboten. Als Naturprodukt ist Kork weitgehend schadstofffrei. Belastungen können während des Herstellungsprozesses durch den Einsatz von Zusatzstoffen (Formaldehyd, PVC-Oberflächenversieglung) und Verarbeitung bei zu hohen Temperaturen entstehen. Sicherheit bietet das Korksiegel, das Pestizide oder Flammschutzmittel verbietet und die Einhaltung strenger Grenzwerte bezüglich Schadstoffausdünstungen garantiert.

Korkböden sind inzwischen in vielen verschiedenen Ausführungen erhältlich.

Linoleum

Leinöl, Harze, Kork- und Holzmehl, Kalk und Farbpigmente ergeben einen echten Klassiker unter den Bodenbelägen: das Linoleum. Früher als langweilig verschrien, ist Linoleum inzwischen aufregend farbenfroh geworden. Es lässt sich als Bahnenware im gesamten Wohnbereich einsetzen und ist sehr strapazier- und widerstandsfähig sowie fußwarm. Ähnlich wie Kork wirkt es von Natur aus antibakteriell.
Mittlerweile gibt es Linoleum auch als Fertigparkett. Herstellerabhängig findet man verschiedene Oberflächenversiegelungen. Mit Kunststoffbeschichtung wird die elektrostatische Aufladung gefördert. Ansonsten ist Linoleum ebenfalls weitgehend schadstofffrei, wobei bei der Fertigparkett-Variante hin und wieder erhöhte Formaldehydbelastungen festgestellt wurden. Nach der Verlegung

Farbenfroher Klassiker

171

kann es zu Geruchsentwicklungen durch den Reifungsprozess der natürlichen Bestandteile kommen. Beim Kauf bietet das Nature-plus-Kennzeichen Orientierung.

Holz

Antibakterielle Wirkung

Vollholzböden sind sehr haltbar und bieten die Möglichkeit zur wiederholten Runderneuerung. Ein Holzboden ist zwar in der Erstanschaffung relativ teuer, aber auf Dauer kostengünstiger als viele andere Beläge. Auch Holz ist fußwarm und wirkt positiv auf Raumklima und Wärmeempfinden. Je nach Holzart und Oberflächenbehandlung ist der Boden strapazierfähig, pflegeleicht und wirkt antibakteriell. Die Verlegung kann durch Verschrauben, Vernageln oder vollflächiges Verkleben erfolgen. Bei Holz-Fertigparkett besteht lediglich die Deckschicht aus hartem Holz. Der Träger ist aus mehreren Lagen Weichholz oder Spanplatten gefertigt. Holz-Fertigparkett wird meist schwimmend verlegt. Die Oberfläche kann lackiert, geölt oder gewachst werden. Kleine Macken lassen sich bei geölten oder gewachsten Oberflächen stellenweise ausbessern. Viele Fertigparkett-Produkte sind mit weniger strapazierfähigen UV-gehärteten Ölen behandelt. Der Rohstoff Holz sollte immer aus einer nachhaltigen Waldwirtschaft stammen. Das garantieren Labels wie FSC oder Naturland.

Fliesen- und Steinbeläge

Terracotta- und Cottofliesen

Keramikfliesen sind wasserbeständig, strapazierfähig, und abriebfest, sorgen aber für eine kühle Atmosphäre. Sie eignen sich vor allem für Feuchträume und Küchen. Radioaktive Belastungen von Glasur oder Fliesen sind heute nicht mehr zu erwarten. Interessant für den Wohnbereich sind geölte oder gewachste Terracotta- oder Cottofliesen ohne Glasur, deren Reinigung und Pflege allerdings aufwendig sind. Steine aus Marmor und Kalk reagieren empfindlich auf Säuren und Laugen und brauchen ebenfalls eine spezielle Pflege. Natursteinböden sind als massive Platten oder als Leichtbauplatte mit einer dünnen Natursteinschicht erhältlich. Die meisten Steine weisen eine geringe, natürliche Radioaktivität auf.

Reinigung und Pflege

Viele Schäden an Bodenbelägen sind auf eine falsche Reinigung und Pflege zurückzuführen. Meist wird zu nass, zu selten und mit den falschen Mitteln und Geräten gereinigt. Bei glatten Böden genügt warmes Wasser oder ein Neutralreiniger zum Wischen. Ein spezieller, scharfer Grundreiniger ist nur in Bereichen mit hoher Benutzung und höchstens einmal im Jahr notwendig. Beim Staubsaugen sollten immer die Fenster geöffnet werden, da ein großer Teil des Haus- und Feinstaubs in die Raumluft verwirbelt wird. Diese Partikel verbleiben über mehrere Stunden in der Luft. Verwenden Sie zur Reduzierung Staubsauger mit einem hochwertigen HEPA-Filtersystem. Zur Teppichreinigung eignen sich am besten Bürstenstaubsauger, die auch tief sitzende Schmutzpartikel entfernen. Zudem lohnt sich hier eine regelmäßige Feuchtreinigung. Grundsätzlich sollte bei Reinigungs-, Pflege- und Fleckenentfernungsmitteln immer auf Produkte mit pflanzlichen Wirkstoffen zurückgegriffen werden.

Bei offenem Fenster saugen

Heizung

Unser Wärmeempfinden wird von der Raumbeheizung über Luftfeuchtigkeit, Lufttemperatur, Oberflächentemperaturen von Bauteilen und der Luftbewegung beeinflusst.

Die gesunde Heizung

Eine gesunde Heizung sollte einen hohen Anteil Strahlungswärme abgeben, da dies unser Wärmeempfinden am meisten beeinflusst. Vorteilhaft hierbei ist die infrarote Strahlung, die der Organismus von umliegenden Bauteilen aufnimmt. Da die Strahlungswärme mit der Entfernung von der Quelle abnimmt, entsteht ein Temperaturspektrum im Raum, sodass jeder Nutzer nach persönlicher Vorliebe seinen Temperaturbereich wählen kann.

Hohe Strahlungswärme

Der Konvektionsanteil (Luftstrom) sollte bei Heizungen bzw. Heizkörpern relativ gering sein, weil mit der Luft auch Staub verwirbelt wird und dies die Schleimhäute der oberen Atemwege belastet. Zu viele Staubpartikel trocknen die Schleimhäute aus. Zum Wohlbefinden gehört auch, dass die Sinne immer wieder durch verschiedene Reize angeregt werden. Dementsprechend ist eine

Geringer Konvektionsanteil

leichte und zugängliche Temperaturregelung in allen Räumen wichtig. Eine thermische Monotonie mit gleichen Temperaturen in allen Räumen sollte vermieden werden.

Heizungstyp

Die meisten Kamine und Öfen haben einen hohen Anteil an Strahlungswärme. Kachel-, Grund- oder Pelletöfen eignen sich zudem zur Beheizung eines ganzen Hauses sowie zur Warmwasserbereitung. Bei zentralen Heizsystemen wird die Wärme durch Heizkörper in die Räume abgegeben. Diese sollten nicht zu heiß werden, um eine Verschwelung von Hausstaub und eine Schadstoffemission zu vermeiden. Vor diesem Hintergrund ist eine regelmäßige Reinigung der Heizkörper notwendig. Einreihige Plattenheizkörper haben den höchsten Strahlungsanteil. Alte Gliederheizkörper und die weitverbreiteten zweireihigen Plattenheizkörper haben dagegen einen sehr hohen Anteil an Konvektionswärme und sind schwer zu reinigen.

Großer Temperaturunterschied Trotz ihres hohen Anteils an Strahlungswärme sind Fußboden- und Deckenheizungen weniger geeignet, da der Temperaturunterschied zwischen Kopf und Füßen das Wärmeempfinden stört. Zudem kann es bei Bodenheizungen zu schubartigen Luftverschiebungen (Inversionen) kommen, die Staub aufwirbeln. Als ein optimales Heizsystem erweist sich die Wandheizung. Mit niedrigen Arbeitstemperaturen erzeugt sie einen hohen Anteil an Strahlungswärme, die zudem über eine große Fläche abgegeben wird. Eine ähnliche Wirkung haben Fuß- bzw. Randleistenheizungen, die meist entlang einer Außenwand verlaufen. Diese Heizkörper erzeugen einen Wärmeschleier, der beim Aufstieg die Wand erwärmt und so ebenfalls Strahlungswärme erbringt. Als reine Konvektionsheizungen sind Warmluftheizungen oder Klimaanlagen für Wohnräume ungeeignet, da sie durch starke Luftbewegung, Staubverwirbelungen, zu trockene Luft, Geruchsentwicklung und Anlagengeräusche die Behaglichkeit stark beeinträchtigen.

Holzschutz ohne Gift

Schäden durch Tiere Holz ist der Lebensraum zahlreicher Tiere und Pilze – ob es im Wald liegt oder verbaut wurde: Den Organismen ist es egal! Allein

Holzart und Holzbehandlung entscheiden über eine Besiedlung. Alle Holzzerstörer können erhebliche Schäden verursachen. Oft wandern die Tiere erst nach einem Pilzbefall ein. Damit es nicht zu einer unerwünschten Besiedlung kommt, kann man im Vorfeld einiges tun. Ob man als Laie selbst vorbeugende oder bekämpfende Maßnahmen einleiten sollte, hängt von dem verbauten Holz und von dem Holzschutzmittel ab.

Vorbeugender Holzschutz

Unter Beachtung bestimmter Konstruktionsweisen und bei der Wahl geeigneter Hölzer kann auf den Einsatz chemischer Holzschutzmittel beim Hausbau verzichtet werden. Bauherrn sollten sich hier eingehend von Fachleuten (z. B. Architekten, Zimmerleuten) beraten lassen. Der chemische Holzschutz von tragenden Teilen unterliegt grundsätzlich der Durchführung von Fachpersonal.

Besonders im Außenbereich ist ein Schutz vor eindringender Feuchtigkeit notwendig.

Nichttragendes Bauholz und bewegliche Holzgüter wie Möbel oder Holzverkleidungen können von Laien selbst behandelt werden. Wenden Sie Holzschutzmittel aber nie ohne vorherige Beratung in einem Fachgeschäft an!

RAL-
Gütezeichen Im Außenbereich werden Holzschutzgrundierungen, Imprägnierungen und pigmentierte Lasuren, Lacke oder Farben angeboten. Für alle diese Anstrichstoffe gilt: Achten Sie auf das RAL-Gütezeichen Holzschutzmittel oder verwenden Sie Produkte von Naturfarbenherstellern mit Volldeklaration!

Holzschutzgrundierungen:
* lösemittelhaltige Anstrichstoffe,
* teilweise mit bläuewidrigen Substanzen (wirkt gegen Holz verfärbende Pilze).

Imprägnierungen:
* Imprägnierungen bestehen aus wasserabweisenden Stoffen, die das Holz schützen, indem sie einer Befeuchtung des Holzes vorbeugen. Sowohl holzzerstörende Pilze als auch Tiere benötigen eine Mindestfeuchte zum Überleben im Holz.
* Die Zusammensetzung besteht oft aus Paraffinen, Wachsen, Kunstharzen und Silikonen oder Ölen.

Lasuren
und Lacke Pigmentierte Lasuren und Lacke:
* Lasuren unterscheiden sich von Lacken durch einen niedrigeren Bindemittelanteil (Kunstharz oder Naturharz).
* Kunstharzprodukte können aus bis zu 100 Einzelsubstanzen bestehen, während die Naturharzprodukte oft aus wenig veränderten Grundstoffen und Lösemitteln bestehen, wie den Volldeklarationen zu entnehmen ist.

Expertentipp

Kein Holzschutz notwendig

Innen ist die Verwendung von Holzschutzmitteln unnötig. Hier werden lediglich Lasuren, Lacke, Öle oder Wachse als Oberflächenschutz oder aus dekorativen Gründen eingesetzt.

Bekämpfender Holzschutz

Hat die Vorbeugung versagt, beginnt der bekämpfende Holzschutz mit der Identifikation des Schädlings. Nach Art des Fraß-
bildes können Experten die Tierart erkennen. Manche von ihnen
fungieren als Indikator für gleichzeitig vorliegenden Pilzbefall wie
der Bunte Nagekäfer (Xestobium rufovillosum). Die Bestimmung
des Schadorganismus hat nicht nur Auswirkung auf die Wahl der
Bekämpfung, sondern hilft auch bei der Ursachenforschung. Bun-
ter Nagekäfer und Pilze kommen in der Regel nur bei Feuchtigkeitseintrag (über 16 Prozent Holzfeuchtigkeit) vor. Um eine nach-
haltige Sanierung von verbautem, tragendem Holz zu gewährleisten, sollte immer ein Experte hinzugezogen werden. Unter den
Tieren sind der Hausbock (Hylotrupes bajulus) und der gemeine
Nagekäfer (Anobium punctatum), auch Holzwurm genannt, die
wichtigsten Zerstörer. Beide lassen sich gut voneinander unterscheiden.

	Hausbock	Gemeiner Nagekäfer oder Holzwurm
Ausfluglöcher	ovale Löcher mit einem Längsdurchmesser von 5–10 mm	viele kleine runde Löcher (1–2 mm)
Holztyp	befällt nur Nadelholz	in Nadel- und Laubholz zu finden
Feuchtigkeits-ansprüche	8–65 Prozent Holzfeuchte	12–48 Prozent Holzfeuchte
Temperatur-spektrum	12–38° C	15–28° C

Zur Bekämpfung des Befalls von kleineren Möbelstücken könnte
man diese für mindestens 60 Minuten in einer entsprechenden
Kammer oder in einer Sauna auf 55° C erhitzen. Da dies oft praktisch nicht durchführbar ist, wird meist zu chemischen Holzschutzmitteln gegriffen. Hier gibt es einiges zu beachten. Grundsätzlich unterliegen bekämpfende Holzschutzmittel für tragende
Bauteile wie Dachstühle der baufachlichen Aufsicht, das heißt nur
Fachleute dürfen diese Produkte verarbeiten.
Verwenden Sie für nicht tragendes Bauholz eines der zahlreichen
zertifizierten Holzschutzmittel (RAL-Gütezeichen), die auch Laien

Erhitzung in der Sauna

Zertifizierten Holzschutz

anwenden dürfen. Daneben findet man jedoch auch viele für den gleichen Zweck einsetzbare Produkte, die keiner Prüfung unterzogen wurden. Von diesen Mitteln sollte man lieber die Finger lassen, denn es werden teilweise sehr hohe Dosen von Bioziden mit starker Wirkung verwendet.

Kleber und Lösemittel

Kleber sind flüssige bis pastenartige Produkte, die verschiedene Baustoffe dauerhaft miteinander verbinden sollen. Immer wieder geraten die Kleber insbesondere nach Bodenlegearbeiten in die Diskussion, weil störende Gerüche auftreten. Für diese Emissionen sind leicht flüchtige Substanzen (VOC) verantwortlich. Sie können Kopfschmerzen oder Übelkeit verursachen. Manchmal sind Gerüche nicht gesundheitsbelastend, werden aber als unangenehm empfunden und tragen allgemein zum Unwohlsein bei.
Die Einteilung der Kleber kann auf verschiedenen Kriterien basieren:

- Verwendung (z. B. Fußbodenkleber, Tapetenkleister),
- Verarbeitung (z. B. Kaltleim, Schmelzkleber),
- Bindemittel (Kunstharz, Naturharz),
- Art der Abbindung (physikalisch härtend wie Lösemittel- oder Dispersionsklebstoffe, chemisch abbindend wie Reaktionskleber oder nicht härtend wie Haftklebstoffe).

Einteilung nach Emissionen

Nach gesundheitlicher Relevanz erfolgt die Einteilung nach möglichen Emissionen, die neben den Lösemitteln auch auf andere Bestandteile zurückzuführen sind. Bei nachfolgender Kategorisierung nimmt die Gesundheitsbelastung von oben nach unten ab.

- Synthesekautschukkleber enthalten einen sehr hohen Lösemittelanteil (65–85 Prozent). Dies führt zu starken Emissionen, deshalb finden sie nur noch selten Verwendung wie beim Verkleben von Sockelleisten oder Treppenstufen.
- Lösemittelhaltiger Kunstharz- oder Naturharzkleber mit einem Lösemittelanteil von über 20 Prozent. Bei Klebstoffen findet man oft chlorierte Kohlenwasserstoffe, die gesundheitsbelastender sind als die Lösemittel in Lacken. Informationen über

bedenkliche Inhaltsstoffe sollten den technischen Merkblättern zu entnehmen sein. Fordern Sie diese bei Ihrem Fachhändler an! Im Internet sind die technischen Merkblätter auf den Hersteller-Homepages zu finden. Leider muss man bei der Suche oft sehr viel Zeit investieren, weil die Informationen gewollt oder ungewollt gut versteckt werden.

- Lösemittelarme und -freie Dispersionsklebstoffe, die insbesondere bei Bodenlegearbeiten Verwendung finden, enthalten Kunstharz- oder Naturharzbindemittel, die in Wasser dispergieren. Daneben finden sich manchmal ein Lösemittelanteil (2–6 Prozent), Weichmacher (2–3 Prozent), Additive wie Methylzellulose als Verdicker, Konservierungsmittel (0,01-0,3 Prozent) und Antioxidantien (0,5 Prozent). Auch hier sollten Sie sich über die Inhaltsstoffe (welches Lösemittel? Welches Konservierungsmittel?) in den technischen Merkblättern informieren. Ähnlich dem RAL-Gütezeichen gibt es für die Klebstoffe den EMICODE und den GISCODE. Für die Vereinbarungen haben sich Vertreter der Klebstoffindustrie zu einer Gemeinschaft Emissionskontrollierte Werkstoffe (GEV) zusammengeschlossen. Produkte mit dem EMICODE 1 gelten als besonders emissionsarm. Im Unterschied hierzu bieten die meisten Naturfarbenhersteller Volldeklaration auf den Produktetiketten und eigene Prüfverfahren durch unabhängige Institute.
- Bei Fußböden können auch lösemittelfreie, klebstoffbeschichtete Verlegeunterlagen zum Einsatz kommen wie doppelseitige Haftvliese.

Selbst der beste Klebstoff kann Emissionen verursachen, wenn wichtige Verarbeitungshinweise nicht beachtet werden. Gerade bei Bodenlegearbeiten kann die Verwendung von emissionsarmen Dispersionsklebern Probleme schaffen, wenn Untergrund und Raumklima zu feucht sind. Die Klebstoffe können dann nicht richtig trocknen. Sie müssen dennoch nicht auf lösemittelhaltige Produkte zurückgreifen. Sorgen Sie durch Heizen und Lüften für das passende Raumklima (Luftfeuchtigkeit 50–55 Prozent, Temperatur › 15° C). *Verarbeitungshinweise beachten*

Vom Untergrund müssen alte Klebstoffe, Spachtelmassen und Teppichrücken möglichst staubfrei entfernt werden. Leihen Sie sich hierzu eine entsprechende Schleifmaschine aus. Disper- *Alte Klebstoffe entfernen*

sionskleber sollten ebenso nur auf gleichmäßige Flächen aufgetragen werden: In Vertiefungen kann sich eine größere Menge
Kleber ansammeln, die nicht abtrocknet und zu Emissionen führt.
Hier sollten Sie vorher spachteln. Alle Hinweise zur Untergrundvorbereitung können Sie den Technischen Merkblättern entnehmen.

Licht und Beleuchtung

Licht ist mehr als ein Medium zum Sehen. Das Sonnenlicht wirkt
durch verschiedene Wellenlängen (Infrarot, sichtbarer Lichtbe-
reich, UV-Strahlung), Einstrahldauer und Helligkeit anregend auf
Stoffwechsel, Immunsystem, Hormonhaushalt, Nervensystem,
Wärmehaushalt, Leistungsfähigkeit und Stimmungslage. Im Laufe
eines Tages ändert sich nicht nur die Helligkeit, sondern auch die
Zusammensetzung des Lichtspektrums, da durch die Atmosphäre
verschiedene Wellenlängen herausgefiltert werden. Morgens und
abends überwiegen Rotanteile, in den Mittagsstunden die Blauan-
teile. Dementsprechend sollten die natürlichen Lichtverhältnisse
der Maßstab für die Gestaltung von Gebäuden und deren Licht-
klima sein. Tageslicht ist immer einer künstlichen Beleuchtung
vorzuziehen.

Tageslicht

Natürliches Licht nützen

Bei der Gestaltung eines Hauses oder einer Wohnung kann die
lebenswichtige Funktion des natürlichen Lichts in vielfältiger Weise mitbedacht werden. Auf der Nordseite sollten Räume wie Bad,
Flur oder Vorratsraum liegen, die nicht dauerhaft genutzt werden,
dagegen sollte in Wohn-, Schlaf- und Kinderzimmer die Sonne
über mehrere Stunden scheinen. Ausreichend große Fenster sorgen auch in den Wintermonaten für viel Tageslicht in Innenräumen. Vermeiden Sie Sonnenschutzgläser: Sie verändern das
Lichtspektrum. Bringen Sie besser in den Sommermonaten einen
Sonnenschutz (Rollos, Vorhänge oder Markisen) an. Wie hell ein
Raum erscheint, hängt zudem von seiner Gestaltung und Einrichtung ab. Statten Sie Räume, die wenig Tageslicht bekommen, mit
hellen Farben, Böden und Möbeln aus. Dies erhöht die Reflexion
und Streuung.

Lichtplanung

Mithilfe des Lichts nehmen wir 80 Prozent unserer Umwelt wahr, erkennen Farben und Konturen, bekommen Orientierung und Sicherheit vor Gefahren. Eine gute künstliche Beleuchtung sollte dies übernehmen, wenn das natürliche Tageslicht nicht mehr ausreicht. Die Berücksichtigung gesundheitlicher Aspekte unterstützt Wohlbefinden, Erholung, Leistungsfähigkeit und Aufmerksamkeit.

An der Natur orientieren

Je nach Tätigkeit gibt es bestimmte Anforderungen an das Beleuchtungsniveau: Helligkeit, Vermeidung von Blendung oder Reflexion, Lichtrichtung und Lichtspektrum. In einem Wohnhaus ist Helligkeit besonders für die Eingangsbereiche, Flure und Treppen wichtig. Das Licht darf nicht blenden und sollte im Treppenbereich keine Schatten werfen, damit eine gefahrlose Nutzung möglich ist.

Besonders am Arbeitsplatz ist eine gute und helle Beleuchtung unbedingt notwendig.

In den meisten Zimmern sollte eine helle Allgemeinbeleuchtung vorhanden sein, die eine Orientierung im Raum ermöglicht. Im Wohnbereich sollte sich die Beleuchtung an unterschiedlichen Sehaufgaben orientieren. Zum Essen und Lesen wird eine helle

Helle Allgemeinbeleuchtung

Beleuchtung gebraucht, zur Entspannung und zum Fernsehen reicht gedämpftes und diffuses Licht. Im Schlafzimmer genügt eine dezente Lichtquelle zum Lesen und das Bad verlangt eine helle und direkte Beleuchtung. Im Arbeitszimmer wird neben einer hellen Allgemeinbeleuchtung direktes Licht über dem Arbeitsplatz gebraucht, das nicht blendet, reflektiert oder Schatten bildet. Entscheidend für ein gutes Lichtkonzept ist auch die Berücksichtigung der Raumgestaltung. Denn je nach Oberflächenstrukturen, Farben und Einrichtung verändert sich die Lichtverteilung, entstehen Reflexionen, Blendungen oder Schatten.

Ausreichendes Beleuchtungsniveau Eine gesundheitliche Anforderung an die Beleuchtung ist ein ausreichend hohes Beleuchtungsniveau (z. B. Wohnzimmer 250 Lux), wobei ständig hohe Werte (über 1.000 Lux) zu Stress führen. Je nach Situation kann eine gleichmäßige Raumausleuchtung sinnvoll sein, dauerhaft wirkt dies jedoch ermüdend und erschwert das räumliche Sehen. Viele unterschiedlich helle Lichtquellen strengen die Augen an und können die Ursache für Nervenreizungen sein. Reflexionen und Blendungen führen zu Augenreizungen, Ermüdung und Kopfschmerzen. Mit der Auswahl geeigneter Lampen (Leuchtkörper) und Leuchten (Träger für Leuchtkörper) können Sie Ihr Haus optimal beleuchten. Auswahlkriterien sind Farbwiedergabe, Lichtfarbe und Farbtemperatur (Lichtspektrum), Lichtstrom („Leuchtkraft") und Wirschaftlichkeit sowie Entsorgung. Das beste Ergebnis wird mit einer Kombination der verschiedenen Lampentypen für unterschiedliche Sehaufgaben erzielt.

Standard-Glühlampe Die Standard-Glühlampe hat einen hohen Rotanteil im Lichtspektrum und verfügt ähnlich wie das Tageslicht über ein ausgewogenes Verhältnis der Lichtfarben. Sie gibt ihre Lichtleistung gleichmäßig ab und flimmert nicht. Glühlampenlicht eignet sich besonders für die gemütliche Beleuchtung im Wohnbereich, aber auch als Lese- und Arbeitsbeleuchtung von Schreibtischen und im Schlafzimmer.

Halogenglühlampe Halogenglühlampen haben ebenfalls ein angenehmes, tageslichtähnliches Spektrum mit geringeren Rot- und erhöhten Blauanteilen. Sie erzeugen jedoch eine wesentlich höhere Leuchtkraft und geben sehr helles, flimmerfreies Licht ab. Damit eignen sie sich sehr gut für die allgemeine und repräsentative Beleuchtung. Im Vergleich zur Glühlampe haben sie eine längere Lebensdauer. Da der Leuchtkolben aus Quarz besteht, emittieren Halogenlampen einen hohen Anteil von UV-Strahlung. Verwenden Sie deshalb nur Lampen mit Glasabdeckung.

Den Vorteilen der Leuchtstofflampe (lange Lebensdauer, geringer Stromverbrauch) stehen eine Reihe von Nachteilen gegenüber. Ihr Licht ist diffus und schattenarm, das Spektrum unausgewogen und unnatürlich (Betonung einzelner, intensiver Lichtfarben). Aus diesem Grund wird das Licht von Leuchtstofflampen als weniger hell empfunden. Ohne spezielle, elektronische Vorschaltgeräte flimmert das Licht mit 50 Hz. Unbewusst wahrgenommen führt es zu Stresssymptomen. Leuchtstofflampen müssen als Sondermüll entsorgt werden, da sie hochgiftiges Quecksilber enthalten. *Leuchtstofflampe*

Dies trifft auch auf die Energiesparlampen zu, die eine Weiterentwicklung der Leuchtstoffröhren sind. Bei der Energiesparlampe kommt hinzu, dass sie erst nach einigen Minuten ihre volle Helligkeit erreichen. Als Alternative zu den Standard-Leuchtstoff- und Energiesparlampen bieten sich Vollspektrum-Lampen an. Diese geben aufgrund einer besonderen Mischung von Füllgasen und Leuchtstoffen ein Licht ab, das dem natürlichen Lichtspektrum sehr nahe kommt. Eingesetzt werden Leuchtstoff- und Energiesparlampen in Räumen mit langen Leuchtzeiten (Büro, Küche, Flur, Keller usw.) *Energiesparlampe*

Möbel und andere Einrichtungsgegenstände

Möbel sind weit mehr als rein zweckmäßige Gebrauchsgegenstände: Sie sind den Bedürfnissen, den ästhetischen Vorlieben und dem Geldbeutel des Eigners angepasst und somit Ausdruck einer individuellen Wohnkultur. Neben der Boden- und Wandgestaltung kann jedoch auch die Einrichtung Quelle gesundheitlicher Beeinträchtigung sein.

Materialien und Raumklima

Holz und Holzwerkstoffe sind immer noch das meist verwendete Material für Einrichtungsgegenstände. Daneben kommen Metall, Glas, Kunststoffe und Textilien zum Einsatz. Die Luftfeuchte wird durch hygroskopische Materialien wie unbehandeltes Holz, Baumwolle, Wolle oder Leder stabilisiert. Gleichzeitig haben Ober- *Schlechtes Raumklima durch Kunststoffe* flächen aus diesen Materialien eine positive Wirkung auf das Wärmeempfinden. Einrichtungsgegenstände aus Kunststoffen und Kunstfasern oder mit beschichteten oder lackierten Oberflächen tragen dagegen meist zu einem schlechten Raumklima bei. Diese Gegenstände laden sich elektrostatisch auf. Auch Metallteile an Möbeln sind problematisch, wenn sie sich in einem elektrischen, magnetischen oder elektromagnetischen Feld befinden und diese verstärken oder sich entsprechend aufladen. Das kann zu einer schlechten Schlafqualität führen, wenn das Bett einen Metallrahmen oder die Matratze einen Federkern hat.

Ausdünstung durch Gase Ein großes Problem bei Einrichtungsgegenständen ist die Ausdünstung gesundheitsschädlicher Gase. An erster Stelle steht Formaldehyd, das vor allem aus Möbeln, Holzwerkstoffen (Spanplatten, Faserplatten, Tischlerplatten usw.), aber auch aus Leimen, Beschichtungen, Textilien, Polstern oder Reinigungsmitteln ausgasen kann.

Bei Heimtextilien besteht keine Kennzeichnungspflicht, daher ist es für den Verbraucher nicht leicht zu erkennen, ob gesundheitsschädliche Stoffe enthalten sind.

Nicht immer reine Baumwolle Weitere Schadstoffquellen sind Leder oder Heimtextilien wie Polster und deren Bezüge, Teppiche, Matratzen oder Vorhangstoffe, die mit Farbstoffen, Imprägnierungen, Flammhemmern oder

Mottenschutzmitteln ausgerüstet werden. Diese Stoffe gasen aus und verursachen gesundheitliche Probleme. Gerade bei Heimtextilien ist Vorsicht geboten, da für sie keine Kennzeichnungspflicht besteht: Nicht überall, wo 100 Prozent Baumwolle draufsteht, ist auch 100 Prozent Baumwolle drin! Auch von Naturprodukten kann eine gesundheitliche Belastung ausgehen, wenn sie Terpene (z. B. als natürliche Lösemittel oder in harzreichen Hölzern) enthalten, da inzwischen eine steigende Anzahl von Menschen darauf allergisch reagiert.

Leider gibt es nur wenige verlässliche Umweltzeichen für gesunde Möbel, Teppiche oder Stoffe, die zudem nur von wenigen Herstellern verwendet werden. Viele ökologische Hersteller deklarieren die verwendeten Werkstoffe oder geben Qualitätsgarantien für schadstoffarme Verarbeitung. Denken Sie schon beim Kauf auch schon an die Entsorgung, die ja möglichst kostengünstig und umweltverträglich sein sollte.

Pflanzen in der Wohnung

Pflanzen heitern die Atmosphäre eines Raumes auf. Üppig wachsende grüne Topfpflanzen wirken erfrischend, fördern die Ausgeglichenheit und das Wohlbefinden. So zeigte eine norwegische Studie, dass die Müdigkeit der Raumnutzer nach einer Begrünung von Büroräumen um 30 Prozent zurückging. Beschwerden wie trockener Hals (um 30 Prozent), Husten (um 37 Prozent) oder trockene und gereizte Haut (um 23 Prozent) waren ebenfalls rückläufig. Die falsche Pflanze am falschen Ort kann aber zu erheblichen gesundheitlichen Problemen führen.

Weniger Müdigkeit

Natürliche Luftbefeuchter

Die größte Wirkung erzielen Pflanzen bei der Verbesserung des Raumklimas über die Regulierung der Luftfeuchtigkeit. In Zimmern mit einer Luftfeuchtigkeit unter 40 Prozent sinkt das Wohlbefinden: Die Schleimhäute trocknen aus. Dadurch kann die Neigung zur Erkältung steigen, die Augen brennen und auch unsere Haut fühlt sich trocken und rissig an. Hier können feuchtigkeitsliebende Topfpflanzen wie die Zimmerlinde Abhilfe schaffen. Sie verdunsten das Gießwasser sehr schnell und geben es an die

Regulierung der Luftfeuchtigkeit

Raumluft ab. Doch Vorsicht: Haben Sie mit zu hoher Luftfeuchtigkeit (über 60 Prozent) in Ihren Wohnräumen zu kämpfen, sorgen solche Pflanzen für eine erhöhte Schimmelpilzgefahr.

Trockenresistente Pflanzen

Will man nicht auf die erfrischende Wirkung von Pflanzen verzichten, sollte man sich für trockenresistente Pflanzen entscheiden. Hierzu gehören Kakteen und Palmen. Informationen über Gießempfehlungen verraten indirekt, welche Pflanzen sich für Ihr Raumklima eignen: Wenn Sie die Topferde feucht halten sollen, gibt diese Pflanze viel Wasser an die Raumluft ab. Für welche Pflanze Sie sich auch entscheiden: Achten Sie auf das richtige Gießen – nicht nur im Sinne Ihrer Pflanzen. Gerade die Zugabe von zuviel Wasser kann Ihrer Pflanze den Sauerstoff nehmen, denn sie atmet über ihre Wurzeln. Gestresste Pflanzen werden häufiger von Schädlingen befallen und in zu feuchten Töpfen wuchern Schimmelpilze. Stellen Sie Schimmelwachstum fest, tauschen Sie die Erde aus. Sie können dem Gießwasser auch effektive Mikroorganismen (EM) (*www.emev.de*) zugeben. Durch ihren Stoffwechsel stellen die EMs eine natürliche Düngung sicher und erschweren den Schimmelpilzen die Ansiedlung.

Beseitigung von Wohnraumgiften?

Verminderte Schadstoffbelastung

Topfpflanzen fungieren als „grüne Leber" Ihres Wohnraums. Sie nehmen Luftschadstoffe wie Formaldehyd auf und wandeln sie durch ihre Stoffwechselaktivitäten in unbedenkliche Verbindungen um. Ob Pflanzen bei einer starken Raumbelastung maßgeblich zur Senkung beitragen können, ist jedoch fraglich. Die Entfernung der Schadstoffe durch häufiges Lüften dürfte sicherlich effektiver sein. Grundsätzlich sollte man bei einer Luftbelastung besser die Emissionsquelle beseitigen, als sich hier auf die Hilfe der Pflanzen zu verlassen.

Allergene Wirkung

Allergische Reaktionen

Einige Pflanzen gehören nicht in einen Allergikerhaushalt. Hierzu zählt auch die beliebte Birkenfeige (Ficus benjamina). Bis zu 11 Allergene befinden sich in ihrem Pflanzensaft. Sie werden über die Blattoberfläche an die Umgebung abgeben und finden sich dann im Hausstaub wieder. Sorten mit kleineren Blättern bringen dabei

stärkere Allergene hervor. Als Sofortreaktionen treten Fließschnupfen, Augenjucken oder asthmatische Beschwerden auf.
Auch Gummibaum (Ficus elastica), Christusdorn (Euphorbia
splendens) oder Weihnachtsstern (Euphorbia pulcherrima) sollten
Allergiker meiden. Unter den Schnittblumen gibt es ebenfalls
einige Vertreter, die über ihren Pollen sensibilisierend wirken.
Hierzu gehört insbesondere die Gruppe der Korbblütler (Asterace-
aen) mit ihren bekannten Vertretern Margeriten (Leucanthemum
vulgare), verschiedene Chrysanthemum-Arten oder Gänseblüm-
chen (Bellis perennis).

**Nicht jede Pflanze schafft eine gute Raumluft, einige können sogar allergi-
sche Reaktionen auslösen.**

Raumluft

Seit über 200 Jahren beschäftigen sich Menschen mit dem Thema
Luftschadstoffe in Innenräumen. Während im 18. Jahrhundert
Verbrennungs- und Beleuchtungsgase im Mittelpunkt standen,
tauchten mit dem Aufstieg der chemischen Industrie zu Beginn
des 20. Jahrhunderts neue Produkte wie Dichtungsmassen, Kleb-
stoffe, Wandanstriche, Bodenbeläge und vieles mehr für den
Bausektor auf. Mineralische, metallische und nachwachsende
Rohstoffe mussten den neuen modernen Kunststoffen weichen.

Mit diesem Trend ergaben sich neue Anforderungen an die Raumluft. Die Emissionsquellen in Innenräumen sind im Zuge dieser
Entwicklung stark angestiegen. Besonders flüchtige organische
Verbindungen (VOC) sind in jüngerer Zeit in die Diskussion geraten. Neben Bauprodukten gelten Reinigungsmittel und Duftstoffe,
mit denen eher sorglos umgegangen wird, als starke VOC-
Emittenten. Das beste Rezept für gute Luft ist der Einsatz von
emissionsarmen bzw. emissionslosen Produkten im Innenraum.

Expertentipp

Renovierungsordner

In älteren Häusern oder Wohnungen sind die Vorgeschichte
und der Bauprodukteinsatz meist unbekannt. Regelmäßiges
und intensives Lüften schafft hier eine Entlastung. Um zu-
künftig bei Schadstoffproblemen im Innenraum besser handeln zu können, empfiehlt es sich, einen Hausbau- oder Re-
novierungsordner anzulegen. Hier sollten eine Aufstellung
aller im Haus verwendeten Baustoffe, ihre technischen Merkblätter und Sicherheitsdatenblätter zu finden sein. Tauchen
Geruchsprobleme oder Krankheitssymptome auf, die auf
Emissionen zurückzuführen sind, haben es Fachleute leichter, eventuelle Quellen zu finden bzw. auszuschließen.

Schädlinge

Egal wie sehr wir unsere Häuser abdichten, viele Tierarten verschaffen sich Zugang zu unseren Wohnräumen und nisten sich
ein. Die Lebensbedingungen in Innenräumen sind meist besser,
denn Wind und Wetter bleiben draußen: Der einzige Haken für die
ungeliebten Mitbewohner liegt oft in der Bereitstellung des Fut-
ters. An dieser Stelle kann man vorbeugend eingreifen:

• Füllen Sie auch originalverpackte Nahrungsmittel in gut ver-
schließbare Gefäße um. Einige Tiere (z. B. Larven von Motten)
können sich sogar durch die Verpackungen bohren.
• Benutzen Sie Gläser und Flaschen mit Drehverschluss.

- Entsorgen Sie regelmäßig Ihren Hausmüll, besonders wenn er Speisereste enthält.
- Reinigen Sie Ihre Abfalleimer regelmäßig.
- Umverpackungen mit Speisenresten vor der Entsorgung (gelber Sack) entweder reinigen oder austrocknen lassen.
- Bewahren Sie nicht benutzte Textilien in Plastiktüten auf und legen Sie Lavendelsäckchen zwischen Ihre Wäsche.
- Lassen Sie die Tiere nicht in Ihre Wohnungen! Versehen Sie Fenster (auch im Kellerbereich) oder Balkontüren, die im Sommer über lange Zeit weit geöffnet sind, mit Insektenschutzgittern.

Ist ein Befall bereits eingetreten, sollte zunächst die Tierart festgestellt werden, denn manche von ihnen sind zwar lästig, aber harmlos. Andere können Krankheiten übertragen oder Allergien verursachen. Einige sind selbst ungefährlich, zeigen Ihnen aber Schäden am Gebäude an, die beseitigt werden sollten.

Harmlose Mitbewohner

Expertentipp

Guter Rat

Holen Sie sich bei hartnäckigem Befall bei einem zertifizierten Schädlingsbekämpfer Rat, ehe Sie selbst zur Chemiekeule greifen. Durch den Berufsverband der Schädlingsbekämpfer (DSV) findet man Hilfe in der Nähe.

Es gibt aber einiges, was man, jeweils abgestimmt auf die Tierart, selbst tun kann.

Motten: Sie gehören zu den häufigsten Innenraumschädlingen. Drei Arten der regelmäßig in Wohnräumen vorkommenden Motten befallen Lebensmittel: Dörrobstmotte, Mehlmotte und Kornmotte. Diese Tiere verursachen keine Gesundheitsschäden, produzieren aber viel Feuchtigkeit, sodass sich Schimmelpilze ansiedeln können. Kleidermottenraupen nisten sich hauptsächlich in Textilien tierischer Rohstoffe (Wolle, Tierhaaren oder Federn) ein.

Häufigster Schädling

Bekämpfung:

- Entsorgen Sie alle befallenen Nahrungsmittel,
- erhitzen Sie Ritzen und Fugen mit dem Föhn,
- erwärmen Sie nicht sichtbar befallene Nahrungsmittel für 30 Minuten im Backofen auf 60° C oder frieren Sie diese eine Woche bei −18° C ein,
- entfernen Sie Motteneier von befallenen Textilien durch Ausklopfen und legen Sie diese in die Sonne.

Hausstaubmilben: Sie lösen bei etwa 14 Prozent der deutschen Bevölkerung allergische Reaktionen aus. Sie benötigen ein feuchtwarmes Milieu und ernähren sich vorwiegend von Hautschuppen.

Vermeidungsstrategien für Allergiker:

Hausstaubmilben vermeiden

- Sorgen Sie für eine Luftfeuchtigkeit zwischen 40 und 60 Prozent,
- meiden Sie Polstermöbel und textile Bodenbeläge,
- verwenden Sie Staubsauger mit HEPA-Filtern (High Efficiency Particulate Air Filter),
- Beziehen Sie Ihre Matratze mit einer Schutzhülle (Encasing), die das Einnisten der winzigen Tiere verhindert (oft übernehmen Krankenkassen einen Teil der Kosten),
- waschen Sie Ihre Oberbetten, wenn möglich regelmäßig bei 60° C oder rüsten Sie diese ebenfalls mit allergendichten Bezügen aus.

Naturschutz

Wespen: Wespen bauen ihre Nester auf Dachböden, in Nistkästen und Baumhöhlen. Gefährlich sind Sie nur für Allergiker (anaphylaktischer Schock). Ihr wildes Herumschwirren ist allein darauf zurückzuführen, dass sie nur bei höherer Fluggeschwindigkeit scharf sehen können! Sie greifen lediglich an, wenn sie sich bedrängt fühlen. Dies kann aber leicht der Fall sein, wenn das Nest in der Nähe des Wohnbereichs liegt und der häufige Kontakt zwischen Mensch und Tier unvermeidbar ist. Im Umkreis von etwa vier Metern vom Nest verteidigen Wespen gelegentlich aggressiv ihr Revier. Diese Tiere stehen unter Naturschutz, deshalb dürfen sie nur getötet werden, wenn alle anderen Möglichkeiten ausgeschöpft sind.

Bekämpfung und Vermeidung:

- Dichten Sie Hohlräume in der Nähe Ihres Hauses ab (z. B. Rollokästen),
- lassen Sie die Tiere durch einen Experten umsiedeln (Informieren Sie sich bei der Naturschutzbehörde oder dem Bundesverband Schädlingsbekämpfung),
- im Herbst können Sie das Nest gefahrlos entfernen, denn dann stirbt das Volk. Die Stelle sollte mit Seifenlauge gesäubert und Hohlräume verschlossen werden.

Mäuse und Ratten: Die Tiere können Infektionen übertragen und gehören daher nicht ins Haus. Sie fressen Nahrungsmittel aller Art und machen auch vor Leder, Holz, Papier und Textilien nicht halt. Wanderratten zerfressen sogar Kunststoffe und können Isolierungen beschädigen.

Mäuse befallen Lebensmittel und sollten schnellstmöglich aus dem Haus verbannt werden.

Bekämpfung:

- Für Lebendfallen sind die Tiere zu schlau, daher sind bei Mäusen nur Schlagfallen wirksam. Ratten lernen diese jedoch zu meiden.

Zugang durch
Kanalisation

- Legen Sie Fraßgifte nicht selbst aus. Dies sollte zum Schutz von Kindern nur durch erfahrene Schädlingsbekämpfer erfolgen. Informieren Sie haustierhaltende Nachbarn.
- Ratten kommen meist durch die defekte Kanalisation ins Haus. Beseitigen Sie den Schaden.

Schallschutz

„Musik als störend wird empfunden, weil sie mit Geräusch verbunden", meinte schon Wilhelm Busch und trifft damit den Kern des gesundheitlichen Schallschutzes. Was ein Mensch als schön oder belästigend empfindet, ist abhängig von Geschmack, Alter, Tageszeit, Tätigkeit oder Gesundheit. Vor allem in Ruhephasen empfindet man Geräusche als störend.

Schwingungen
in der Luft

Der Begriff Schall beschreibt zusammenfassend Töne, Klänge und Geräusche als Schwingungen in der Luft, die wir mit unseren Ohren wahrnehmen. Schall ist eine Form mechanischer Energie, die sich als Schwingungen und Wellen in festen oder elastischen Medien ausbreiten und im Frequenzbereich des menschlichen Hörvermögens (16 Hz bis 16.000 Hz) liegt. Je mehr Frequenzen gleichzeitig und in einem unharmonischen Verhältnis auftreten, desto störender wird ein Geräusch empfunden. Wesentlich für die Wahrnehmung von Schall ist auch die Lautstärke. Diese vermittelt sich über die Luftdruckschwankungen, die von den Schallwellen erzeugt werden und als Schalldruck in Dezibel (dB) gemessen wird. Die menschliche Hörschwelle liegt bei 0 dB, ein Flüstern erreicht 20 dB, ein Fernseher bei Zimmerlautstärke kommt auf 60 dB und ein startendes Düsenflugzeug liegt mit 130 dB schon jenseits der Schmerzgrenze.

Was ist Lärm?

Die objektive, physikalische Beurteilung von Schall als Lärm ist schwierig. Das Wort „Lärm" beschreibt einen momentan unerwünschten Schalldruck und ein Frequenzspektrum. In der Technischen Anleitung zum Schutz gegen Lärm (TA Lärm) wird dieses Phänomen „als jede Art von Schall, insbesondere von großer Intensität, durch den Menschen gestört, belästigt oder gar gesundheitlich geschädigt werden" beschrieben. Das macht die Festlegung von Grenzwerten schwer. Das Institut für Baubiologie in Neubeuern empfiehlt für den Wohnbereich maximal 35 dB (A) und für Büros maximal 45 dB (A). Die Arbeitsstättenverordnung nennt als maximalen Wert für Betriebe 85 dB (A). Das (A) steht für die Anpassung der Messgeräte an das menschliche Gehör.

Gesundheitliche Risiken

Lärmquellen finden sich überall: Arbeitsplatz, Verkehr, Industrieanlagen, Freizeittätigkeiten, Haushalt, Gartenarbeit usw. Ein allgegenwärtiger Geräuschpegel führt nicht zu einer Gewöhnung, sondern ist ursächlich für zahlreiche Befindlichkeitsstörungen und Erkrankungen. Mehr als 80 Prozent der Deutschen fühlen sich zeitweise durch Lärm belästigt. Der Anteil von Menschen mit Gehörschäden ist zwischen 1976 und 2002 von 10 auf 26 Prozent gestiegen. Das Umweltbundesamt schätzt, dass etwa jeder 50. Herzinfarkt in Deutschland auf Verkehrslärm zurückzuführen ist. Verschiedene Studien zeigten, dass Lärm als Stressor Blutdruck erhöhend wirkt, Ausschüttung von Stresshormonen und Muskelverspannungen verursacht und die Schlafqualität herabsetzt. Darüber hinaus wurde festgestellt, dass bei einem langfristig erhöhten Geräuschpegel das Risiko für Magen- und Darmgeschwüre, Herz-Kreislauf-Erkrankungen und eine dauerhafte Schwächung des Immunsystems steigt.

Schallschutzmaßnahmen

Der Schutz vor lästigen Geräuschen ist nicht nur ein Aspekt des Wohnkomforts, sondern trägt auch wesentlich zum persönlichen, gesundheitlichen Wohlbefinden bei. Sie haben eine Reihe von Möglichkeiten, in Ihren eigenen vier Wänden einerseits Vorsorge zu treffen und andererseits auf aktuelle Belastungen zu reagieren. Etwas mühsamer sind Maßnahmen zur Minderung äußerer Lärmquellen. Planen Sie richtig und achten Sie bei der Bauausführung auf Qualität. Im baulichen Bereich regeln eine Reihe von Normen und Richtlinien den konstruktiven Schallschutz. Dieser soll die Entstehung von Schall und seine Verbreitung im Gebäude mindern. Die Mindestanforderungen werden in der DIN 4109 und VDI 4100 beschrieben. Achten Sie vor dem Bau, Kauf oder der Anmietung auf mögliche Lärmquellen in der Umgebung (Straßen, Bahnstrecken, Flughafen, Schulen, Sportstätten usw.). Informieren Sie sich über vorhandene oder mögliche Schallschutzmaßnahmen.

Minderung äußerer Lärmquellen

Bei der Gestaltung Ihrer Wohnräume können bestimmte Materialien, Konstruktionen und Einrichtungsgegenstände die Raumakustik beeinflussen. Je nach Nutzung sollten Räume unterschiedliche Nachhallzeiten haben. Während in Büros der Schall maximal eine Sekunde nachhallen darf, ist in Konzertsälen eine Nachhallzeit von maximal zwei Sekunden erwünscht. Wohnräume mit einer langen Nachhallzeit wirken oft kalt und ungemütlich. Eine sehr kurze oder gar keine Nachhallzeit wirkt dumpf und stickig. Gefragt ist eine gute, an die Nutzung angepasste, ausgeglichene Akustik. Schallschluckend wirken raue oder poröse Oberflächen wie Teppiche, Vorhänge oder nicht lackiertes Holz. Von glatten Flächen wie Fliesen, Glas, Metall oder lackierten Oberflächen wird der Schall reflektiert.

Einhaltung von Ruhezeiten Gestalten Sie Ihr Wohnverhalten sozial und kooperativ. Schonen Sie Ihre und die Nerven Ihrer Nachbarn, indem Sie die Nacht- und Ruhezeiten einhalten. Informieren Sie Ihre Umgebung vor größeren baulichen Maßnahmen oder Feiern. Technische Geräte wie Kühlschränke, Waschmaschinen und Lautsprecherboxen sollten nie direkt an der Wand oder auf dem Boden stehen, da sich die von ihnen ausgehenden Vibrationen im ganzen Gebäude verbreiten können. Statten sie Kinderzimmer mit Kork- oder Teppichböden aus, dann können die Kleinen toben, ohne zu stören. Suchen Sie in Konfliktsituationen das Gespräch. Der Rechtsweg ist immer der teure, letzte Ausweg.

Schimmelpilze

In der Natur nehmen viele Schimmelpilze eine wichtige Aufgabe wahr: Sie leben vom Abbau toter, organischer Materie. Für ihr Wachstum benötigen sie lediglich eine organische Kohlenstoffquelle, Wasser, einen günstigen pH-Wert (2–8) und Temperaturen zwischen 20 und 40° C. Innenräume bieten diesen Organismen paradiesische Lebensumstände:

Basis für Schimmelwachstum
- Baustoffe wie Tapete und Kleister dienen als unerschöpfliche Nahrungsquelle,
- meist weisen die Materialien pH-Werte unter 7 auf,
- die Temperaturen sind für Schimmelwachstum optimal.

Schimmelursache

Der einzige Faktor, der unsere Innenräume vor einer Schimmelinvasion schützt, ist die Abwesenheit von Wasser! Sind Wohnräume über einen längeren Zeitraum zu feucht, kommt es sehr schnell zum Befall, denn Sporen befinden sich praktisch immer in unserer Atemluft und keimen bei günstigen Wachstumsbedingungen sofort aus.

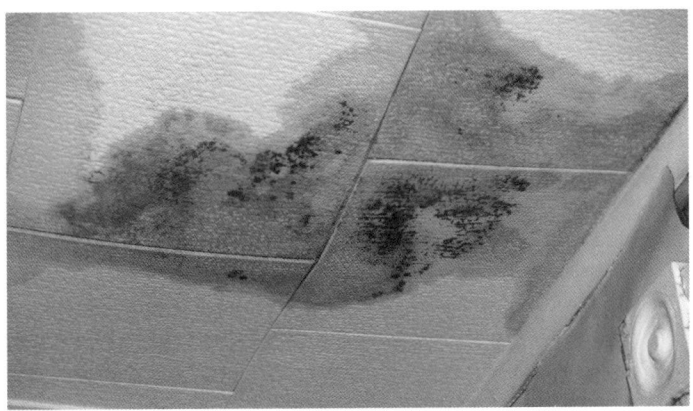

Bei länger anhaltender Feuchtigkeit kann es in Innenräumen schnell zu einer gesundheitsgefährdenden Schimmelbildung kommen.

Feuchtigkeit kann von außen oder innen eingetragen werden. Als Quelle von außen sind beschädigte Fassaden, undichte Horizontal- bzw. Vertikalsperren oder defekte Regenrinnen denkbar. Kommt die Feuchtigkeit von innen, kann es sich um Leckagen oder Kondensationsschäden handeln. In jedem Fall lohnt es sich, die Ursachenforschung von Fachleuten (spezialisierte Handwerksbetriebe, Ingenieurbüros oder Baubiologen) durchführen zu lassen, denn nur die Beseitigung der Feuchtigkeitsquelle kann den Schimmel nachhaltig vertreiben.

Langfristige Maßnahmen

Oft schafft bereits eine Änderung des Wohnverhaltens Abhilfe:

Verändertes
Wohnverhalten

- Dreimal täglich bei weit geöffnetem Fenster lüften. So kommt es zu einem kompletten Luftaustausch bei geringem Wärmeverlust.
- Die relative Luftfeuchtigkeit sollte in Innenräumen immer zwischen 40 und 60 Prozent liegen.
- Die Raumtemperatur darf nicht dauerhaft unter 16° C sinken, um zu kühle Bauteile zu vermeiden.
- Halten Sie Türen zu Feuchträumen wie Küche, Bad oder Waschküche immer geschlossen.

Bessere Wärme-
dämmung

In vielen Fällen genügen diese Maßnahmen nicht, sodass allein eine bessere Wärmedämmung Kondensationsschäden vermeiden kann, wobei eine Außendämmung einer Innendämmung immer vorzuziehen ist, da sie die Feuchtigkeit nicht ins Mauerwerk eindringen lässt und so Schäden an der Bausubstanz verhindert. Fällt die Entscheidung dennoch auf eine Innendämmung, sollte man auf Materialien zurückgreifen, die nicht nur dämmen, sondern auch Feuchtigkeit speichern. Deshalb sind Calciumsilikatplatten oder Dämm- und Entfeuchtungsputze gegenüber Produkten aus z. B. Styropor stets zu bevorzugen.

Expertentipp

Schnelle Hilfe

Fungizide sorgen für einen Wachstumsstopp. Dabei sollte auf chlorhaltige Produkte verzichtet werden. Sehr gut wirken Schimmelmittel, die Fruchtsäure und Wasserstoffperoxid enthalten. Kleinere Befälle können auch mit Alkohol bekämpft werden. Ohne Beseitigung der Feuchtequelle wird es jedoch immer zu einer Wiederbesiedelung kommen.

Gesundheitsgefährdung

Krankheits-
auslöser

Schimmelpilze können Krankheiten (Mycosen), Organschäden durch Mycotoxine (Mycotoxikosen) oder Allergien hervorrufen. Jeder Befall sollte schnell und nachhaltig saniert werden. Nach der Sporenkeimung produzieren Schimmelpilze zunächst noch keine schädlichen Substanzen. Erst im Stadium der Fortpflanzung bilden Sie MVOCs (mikrobiell produzierte flüchtige organische Verbindungen) oder Mycotoxine. MVOCs werden gasförmig in die Innenraumluft abgegeben. Durch sie wird unsere Aufmerksamkeit schnell auf ein etwaiges Schimmelproblem gelenkt, da sie durch ihre niedrige Geruchsschwelle leicht über die Nase wahrnehmbar sind. Nach aktuellem Forschungsstand gelten diese Substanzen als nicht gesundheitsschädlich, stehen aber im Verdacht reizend zu wirken oder Kopfschmerzen zu verursachen.

Anders als die MVOCs sind Mycotoxine Verbindungen, die hauptsächlich im Hausstaub vorkommen. Durch Verwirbelungen beim Lüften oder Staubsaugen können sie von uns eingeatmet werden. Meist kommen wir jedoch über die Nahrung mit Mycotoxinen in Berührung. Ein bekannter Vertreter dieser Stoffgruppe ist das Aflatoxin, das von Aspergillus-Arten produziert wird.

Einatmung bei Verwirbelungen

Nur wenige Schimmelpilze können im menschlichen Körper Infektionen (Mycosen) hervorrufen, da unsere Körpertemperatur von 37° C den meisten Arten ein Wachstum verleidet. Mycosen zählen zu den „Krankheiten der Kranken", denn Schimmelpilze nisten sich lediglich im menschlichen Körper ein, wenn das Immunsystem geschwächt ist.

Geschwächtes Immunsystem

Die häufigste Gefahr geht von den Pilzsporen aus. An ihren Oberflächen können Proteine vorkommen, die Allergien auslösen. Je nach Sporengröße kommt es zu verschiedenen Atemwegsproblemen (Fließschnupfen, verstopfte Nase, Husten, Asthma) und Bindehautentzündung. Schimmelpilze können ebenso für andere Allergene wie Pollen sensibilisieren.

Wohnraumgifte

Die meisten Wohngifte lassen sich in der Raumluft nachweisen und gehören zur Gruppe der flüchtigen organischen Substanzen. Je niedriger ihr Siedepunkt liegt, desto:

- schneller verdampfen sie,
- höhere Konzentrationen erreichen sie in der Luft zum Zeitpunkt der Verarbeitung,
- leichter und schneller lassen sie sich durch Heizen und Lüften nach einer Renovierung oder Baumaßnahme aus der Raumluft entfernen.

Reaktion bei niedrigem Siedepunkt

Daneben mindert das radioaktive Gas Radon und mineralische Fasern wie Asbest die Qualität der Atemluft in den Innenräumen. Das zweite wichtige Reservoir für Wohngifte ist der Hausstaub. Hier sammeln sich schwer flüchtige und an Staub gebundene Stoffe sowie mineralische Fasern und Allergene. Aufwirbelungen sorgen für den regelmäßigen Nachweis dieser Substanzen in der Atemluft. Hier hilft Saugen mit einem HEPA-Filter ausgerüsteten Staubsauger sowie feuchtes Aufwischen bei der Verringerung der Konzentration im Innenraum.

Schwer flüchtige Substanzen

Im Zuge des Arbeitsschutzes verwenden immer mehr Verbraucher und Verarbeiter Bauprodukte, die nicht riechen. Diese emissionsarmen Produkte enthalten schwer flüchtige Substanzen, die zwar nicht so hohe Konzentrationen in der Raumluft aufweisen, aber dafür regelmäßig im Hausstaub zu finden sind. Die schwerflüchtigen Substanzen werden neben Feinstaubpartikeln für das Fogging-Phänomen verantwortlich gemacht. Beim Fogging zeigen sich schwarze Niederschläge typischerweise in Raumecken, über der Heizung und um Bilderrahmen. Die Erscheinung tritt überwiegend während der Heizperiode auf. Bisher ist es trotz intensiver Forschungsaktivitäten noch nicht gelungen, eine allgemeingültige Erklärung für die schwarzen Ablagerungen zu finden. Gesundheitliche Auswirkungen sind nicht bekannt.

Flüchtige organische Substanzen

Diese Verbindungen werden nach ihrem Siedepunkt vier Gruppen zugeordnet, wobei die Übergänge oft fließend sind:

Unterteilung von flüchtigen organischen Substanzen

❶ Leicht flüchtige organische Stoffe (VVOC); Siedepunkt bis 100° C; wichtige Vertreter: Formaldehyd, Isothiazolinone
❷ Flüchtige organische Substanzen (VOC); Siedepunkt bis 260° C; wichtiger Vertreter: Benzol
❸ Schwer flüchtige organische Stoffe (SVOC); Siedepunkt bis 400° C; wichtige Vertreter: Weichmacher, Flammschutzmittel PCB (polychlorierte Biphenyle), Holzschutzmittel Lindan und PCP (Pentachlorphenol)

❹ Staubgebundene organische Verbindungen (POM); Siedepunkt über 380° C; wichtige Vertreter: polyzyklische aromatische Kohlenwasserstoffe (PAK)

Die bekannteste leicht flüchtige Substanz ist Formaldehyd. Sie dampft aus Span- und Sperrholzplatten, die in Wänden, Möbeln und Fußböden verbaut wurden. Auch durch Zigarettenrauch wird die Verbindung in die Raumluft getragen. Ein anderer Teil der Emissionen stammt aus Dispersionsfarben mit Formaldehyd bzw. Formaldehydabspaltern als Konservierungsmittel. Hohe Konzentrationen in der Raumluft riechen stechend und verursachen Reizungen der Schleimhäute, Kopfschmerzen, Konzentrationsschwierigkeiten und Mattigkeit.

Spanplatten setzen Formaldehyd frei, das zu Kopfschmerzen und anderen gesundheitlichen Beeinträchtigungen führen kann.

Eine erste orientierende Messung auf Formaldehydbelastung lässt sich günstig mit einem Test aus der Apotheke durchführen. Mehr Verlässlichkeit bieten jedoch Raumluftmessungen durch entsprechende Fachleute. Eine vollständige Entfernung aller formaldehydbelasteten Materialien sorgt für eine sichere Beseitigung der Emissionen. Ist dies nicht möglich, kann man die Fläche mit speziellen Aluminium- und Verbundfolien absperren, Schnittkanten

Test aus der Apotheke

199

und Bohrlöcher werden mit einer Umleimung versehen. Überlassen Sie eine solche Sanierung Fachleuten und lassen Sie sich die Beseitigung der Emissionen durch eine erneute Raumluftmessung bestätigen, denn Formaldehyd steht im Verdacht Krebs zu erregen.

Lösemittelhaltige Produkte sind in erster Linie für die Emissionen von flüchtigen organischen Substanzen (VOC) verantwortlich. Hierzu gehören Lacke, Farben, Kleber und Farbdrucke auf Tapeten. Auch viele Haushaltsreiniger und Kosmetika enthalten große Mengen flüchtiger Stoffe. Emissionen lösemittelhaltiger Produkte lassen sich bei richtiger Anwendung oft schnell und gut ablüften. Verarbeiter sind jedoch meist hohen Dosen ausgesetzt.

Benzol
Ein wichtiger Vertreter dieser Gruppe ist Benzol. Es gehört zu den aromatischen Kohlenstoffen und ist Bestandteil von Kunststoffen. Gerade bei Benzol ist die Belastung in Innenräumen größtenteils auf einen Eintrag von außen (Straßenverkehr) zurückzuführen. Nicht unerheblich trägt Zigarettenrauch zu erhöhter Benzolkonzentration bei. Emissionen aus Baustoffen oder Innenausstattung von Benzol sind selten. Aromatische Lösemittel können mit dieser Verbindung zu etwa 0,1 Prozent verunreinigt sein.

Weich-macher
Zu den schwerflüchtigen organischen Substanzen (SVOC) zählen die Weichmacher. Sie stellen die Elastizität von Kunststoffen sicher und sind in Vinyltapeten, Klebstoffen, Dichtungsmassen, Latexfarben und PVC-Böden enthalten. Zu finden sind sie aber auch in Spielzeug, Körperpflegemitteln, Textilien, Lebensmittelverpackungen und vielem mehr. Die häufigsten Weichmacher sind die Phthalate z. B. DEHP (Di-2ethyl-hexyl-phthalat). Etwa 90 Prozent des DEHPs werden in Westeuropa für die Herstellung von Bodenbelägen und Kabelummantelungen verbraucht. Weil Weichmacher zu den Inhaltsstoffen von vielen Produkten zählen, sind sie in der menschlichen Umgebung allgegenwärtig. Obwohl der größte Teil der produzierten Weichmacher für die Herstellung von Bauprodukten verwendet wird, nimmt der Mensch Phthalate hauptsächlich über die Nahrung auf. Dennoch gilt die Exposition durch Raumluft und Hausstaub als wichtige Zusatzbelastung.

Polyzyklische aromatische Kohlen-wasserstoffe
Zu den staubgebundenen, organischen Substanzen gehören die polyzyklischen, aromatischen Kohlenwasserstoffe (PAK). Mehr als 100 Stoffe bilden diese Gruppe. In Innenräume gelangen sie durch Tabakrauch und Verbrennungsprozesse (Öfen, Kerzen). Heutzuta-

ge sind diese Verbindungen in Bauprodukten nicht mehr zu finden. Bis Mitte der 1970er-Jahre gelangten sie in die Innenräume durch die Verwendung teerhaltiger Bauprodukte wie Anstriche (Carbolineum zum Holzschutz) und Klebstoffe (Parkettklebstoffe). Ähnlich wie bei den Weichmachern ist der Mensch hauptsächlich über Nahrungsmittel exponiert, denn PAKs entstehen beim Grillen, Braten und Räuchern.

Radon

Dieses Edelgas entsteht als Zerfallsprodukt der Uranzerfallsreihe. In Spuren kommt Uran in Deutschland hauptsächlich in granithaltigen Gesteinen vor (Schwarzwald, Bayerischer Wald, Fichtelgebirge und das Erzgebirge). Radon kann aus dem Untergrund durch undichtes Mauerwerk im Kellerbereich in Innenräume diffundieren und dort zu einer Gesundheitsbelastung führen. Die Strahlenbelastung ist in höher gelegen Stockwerken immer niedriger. In Deutschland ist es für etwa 30 Prozent der Strahlenbelastung verantwortlich. Es wird geschätzt, dass ca. 7 Prozent der Lungenkrebserkrankungen auf die Belastung durch dieses Edelgas zurückzuführen sind. Der süddeutsche Raum ist aufgrund seiner Geologie stärker belastet.

Strahlenbelastung

Asbest

Asbest wird aus natürlich vorkommenden, faserförmigen Silikat-Mineralien gewonnen. Erst 1970 wurde es als krebserzeugend anerkannt. Trotzdem brauchte es weitere neun Jahre, bis erste Produkte wie der Spritzasbest verboten wurden. Seit 1993 ist die Verwendung in Deutschland grundsätzlich untersagt. 2005 trat ein EU-weites Verbot in Kraft. In etwa 3000 Produkten war Asbest enthalten. In Wohnhäusern wurde dieser Stoff besonders als Asbestpappe oder -platten an hölzernen Heizkörperverkleidungen, asbesthaltigen Dämmplatten, Dichtungen sowie Elektrospeicherheizungen und Cushion-Vinyl-Bodenbelägen verwendet.
Nicht von allen Produkten geht die gleiche Gesundheitsgefahr aus. Solange die asbesthaltigen Baustoffe nicht beschädigt sind, treten auch keine krebserzeugenden Fasern aus. Grundsätzlich gilt: Je stärker gebunden die Fasern vorliegen, desto geringer ist

Silikatmaterial

die Gefährdung. Legen Sie bei Asbestverdacht nie selbst Hand an, sondern lassen Sie Sanierungen immer von einer zertifizierten Firma durchführen.

Richtiges Wohnverhalten ohne Gesundheitsprobleme

In Europa verbringen die Menschen den größten Teil ihrer Lebenszeit in Innenräumen, die daher das gesundheitliche Wohlbefinden beeinflussen. Während man in Zeitschriften und Workshops viele wichtige Dinge über Wohntrends erfährt, fehlt vielen Menschen eine Anleitung zum „richtigen" und gesunden Wohnen.

Lüften & Heizen

Richtiges Lüften hilft nicht nur gegen Schimmel, sondern entfernt auch Schadstoffe und Staub aus dem Haus. Sorgen Sie mehrmals täglich für frischen Wind in allen Räumen. Die Außenluft ist in der meisten Zeit des Jahres trockener und kühler als die Innenluft. Nur manche Sommertage bilden eine Ausnahme. Der Winter ist für den Keller die ideale Lüftungszeit.

Nicht aufs Heizen verzichten Zum richtigen Lüften gehört auch das Heizen. Denn nur wenn Sie die kühle, trockene Außenluft erwärmen, kann sie Feuchtigkeit aufnehmen. Auf Heizen zu verzichten, spart keine Energie, denn wenn die Räume auskühlen, werden auch die Wände und Möbel kalt. Die müssen Sie dann erst aufwärmen, damit Sie sich wieder richtig wohlfühlen. Das braucht Zeit und Energie.

Sensibler Umgang mit Haushaltschemikalien

Neutralreiniger Auch wenn es für jeden Fleck und für jede Oberfläche ein besonderes Mittelchen gibt, ist deren Anwendung für einen sauberen und gepflegten Haushalt nicht notwendig. Mit einem Neutralreiniger und warmem Wasser lässt sich fast jede Verschmutzung im Haushalt entfernen. Machen Sie sich bewusst, wie viele Produkte sie täglich benutzen: Körperpflege, Zahnpasta, Spülmittel, Textilpflege, Schuhpflege, Haushaltsreiniger, Spülsteine im WC, Duftöle usw. Alle diese Produkte hinterlassen Spuren in Raumluft oder Hausstaub. Reduzieren Sie Einsatz und Menge, so mindern Sie gesundheitliche Risiken und den schädlichen Einfluss auf Umwelt und Klima. Informieren Sie sich vor dem Einkauf über Eigenschaften und Inhaltsstoffe von Produkten.

Nicht jeder Fleck muss gleich mit der Chemiekeule beseitigt werden, meist genügt Wasser und ein wenig Seife.

Entscheidungshilfen durch Umweltsiegel

Produktkennzeichnungen sollen Markttransparenz schaffen und eine Orientierungshilfe bei Kaufentscheidungen geben. Die Verbraucher Initiative schätzt, dass es mehr als 1.000 verschiedene Zeichen gibt, die auf gesundheitliche, ökologische, soziale Aspekte, Verarbeitungsqualität oder Inhaltsstoffe hinweisen.

Fast jeder Hersteller druckt eigene Labels auf seine Produkte, um Besonderheiten aufzuzeigen. Daneben gibt es Labels, die jeder Hersteller auf seine Produkte drucken darf, wenn er meint, den Kriterien zu entsprechen. Andere Labels sind gesetzlich vorgeschrieben. Die meisten Siegel werden nach Prüfung des Herstellungsprozesses oder der Produktqualität von Labors, Kommissionen, Verbänden oder Initiativen vergeben. Sie sind zwar nicht vorgeschrieben, aber wichtig für den Wettbewerb. Interessant sind Siegel, die über die Produktherkunft informieren, was dem Verbraucher die Möglichkeit gibt, die Wirtschaft seiner Region zu unterstützen.

Kriterien für Umweltsiegel

Als Verbraucher sollte man sich nicht auf entsprechende Slogans verlassen, sondern die Aussage hinterfragen. Es gibt einige Möglichkeiten, sich über die Kriterien der einzelnen Siegel zu informieren (*www.label-online.de*). Grob kann man die vielen Labels in Gütezeichen, Prüfzeichen und Umweltzeichen unterteilen.

Gütezeichen

Diese Zeichen informieren über Produktqualität und Einhaltungen von gültigen Normen und gesetzlichen Vorgaben. Vergeben werden diese Zeichen von Herstellergütegemeinschaften. Ob eine Kennzeichnung als Gütezeichen anerkannt wird, prüft das Deutsche Institut für Kennzeichnung und Gütesicherung e. V. (RAL).

RAL-Gutezeichen

RAL-Gütezeichen gibt es für zahlreiche Produktgruppen. Das RAL-Gütezeichen für Tapeten garantiert unter anderem den Verzicht der Hersteller auf die Verwendung verschiedener Roh- und Schadstoffe. Beim RAL-Gütezeichen Holzschutzmittel steht die Kennzeichnung für die Wirksamkeit, gesundheitliche Unbedenklichkeit, Prüfung der Umweltverträglichkeit durch das Umweltbundesamt und die vollständige Angabe aller wirksamen Substanzen auf dem Produktlabel im Vordergrund.

Kork-Logo

Das Kork-Logo wird vom Deutschen Kork-Verband vergeben und ist ein Jahr gültig. Die Vergabe ist an eine Schadstofffreiheit und Gebrauchstauglichkeit geknüpft.

EMICODE

Der EMICODE wird ausschließlich für Bodenverlegewerkstoffe (z. B. Kleber) aber zeitlich unbefristet vergeben. Das Zeichen beschreibt das Emissionsverhalten der Produkte. Vergeben wird es von dem Herstellerzusammenschluss „Gemeinschaft Emissionskontrollierter Verlegewerkstoffe e. V." und kann von allen Prüflabors nach vorgegebenen Kriterien untersucht werden.

Prüfzeichen

Produkte mit einem Prüfzeichen sind von technischen Instituten oder chemischen Laboren auf sicherheitstechnische Anforderungen, Gebrauchsfähigkeit, Haltbarkeit, chemische Zusammensetzung oder mögliche schädliche Auswirkungen getestet worden. Die Prüfkriterien ergeben sich aus gesetzlichen Vorgaben, technischen Normen und Richtlinien. Auftraggeber können Hersteller sein, um für ihre Produkte eine Zulassung zu bekommen oder staatliche Institutionen, um die Einhaltung von gesetzlichen Standards zu prüfen oder private Einrichtungen z. B. aus Gründen der Verbraucherinformation.

Die bekanntesten Produkttests werden von der Stiftung Warentest und der Zeitschrift Öko-Test durchgeführt. Die Ergebnisse eignen sich meist recht gut für eine erste Orientierung im Produktangebot, doch sollte man neben den Bewertungslisten auch die Testberichte lesen. Denn die Bewertungskriterien ändern sich im Laufe der Zeit und so kann sich das Ergebnis für ein Produkt von gut zu schlecht verschieben.

Produkttests

Die Vorgaben für das GS-Zeichen sind im Geräte- und Produktsicherheitsgesetz (GPSG) und weiteren Rechtsvorschriften festgeschrieben. Die Hersteller können ihre Produkte von unabhängigen, zertifizierten Instituten prüfen und überwachen lassen. Geprüft werden die sicherheitstechnischen Eigenschaften und die Gesundheitsverträglichkeit. Die Kennzeichnung ist zeitlich befristet und erscheint immer zusammen mit dem Logo der Prüfstelle (z. B. VDE, TÜV usw.).

GS-Zeichen

Der TÜV ist ein privatwirtschaftliches Unternehmen, welches eine Reihe von Produktprüfungen anbietet. Für den Bereich Bauen und Wohnen wird das Toxproof-Zeichen angeboten, welches die Gesundheitsverträglichkeit prüft. Die Prüfkriterien orientieren sich an gesetzlichen Bestimmungen und werden wiederum von unabhängigen Instituten überwacht.

Toxproof-Zeichen

Umweltzeichen

Bei Umweltzeichen steht die Gesundheits- und Umweltverträglichkeit im Vordergrund. An die Produkte werden hohe Anforderungen hinsichtlich Herstellung, Verarbeitung, Verwendung und Entsorgung gestellt. Oft werden Grenzwerte für Inhaltsstoffe oder Emissionen angewandt, die gesetzliche Vorgaben noch unterschreiten.

Der Blaue Engel ist das bekannteste und älteste Umweltzeichen und wird an Produkte vergeben, die im Vergleich zu ähnlichen Angeboten umweltfreundlicher und gesundheitsverträglicher sind. Produkte, die grundsätzlich umweltfreundlich sind, können

Blauer Engel

das Zeichen nicht bekommen. Den Blauen Engel gibt es für eine breite Produktpalette. Für den mittlerweile umfangreicheren Katalog von Vergabekriterien ist eine Jury aus Umwelt- und Verbraucherverbänden, Herstellern, Handel, Kirchen, Medien und Gewerkschaften und das Umweltbundesamt zuständig. Die Produktprüfung und Zeichenvergabe erfolgt durch das RAL-Institut.

Der Blaue Engel ist eines der ältesten Umweltzeichen des Umweltministeriums (seit 1977), die es am Markt gibt. Es zeichnet unter ähnlichen Produkten das umweltfreundlichere aus.

Natureplus-Zeichen

Produkte, die mit dem Natureplus-Zeichen gekennzeichnet sind, bestehen zu mindestens 85 Prozent aus nachwachsenden und/oder mineralischen Rohstoffen. Dazu müssen die Hersteller eine Volldeklaration der Inhaltsstoffe vorlegen. Geprüft wird die Gebrauchstauglichkeit sowie Umwelt- und Gesundheitsverträglichkeit nach strengen Richtlinien, die auch die Herstellung und Entsorgung umfassen. Vergeben wird das Zeichen vom Internationalen Verein für zukunftsfähiges Bauen, dessen Mitglieder Hersteller, Händler, Umwelt- und Verbraucherschutzorganisationen, Berufsverbände und Prüfinstitute sind. Das Zeichen ist zeitlich befristet.

Euro-Blume

Die Euro-Blume wird von der Europäischen Kommission vergeben und bewertet den kompletten Lebenszyklus und die Gebrauchstauglichkeit eines Produktes. Gekennzeichnet werden nur Produkte mit geringeren Auswirkungen auf die Umwelt als vergleichbare Produkte. Das Zeichen findet sich auf vielen Produkten aus dem Bereich Bauen und Wohnen. Die Vergabekriterien werden von dem Ausschuss für das Umweltzeichen der EU (AUEU) festgelegt, in dem die verantwortlichen Institutionen der Mitgliedstaaten, Umwelt-, Verbraucher- und Industrieverbände, Gewerkschaften, Handel sowie kleinere und mittlere Unternehmen vertreten sind. Die Kriterien werden in regelmäßigen Abständen überprüft und dem Kenntnisstand angepasst.

✓ SCHRITT-FÜR-SCHRITT-GUIDE

Der baubiologische Zustand Ihres Hauses

Formular
auf CD-ROM

Sammeln Sie Informationen über bauliche Gegebenheiten: technische Ausstattung, verwendete Materialien. So finden Sie auch heraus, wo bzw. unter welchen Umständen eventuell gesundheitliche Beschwerden auftreten können. Im Schadensfall kann der bestellte Gutachter auf diese Informationen zurückgreifen und gezielter nach der Ursache suchen. Bei einem Verkauf oder einer Vermietung schafft eine solche Datensammlung Vertrauen.

Das müssen Sie prüfen:

Baujahr & Haustyp

Wann wurde Ihr Haus erbaut?

Bemerkung: ....

Ist es ein Stein-, Holz- oder Fertighaus?

Bemerkung: ....

Hat es einen Keller?

Bemerkung: ....

Welche Umbauten, Renovierungen oder Sanierungen wurden durchgeführt?

Bemerkung: ....

Baulicher Zustand

In welchem Zustand und Alter befinden sich Dachkonstruktion, Fenster, Bodenbeläge, Sanitäranlagen, Kellerwände usw.?

Bemerkung: ....

Gibt es Schäden oder Mängel?

Bemerkung: ....

Technische Ausstattung

Über welche technische Ausstattung verfügt Ihr Haus:

☐ Elektroinstallation

☐ Heizsystem

☐ Lüftungsanlage usw.?

Bemerkung: ....

In welchem Zustand und Alter befinden sich diese?

Bemerkung: ....

Baumaterialien und Konstruktion

Welche Materialien wurden für den Innenausbau verwendet?

Bemerkung: ....

Kennen Sie Hersteller und die Inhaltsstoffe?

Bemerkung: ....

Haben Sie die entsprechenden technischen Merkblätter?

Bemerkung: ....

Besitzen Sie alle Baupläne?

Bemerkung: ....

Einrichtung, Bauprodukte und Schadstoffe

Aus welchen Materialien sind Möbel, Bodenbeläge, Vorhänge usw.?

Bemerkung: ....

Wissen Sie, wo die Gegenstände hergestellt wurden und welche Inhaltsstoffe verwendet wurden?

Bemerkung: ....

Achten Sie auf Gerüche und gehen Sie deren Quelle nach?

Bemerkung: ....

Woher stammt ein beobachteter Feuchtigkeitseintrag?

Bemerkung: ....

Welche Pflanzen haben Sie in Ihrer Wohnung?

Bemerkung: ....

Müssen sie oft gegossen werden?

Bemerkung: ....

Reinigung & Pflege

Welche und wie viel unterschiedliche Mittel verwenden Sie?

Bemerkung: ....

Kennen Sie die Inhaltsstoffe?

Bemerkung: ....

Achten Sie auf Anwendungs- und Sicherheitshinweise?

Bemerkung: ....

Beachten Sie die Reinigungs- und Pflegehinweise für Ihre Möbel, Bodenbeläge usw.?

Bemerkung: ....

Wartung und Inspektion

Haben Sie Wartungs- oder Serviceverträge für Sanitär- und Elektro-installation oder sonstige technische Ausstattungen abgeschlossen?

Bemerkung: ....

Werden die darin aufgeführten Intervalle eingehalten?

Bemerkung: ....

Gesundheitliche Beschwerden

Kommt es in bestimmten Räumen zu gesundheitlichen Beschwerden?

Bemerkung: ....

Tritt eine Veränderung ein, wenn Sie den Raum meiden oder das Haus verlassen?

Bemerkung: ....

Führen Sie ein Tagebuch über diese Beschwerden?

Bemerkung: ....

Hausunterlagen

Sind Sie im Besitz aller technischen Merkblätter der Produkte, Untersuchungsprotokolle, Bau- und Kostenpläne, Reinigungs- und Pflegeanweisungen, Energie- und Gebäudepass, Rechnungen, Verbrauchsnachweise für Strom und Wasser, Versicherungen, Fotos usw.?

Bemerkung: ....

Bewahren Sie diese Unterlagen an einem Ort auf?

Bemerkung: ....

Das müssen Sie tun:
Sammeln Sie alle Unterlagen zu Ihrem Haus und den darin verwendeten Baustoffen und Materialien. Heben Sie Produktinformationen auf, selbst wenn sie Ihnen zunächst unwichtig erscheinen. Sollten gesundheitliche Probleme aufgrund von Giftstoffausgasungen in Ihrer Familie auftreten, können diese Unterlagen vielleicht wertvolle Hinweise auf chemische Zusätze liefern.

Ihre Rechte und Pflichten bei Schadstoffbelastungen

Sowohl die Belastung einer Immobilie mit Schadstoffen als auch ein Schimmelbefall sowie bauliche Fehler, die zu einer Schimmelbildung führen können, stellen nicht unerhebliche Baumängel dar. Wie weit sich dabei Ihr Gewährleistungsanspruch erstreckt, hängt davon ab, ob es sich um einen Gebraucht- oder einen Neuimmobilienkauf handelt, ob Mängel infolge eines Neubaus auftreten und ob Ihnen der Mangel bei Vertragsabschluss bekannt war oder nicht.

Abweichung von der Vereinbarung Auch für Vermieter und Mieter einer Immobilie ergeben sich gesetzliche Rechte und Pflichten, wenn ein gesundheitsgefährdender Mangel der Mietsache auftritt. Sachmängel sind Abweichungen von der vereinbarten Beschaffenheit (§ 633 BGB). Ist hierbei nichts vereinbart, ist die Beschaffenheit zugrunde zu legen, die bei Werken gleicher Art üblich ist und die der Käufer oder Bauherr erwarten kann. Haben Sie die VOB/B vereinbart, geben die allgemeinen technischen Vertragsbedingungen (ATV) recht genaue

Vorgaben für nötige Beschaffenheiten der einzelnen Gewerke vor. Grundsätzlich ist bei einem Verstoß gegen geltende DIN-Normen und andere anerkannte Regeln der Technik eine Leistung mangelhaft.

Informationspflicht des Verkäufers

Prinzipiell ist der Verkäufer einer Immobilie dazu verpflichtet, den Käufer über einen Mangel wie z. B. eine Asbestbelastung aufzuklären. Kommt er dieser Pflicht nicht nach, handelt es sich um eine arglistige Täuschung nach § 123 BGB (→CD-ROM) und der Kaufvertrag kann vom Käufer angefochten werden, der Verkäufer muss hingegen Schadensersatz leisten bzw. für die Beseitigung des Mangels aufkommen.

Text auf CD-ROM

Als Käufer müssen Sie jedoch nachweisen, dass der Mangel dem Verkäufer bekannt war, was in der Praxis oft schwierig ist. Wer vor dem Kauf gezielt nach Mängeln fragt, hat dagegen oft die Möglichkeit, den Verkäufer schon im Voraus zur Mängelbeseitigung zu verpflichten. Zudem empfehlen sich sicherheitshalber ein Einplanen von Reserven, ein Sachverständigengutachten und eine sorgsame Baubegehung bzw. Begutachtung des Gebäudes.

Mängelbelastete Gebrauchtimmobilien

Der Verkäufer einer gebrauchten Immobilie wird in der Regel nicht bereit sein, eine Gewährleistung zu übernehmen. Vor allem, wenn er die Immobilie selbst gekauft und nicht erbaut hat. In diesem Fall ist es wahrscheinlich, dass dem Verkäufer mögliche Mängel gar nicht bekannt sind. Ein Gewährleistungsausschluss ist daher rechtens. Beim Erwerb einer Immobilie aus einer gerichtlichen Zwangsversteigerung ist die Gewährleistung zudem von Gesetzes wegen ausgeschlossen. Wer als Käufer eine Schadstoff- oder Schimmelpilzbelastung erst nach der Vertragsunterzeichnung entdeckt, hat daher meist Pech gehabt. Eine Ausnahme gilt, wenn der Verkäufer einen Mangel arglistig verschweigt, indem er beispielsweise den Schimmel überstreicht. Eine gründliche Begutachtung und das Hinzuziehen eines Fachmanns sind daher bei Gebrauchtimmobilien äußerst wichtig. Zudem sollte der Bauzu-

Keine Übernahme der Gewährleistung

213

stand vor der Vertragsunterzeichnung genau dokumentiert werden.

> ## Expertentipp
>
> ### Sanierungskosten steuerlich geltend machen
>
> Lässt sich die Sanierung zur Vermeidung oder Behebung gesundheitlicher Schäden durch Asbest, Formaldehyd oder Holzschutzmittel aus eigener Tasche nicht vermeiden, können die Kosten immerhin noch als außergewöhnliche Belastungen steuerlich geltend gemacht werden. Voraussetzung hierfür ist jedoch, dass durch ein ärztliches Attest nachgewiesen wird, dass daraus resultierende Gesundheitsschäden konkret zu befürchten oder bereits eingetreten sind. Zudem ist das Attest durch ein technisches Gutachten, z. B. vom TÜV, zu stützen, aus dem die Ursache der Belastungen ersichtlich ist.

Mängelbelastete Neubauten

Haftung für Mängel Ein beauftragter Bauunternehmer oder Handwerker haftet für alle Mängel seiner Leistung. Auch, wenn Sie die jeweilige Leistung nicht von einem Sachverständigen begutachten lassen, was sich jedoch empfiehlt, verlieren Sie keine Ansprüche.

Während der Bauphase

Frühzeitig entdecken Am besten ist es, wenn ein Mangel bereits während der Bauphase entdeckt wird. Mängel am Rohbau sind zudem leichter zu finden als an fertigen Gebäuden. Daher ist es sinnvoll, dass ein Sachverständiger bereits den Bau einer Immobilie begleitend kontrolliert. In der Regel ist dabei mit Kosten von 60–150 € pro Stunde zuzüglich Nebenkosten zu rechnen. Der Sachverständige kontrolliert dann die Mängel und fordert das ausführende Unternehmen zur Mängelbeseitigung auf. Insgesamt müssen Sie für die Baubegleitung eines Sachverständigen etwa 3 Prozent der Bausumme einplanen.

Auf keinen Fall sollten Sie Regelungen in Bauträgerverträgen akzeptieren, die dem Hauskäufer während des Baus das Betreten der Baustelle untersagen, sodass Sie die Bauqualität nicht prüfen können. Behalten Sie sich die Möglichkeit vor, vor jeder Abschlagszahlung das Gebäude – auch zusammen mit einem Sachverständigen – begehen zu können, damit Sie sich die Zahlung im Fall von Mängeln bis zu deren Beseitigung vorbehalten können. Stellen Sie sicher, dass sich ein Anspruch auf Abschlagszahlungen nur ergibt, wenn der Unternehmer zuvor einen vorhandenen Mangel beseitigt hat.

Expertentipp

Haftungseinschränkung bei Hinweis

Hat ein Unternehmer beim Bau einer Immobilie normalerweise die alleinige Verantwortung für das Auftreten von Mängeln und die Kosten der Beseitigung, kann er sich nach § 13 Nr. 3 und § 4 Nr. 3 VOB/B bzw. § 254 BGB (→CD-ROM) der finanziellen Mitverantwortung in einigen Fällen jedoch entziehen, wenn er im Rahmen seiner Hinweispflicht seinem Auftraggeber gegenüber rechtzeitig schriftlich Bedenken angemeldet hat.

Schriftliche Bedenken

Bei der Abnahme

Da die Abnahme im rechtlichen Sinne ein wichtiger Abschluss des Bauvorhabens mit eventuell weitreichenden Folgen ist, ist es oft ratsam, sich auch dabei von einem Sachverständigen beraten zu lassen. Denn bei erfolgter Abnahme kehrt sich die Beweislast um, das heißt, der Auftraggeber muss im Streitfall das Vorhandensein von Mängeln beweisen. Auch wenn man nach der langen Zeit des Baufortgangs oft froh ist, wenn das Projekt zu einem Abschluss kommt, sollten Sie die Immobile nur dann abnehmen, wenn die Voraussetzungen zur Abnahme Ihrer Meinung nach auch wirklich vollständig gegeben sind – also nur dann, wenn die Arbeiten im Wesentlichen vollständig ausgeführt sind und keine erheblichen Mängel aufweisen. Unterschreiben Sie den Abnahmevertrag ohne

Weitreichende Folgen der Abnahme

Mängelrüge, nehmen Sie die Immobilie stillschweigend so wie sie ist ab. Mit der Abnahme beginnt zudem die Gewährleistungsfrist.

Gehen Sie bei der Abnahme sorgfältig vor. Übersehen Sie einen Mangel, kehrt sich danach die Beweislast um.

Abnahme unter Vorbehalt

Ist bei der Abnahme zwar ein Mangel erkennbar, hält sich dieser, etwa bei einzelnen Schimmelflecken, in Grenzen und ist so weit tolerierbar, dass die Sanierung nicht allzu viel Zeit in Anspruch nimmt bzw. die gesundheitlichen Beeinträchtigungen nicht gravierend sind, haben Sie die Möglichkeit, die Leistung unter Vorbehalt abzunehmen. Formell ist hierzu eine schriftliche Vorbehaltserklärung nötig. Auf diese Weise können Sie sich Ihre Ansprüche auf die Mängelbeseitigung vorbehalten und der Vertrag ist weiterhin für beide Vertragspartner bindend. Ist Ihnen hingegen der Mangel bekannt – und nicht etwa nur erkennbar, wie einige Unternehmer es in solchen Fällen gerne behaupten – und Sie nehmen die Leistung dennoch ab, verlieren Sie jegliche Ansprüche dem betreffenden Unternehmer gegenüber.

Nach erfolgter Abnahme

Erkennen Sie den Mangel erst, nachdem Sie die Leistung abgenommen haben, können Sie dennoch rechtliche Schritte einleiten.

Zunächst können Sie den Auftragnehmer auch in diesem Fall schriftlich unter angemessener Fristsetzung zur Mängelbeseitigung auffordern. Kommt der Unternehmer dieser Aufforderung innerhalb der genannten Frist nicht nach, haben Sie die Möglichkeit, den Vertrag mit dem Auftragnehmer zu kündigen und entweder einen Vorschuss für die voraussichtlichen Kosten der Sanierung zu verlangen oder den Schaden selbst zu beseitigen und den verantwortlichen Unternehmer nachträglich zur Erstattung der Kosten zu verpflichten. Auch hier haben Sie zudem das Recht, noch nicht geleistete Rechnungsbeträge in Höhe eines Mehrfachen der Mängelbeseitigungskosten zurückzubehalten.

Expertentipp

Hinterlegung einer Sicherheit

Gewährleistungssicherheit

Eine Möglichkeit, um auch nach der Abnahme und in der nachfolgenden Gewährleistungszeit finanziell abgesichert zu sein, sollte doch noch ein Mangel auftreten oder entdeckt werden, ist die Vereinbarung einer Gewährleistungssicherheit. Hierbei legen Sie bereits vor Beginn der Bauarbeiten einen angemessenen Betrag, der dem Dreifachen der voraussichtlichen Mängelbeseitigungskosten entspricht, als Sicherheitsleistung vertraglich fest und verpflichten sich dazu, diese mit Ablauf der Gewährleistungsfrist zurückzuerstatten.

Mängelrüge

Wenn Sie einen Mangel feststellen, müssen Sie dem Unternehmer dies unverzüglich schriftlich in einer Mängelrüge mitteilen und ihn dazu auffordern, den Mangel und gegebenenfalls den entstandenen Schaden in einer angemessenen Frist zu beseitigen. Dabei müssen Sie den Mangel möglichst genau beschreiben und nach Möglichkeit auch auf die entsprechenden Vertragspassagen hinweisen.

Schriftliche Mitteilung

Die Angemessenheit der Fristsetzung hängt dabei vom Einzelfall ab. Handelt es sich um größere Mängel oder zeichnen sich Schwierigkeiten mit dem betreffenden Unternehmer ab, ist es empfehlenswert, einen Anwalt einzuschalten. Erscheint dem Unternehmer die Frist zu kurz, kann er Sie darauf hinweisen und über eine neue Frist verhandeln. In der Mängelrüge können Sie auch ankündigen, welche rechtlichen Vorgehensweise Sie wählen, sollte der Unternehmer nicht fristgerecht handeln. Sie können sich aber auch zunächst alle Optionen offen halten und das rechtliche Vorgehen erst dann schriftlich ankündigen, wenn dieser Fall tatsächlich eintritt. Zudem ist eine genaue Dokumentation des Mangels und des dadurch entstandenen Schadens nötig, etwa durch Fotos, Aussagen unabhängiger sachverständiger Zeugen oder Gutachter.

Text
auf CD-ROM

Bei erheblichen Mängeln hat der Auftragnehmer auch die Wahl, das betreffende Gewerk neu zu erstellen (§ 635 Abs. 1 BGB) (→CD-ROM). Hier ist die Rückgabe des alten, mangelbehafteten Werks verpflichtend (§ 635 Abs. 4 BGB) (→CD-ROM).

Rechtliche Handlungsmöglichkeiten

Welche Handlungsmöglichkeiten Sie haben, wenn der Unternehmer nicht auf die Aufforderung zur Mängelbeseitigung reagiert bzw. wenn eine Mängelbeseitigung durch den Auftragnehmer für den Bauherrn nicht zumutbar ist, hängt davon ab, ob Sie mit dem betreffenden Unternehmen einen Vertrag nach BGB (Bürgerliches Gesetzbuch) oder VOB (Vergabe- und Vertragsordnung für Bauleistungen) vereinbart haben.

Bauvertrag nach BGB

Nach § 633 BGB ist ein Unternehmer dazu verpflichtet, sein Werk so herzustellen, dass es frei von Sachmängeln ist und somit die vertragsgemäß vereinbarte Beschaffenheit aufweist. Erfüllt der Unternehmer diese Verpflichtung nicht, kann der Auftraggeber:

Text
auf CD-ROM

- Nacherfüllung verlangen (§ 635 BGB) (→CD-ROM),
- den Mangel selbst beseitigen und Aufwendungsersatz fordern (§ 637 BGB) (→CD-ROM),
- vom Vertrag zurücktreten (§§ 636, 323 und 326 Abs. 5) (→CD-ROM),
- die Vergütung mindern (§ 638) (→CD-ROM).

Bauvertrag nach VOB

Nach VOB ergeben sich noch weitreichendere rechtliche Möglichkeiten.

- Gemäß § 4 Nr. 6 VOB/B (→CD-ROM) können Sie Baustoffe oder Bauteile von der Baustelle, die nicht der vertraglichen Festlegung entsprechen, entfernen lassen.
- Laut § 4 Nr. 7 VOB/B (→CD-ROM) haben Sie das Recht, schon während der Bauphase vertragswidrige oder mangelhafte Leistungen ersetzen zu lassen.
- Für Schäden, die nicht im Zuge dieser Nachbesserung behoben werden, steht Ihnen Schadensersatz zu.
- Wenn ein Unternehmer einen Mangel nicht innerhalb der von Ihnen schriftlich gesetzten angemessenen Frist beseitigt, können Sie ihm den Auftrag entziehen.
- Minderung kommt nur dann infrage, wenn die Mangelbeseitigung für den Auftragnehmer unzumutbar oder unmöglich ist, oder einen unverhältnismäßig hohen Aufwand bedeuten würde und aus einem dieser Gründe verweigert wird.

Rechtliche
Möglichkeiten

Selbstvornahme

Kommt der Unternehmer seiner Pflicht zur Mängelbehebung nicht nach, haben Sie nach Vertragskündigung und Ankündigung der weiteren rechtlichen Maßnahmen das Recht, einen anderen Auftragnehmer mit der Mängelbeseitigung zu beauftragen. Dies gilt auch für Schäden, die für später auftretende Mängel in der Gewährleistungszeit auftreten. Ist die Selbstvornahme nach § 637 BGB (→CD-ROM) nicht gerechtfertigt, muss der Auftragnehmer die Kosten hierfür nicht begleichen, insbesondere, wenn er den Mangel nicht zu verantworten hat, es sich offensichtlich nicht um einen Mangel handelt oder wenn die Mängelrüge und Fristsetzung verabsäumt wurde. Sie können die Selbstvornahme auch in Eigenleistung erbringen. Hierfür sind die Kosten des entsprechenden Handwerkerlohns anzusetzen.

Text
auf CD-ROM

Expertentipp

Beweise für Sanierungskostenforderungen

Wollen Sie einen gesundheitsschädlichen Mangel selbst beseitigen lassen und die Kosten der Sanierung beim verantwortlichen Auftragnehmer geltend machen, müssen Sie nach der Abnahme die Existenz des Mangels beweisen. Hierfür sind Gutachter, aber auch andere Handwerker nützliche Zeugen. Zudem empfiehlt es sich, wenn möglich, den Mangel fotografisch festzuhalten, z. B. bei Schimmelbildung durch Feuchteschäden in der Neubauphase.

Minderung

Behebung des Mangels Im Fall von gesundheitsschädlichen Baumängeln ist eine Minderung nach § 13 Nr. 6 VOB/B bzw. § 638 BGB (→CD-ROM) meist nicht empfehlenswert, da der Mangel behoben werden muss. Auch im Fall von massiven Schäden und einer Nichtgewährleistung der Gebrauchstauglichkeit kommt eine Minderung in der Regel nicht infrage. Da massive Folgeschäden die Konsequenz wären, wenn der Mangel nicht behoben würde, ist eine Minderung meist nicht empfehlenswert, da hier die Mangelbeseitigungspflicht entfällt. Nur wenn die Mangelbeseitigung dem Auftraggeber nicht zuzumuten ist, macht eine Minderung Sinn. Auch Nachbesserungen, bei denen anschließend nur noch kleinere Mängel bestehen, können dabei gemindert werden. Eine Ausnahme stellen dabei die Bauträgerverträge dar, die von der Planung bis zur Bauausführung sämtliche Leistungen bedingen, wobei sich der Mangel nur mit erheblichem Aufwand beseitigen lässt. Einzige Voraussetzung ist auch hier die Setzung einer angemessenen Nachbesserungsfrist.

Schätzung der Höhe Zur Schätzung der Höhe der Minderung ist als Bemessungsgrundlage der Wert der vertragsgemäßen Leistung zur Zeit des Vertragsabschlusses anzusetzen. Hiervon wird der Wert der ausgeführten mangelbehafteten Leistung abgezogen. Der Minderungsbetrag ergibt sich aus dem Differenzbetrag, ist also unabhängig von den eventuellen Nachbesserungskosten, die den Schätzwert in einigen Fällen um ein Vielfaches überschreiten können.

Ausgeschlossen von der Minderung sind neben Mängeln, die ungerechtfertigt angemahnt werden oder für die der Auftragnehmer nicht vertragsgemäß verantwortlich ist, auch Mängel, die offensichtlich nicht auf einem Fehler des Auftragnehmers beruhen, solche, die durch eine nicht vertragsgemäße Nutzung entstehen und solche, bei denen der Auftragnehmer Bedenken angemeldet hat.

Rücktritt vom Vertrag

Bei einem BGB-Vertrag haben Sie bei der Weigerung zur Nachbesserung alternativ auch das Recht, vom Vertrag zurückzutreten und ein anderes Unternehmen zu beauftragen. Die Mehrkosten, die sich hieraus ergeben, können ebenfalls vom ursprünglichen Unternehmer eingefordert werden. Bei einem Rücktritt sind jedoch die empfangenen Leistungen zurückzugewähren bzw. Wertersatz zu leisten.

Weigerung der Nachbesserung

Haben Sie einen Vertrag nach BGB geschlossen, besteht die Möglichkeit zurückzutreten.

Schadensersatz für Folgeschäden

Oft bestehen die wesentlichen Kosten bei gesundheitsgefährdenden Baumängeln nicht in den eigentlichen Aufwendungen für die Sanierungsarbeiten, sondern resultieren aus Folgekosten wie

Hotelkosten, Ausgaben für die ärztliche Behandlung und für Medikamente oder den Verlust möglicher Mieteinnahmen durch erzwungenen Leerstand.

Ist die Immobilie etwa während der Sanierungsarbeiten nicht bewohnbar, haben Sie das Recht, sich vom verantwortlichen Unternehmen für diese Zeit die Kosten für einen Hotelaufenthalt erstatten zu lassen – auch dann, wenn Sie stattdessen bei Verwandten unterkommen. Der Anspruch besteht unabhängig davon, was Sie tatsächlich mit dem Geld machen.

Text auf CD-ROM

Nach § 325 BGB (→CD-ROM) kann der Auftraggeber bei mangelhafter Arbeit neben Minderung bzw. Rücktritt oder Selbstvornahme auch Schadensersatz in Anspruch nehmen, wenn ihm durch die mangelhafte Arbeit ein Schaden entsteht. Neben der Erstattung der Sanierungskosten haben Sie auch Anspruch auf den Ersatz der Folgekosten, die sich aus der Behebung eines Baumangels ergeben.

Nachweis des Verschuldens

Anders als bei der Gewährleistung besteht dieser Anspruch, jedoch nicht nur beim objektiven Vorliegen eines Mangels, sondern nur dann, wenn dem verantwortlichen Unternehmer oder Planer ein Verschulden nachgewiesen werden kann (§ 280 Abs. 1 BGB) (→CD-ROM). So ist beispielsweise ein Architekt als Nebenleistung auch zur Beratung eines unerfahrenen Bauherrn und zum Hinweis auf mögliche Risiken verpflichtet. Ist ein Mangel nicht auf eine fehlerhafte Ausführung, sondern auf einen Planungsmangel des Architekten zurückzuführen, haftet daher nicht der verantwortliche Unternehmer, sondern der Planer, der eine Beratungs- und Hinweispflicht auf mögliche Risiken zu erfüllen hat – und das nicht nur für die Behebungs-, sondern auch für die Folgekosten. Kommt es z. B. zur Schimmelbildung durch den Einbau neuer, hochabdichtender Fenster in einen Altbaukeller mit feuchtem Mauerwerk, liegt die Schuld nicht beim Handwerker, der diese eingebaut hat, sondern beim Architekten, der seiner Hinweispflicht gemäß dem vorauszusetzenden Kenntnisstand nicht nachgekommen ist. Gleiches ist der Fall bei einem Generalunternehmer, der ein komplettes Gebäude herstellt und von dem man eine schriftlich fixierte Warnung vor derartigen bekannten Risiken ebenfalls erwarten kann.

Anders sieht es aus, wenn ein beidseitiges Verschulden vorliegt, etwa wenn einem Handwerksunternehmer ein Fehler unterläuft und der Architekt hierbei seine Bauaufsichtspflicht verletzt. Hier sind beide Unternehmer haftbar zu machen und Sie können entscheiden, wen Sie belangen wollen, dürfen jedoch nicht beide in voller Höhe haftbar machen.

Expertentipp

Vorschuss für Sanierungskosten

Die Beseitigung eines gesundheitsschädlichen Baumangels kann schon einmal sehr teuer werden. Wer diese Kosten nicht vorfinanzieren kann oder will, kann bereits im Vorfeld eines Unternehmervertrags einen Vorschuss für eventuelle Mängelbeseitigungskosten vereinbaren. Dies ermöglicht es Ihnen, im Fall eines Mangels den Werklohn um ein Mehrfaches der voraussichtlichen Sanierungskosten zu kürzen. Hat der Unternehmer den Mangel behoben, ist der zurückbehaltene Betrag an ihn auszuzahlen.

Wenn ein Planungs- oder Ausführungsfehler über die Mängelbeseitigungskosten hinaus Schäden verursacht, kann nach § 13 Nr. 7 VOB/B (→CD-ROM) eine Schadensersatzforderung geltend gemacht werden. Der verantwortliche Auftragnehmer haftet für Schäden aus Verletzung des Lebens, des Körpers oder der Gesundheit in unbegrenzter Höhe. Zudem haftet er für alle Schäden, die aus grober Fahrlässigkeit, Vorsätzlichkeit und aufgrund von Verstößen gegen die Regeln der Technik aufgetreten sind oder wenn die vertraglich vereinbarte Beschaffenheit nicht erfüllt ist. Auch für Miet- und Nutzungsausfall kann der verantwortliche Unternehmer haftbar gemacht werden.

Text auf CD-ROM

Gewährleistung

Auch ohne vorherige Abnahme kann ein Architekt nach den Regeln des Werkvertrags nach § 199 BGB (→CD-ROM) 30 Jahre lang für einen Schaden ersatzpflichtig gemacht werden, der durch einen Konstruktionsfehler entstanden ist, z B. Feuchtigkeitsmängel, und nicht durch Nachbesserung beseitigt werden kann. Als

30 Jahre Haftung

Gewährleistungssicherheit können Sie zudem 5 Prozent des Rechnungsbetrags einbehalten.

Verjährung

Text auf CD-ROM

Der Anspruch auf Mängelbeseitigung verjährt, je nachdem ob dem Vertrag die VOB/B (§ 13 Nr. 4 VOB/B) oder das BGB (§ 634a BGB) (→CD-ROM) zugrunde liegt, unterschiedlich. Die Fristen sind hierbei:

Nach BGB:
* Bei Arbeiten am Grundstück: 2 Jahre
* Bei Arbeiten am Bauwerk: 5 Jahre
* Gemischt: 5 Jahre

Nach VOB (wenn nichts anderes vereinbart ist):
* Bei Arbeiten am Grundstück: 2 Jahre
* Bei Arbeiten am Bauwerk: 4 Jahre
* Gemischt: 4 Jahre

Verlängerung der Gewährleistung

Vertraglich ist eine Verlängerung der Gewährleistungszeit auf fünf Jahre möglich. In einzelnen Fällen können jedoch auch längere Fristen als freiwillige Garantieleistungen vereinbart werden. Nur bei Verträgen nach VOB/B ist in den allgemeinen Geschäftsbedingungen auch eine Verkürzung dieser Fristen möglich.
Bei Schäden an Leib und Leben gilt sowohl nach VOB als auch nach BGB (§ 199 BGB) (→CD-ROM) sogar eine Verjährungsfrist von 30 Jahren. Fristbeginn ist in allen Fällen in der Regel die Abnahme.

Bei arglistiger Täuschung

Arglistiges Verschweigen

Nach BGB verlängert sich die Haftung bei einem arglistigen Verschweigen eines Mangels auf 10 Jahre (§§ 195, 199, 634a BGB) (→CD-ROM). Treten solche Mängel nach der fünfjährigen Regelfrist für Bauleistungen auf, beginnt die diesbezügliche Verjährungsfrist am Ende des Jahres, in dem der Schaden festgestellt wurde und läuft drei Jahre (§ 195 BGB) (→CD-ROM). Die Höchstdauer ist hierbei zehn Jahre nach der Entstehung des Mangels.

Beispiele hierfür sind die Verwendung eines minderwertigen Materials entgegen der Absprache oder eine nachlässige, unqualifizierte Bauüberwachung durch den betreffenden Auftragnehmer.

Besonderheiten nach BGB

Nach § 203 ff. BGB (→CD-ROM) bewirkt eine Mängelrüge eine Hemmung der Verjährungsfrist. Bis zur Klärung des Sachverhalts ruht die Frist und läuft danach normal weiter. Ein Ende der Hemmung kann die Mängelbeseitigung und Abnahme, aber auch das Ende von Verhandlungen sein. Bei einer rechtskräftigen Entscheidung oder anderweitigen Beendigung des Verfahrens ist die Hemmung nach spätestens sechs Monaten beendet (§ 204 Abs. 2 BGB) (→CD-ROM). Erklärt der verantwortliche Auftragnehmer eindeutig schriftlich seine Schuld, beginnt die Verjährungszeit, in ihrer ursprünglichen Gesamtzeit von vorne anzu laufen.

Text
auf CD-ROM

Besonderheiten nach VOB

Bei einem VOB-Vertrag trifft den Unternehmer eine umfassendere Haftung, denn er ist auch für Mängel verantwortlich zu machen, die auf die Weisung des Bauherrn zurückzuführen sind, sowie für Vorleistungen anderer Unternehmer oder vom Bauherrn gelieferte oder vorgeschriebene Baumaterialien, wenn der Unternehmer nicht vorher seine Bedenken schriftlich geäußert hat. Nach der schriftlichen Mängelrüge innerhalb der Verjährungsfrist beginnt diese nach § 13 Nr. 5 VOB/B (→CD-ROM) mit einer Dauer von zwei Jahren von Neuem. Die ursprüngliche Verjährungsfrist verkürzt sich hierdurch jedoch nicht.

Weisung
des Bauherrn

Schadstoffbelastungen in vermieteten Wohnobjekten

Als Vermieter sind Sie nach § 535 BGB (→CD-ROM) dazu verpflichtet, Ihrem Mieter die vermietete Wohnung in einem fehlerfreien, gebrauchstauglichen Zustand zu übergeben. Ist dies nicht der Fall, ist die Beseitigung der Mängel Sache des Vermieters. Wenn die Ursache für eine gesundheitsgefährdende Belastung eines von Ihnen vermieteten Wohnobjekts in der Bausubstanz

Fehlerfreier
Zustand

225

oder bei Einrichtungsgegenständen liegt, die im Mietumfang mitenthalten sind, stellt dies einen erheblichen Mangel dar.

Schadensbeseitigung

Gesundheitliche Belastungen, die von einer Wohnung ausgehen, fallen eindeutig unter den gesetzlichen Begriff eines Mangels. Ein Mangel ist vorhanden, wenn der Ist-Zustand, also der tatsächliche Zustand, der Wohnung von ihrem Soll-Zustand, also dem Zustand, in dem sich die Wohnung laut Vertrag oder dem Gesetz entsprechend befinden sollte, negativ abweicht. Ob der Mangel schon bei der Wohnungsübergabe bestand oder erst später aufgetreten ist, ist dabei irrelevant, auch ist es unerheblich, ob der Vermieter Schuld am Auftreten der Schadstoffbelastung trägt.

Text auf CD-ROM

Stellt ein Mieter Schadstoffbelastungen oder Schimmel in der Wohnung fest, muss er das gemäß § 536c BGB (→CD-ROM) dem Vermieter unverzüglich anzeigen – zum Nachweis mit Einschreiben und Rückschein –, sodass dieser die Möglichkeit hat, schnell zu handeln und den Schaden zu beheben. Der Vermieter ist hierauf gesetzlich dazu verpflichtet, den Mangel zu beseitigen. Tut er dies nicht, kann der Mieter ihn auf Mängelbeseitigung verklagen.

Mietminderung

Fristsetzung Für die Zeit des Vorhandenseins der Schadstoffbelastung bis zu deren Beseitigung und mängelfreien Nutzung ist der Mieter dazu berechtigt, eine Mietminderung durchzuführen. Voraussetzung ist ein Mangel, der zu einer nicht unerheblichen Minderung der Gebrauchstauglichkeit der Wohnung führt. Normalerweise ist eine Fristsetzung zur Behebung notwendig und erst nach deren Ablauf, ohne dass der Vermieter darauf reagiert hat, eine Minderung möglich. Bei schwerwiegenden Mängeln kann der Mieter aber bereits in der Mängelrüge ankündigen, schon bei der nächsten Mietzahlung die Minderung vorzunehmen und dann auch nur den geminderten Betrag begleichen. Gleichzeitig kann der Mieter in der Mängelanzeige erklären, dass er die folgenden Mietbeträge bis zur Mangelbeseitigung nur unter Vorbehalt der Rückforderung leistet.

Wenn der Vermieter nicht auf die Aufforderung zur Mangelbeseitigung reagiert, kann der Mieter bereits getätigte Zahlungen für die Monate nach dem Ende der gesetzten Frist rückwirkend mindern, das heißt die Differenz von der nächsten Mietzahlung abziehen. Wird die Gesamthöhe der Miete ohne Vorbehaltserklärung weitergezahlt, ist eine rückwirkende Mietminderung nicht möglich. **Keine Reaktion**

Entscheidend ist, dass der Vermieter, nachdem er vom Mieter auf einen Mangel aufmerksam gemacht wurde, möglichst sofort, jedoch immer innerhalb einer angemessenen Zeit auf die Vorwürfe reagiert. Ansonsten läuft er Gefahr, dass er im Streitigkeitsfall eine Nachzahlung der vom Mieter einbehaltenen Beträge schon im Vorhinein nicht verlangen kann. Hat der Mieter den Vermieter sofort auf den Mangel hingewiesen, kann er für die Zeit, in der der Mangel besteht, die Miete mindern, indem er einfach weniger Miete zahlt. Dazu ist weder eine förmliche gerichtliche Erlaubnis oder Genehmigung erforderlich noch die Zustimmung des Vermieters. **Sofort reagieren**

Hat der Vermieter einer Immobilie nicht fristgemäß auf die Mängelrüge reagiert oder liegen gravierende Belastungen vor, kann der Mieter die Miete mindern.

Die Grundlage des Minderungsbetrags ist im Regelfall die Bruttowarmmiete. Da hierüber in der Rechtsprechung jedoch keine Einigkeit besteht, können hier Mietervereine und Rechtsanwälte Auskunft geben. **Grundlage Bruttowarmmiete**

Höhe der Mietminderung

Nur selten wird es der Fall sein, dass der Mieter die Mietsache im kompletten Umfang überhaupt nicht mehr bestimmungsgemäß nutzen kann, wobei er von der Verpflichtung der Mietzahlung ganz befreit wäre. In allen anderen Fällen sind die bestimmenden Faktoren für die Höhe der Mietminderung das Ausmaß der Gebrauchsbeeinträchtigung, der anzusetzende Teil der Miete und die Minderungsquote. Eine Faustregel ist hierbei, dass die Miete desto mehr gekürzt werden darf, je höher das Ausmaß der Beeinträchtigung ist. Im Folgenden finden Sie einige Beispiele von gerichtlichen Entscheidungen zur zulässigen Höhe von Mietminderungen:

Zulässige Höhe der Minderung

- Geringfügige Belastung der Raumluft mit Lösungsmitteln: 3,5 Prozent (Amtsgericht Torgau),
- Schimmel im Schlafzimmer: 5–10 Prozent (Landgericht Hamburg),
- Schimmel im Wohn- und Kinderzimmer: 10 Prozent (Amtsgericht Bremen),
- Bleibelastung im Trinkwasser zwischen 126 und 176 mg/ Liter: 10 Prozent (Oberlandesgericht Hamburg),
- Pilzbefall in Küche, WC und zwei weiteren Räumen: 15 Prozent (Landgericht München),
- Pilzbefall in der Küche und an allen Zimmeraußenwänden sowie durchfeuchtete Wände und Decke im Bad: mindestens 15 Prozent (Landgericht Berlin),
- durchfeuchtete Kinderzimmerwand: 20 Prozent (Amtsgericht Köln),
- Schimmelbildung in Wohn- und Schlafzimmer wegen undichter Fenster: 20 Prozent (Amtsgericht Schöneberg),
- Schimmelbildung in Küche und Bad sowie an allen Außenwänden: 20 Prozent (Amtsgericht Köpenick),
- schwerer Schimmelbefall im Schlaf-, Wohn- und Badezimmer: 20 Prozent (Landgericht Osnabrück),
- Schimmelbefall an den Außenwänden von Schlaf- und Kinderzimmer: 20 Prozent (Amtsgericht Bremen),
- PCP- zwischen 2,4 und 7,2 mg/ cbm bzw. Lindan-Belastungen zwischen 0,0035 und 0,0051 mg/ cbm: 30 Prozent,

- PCP- bzw. Lindan-Belastungen von mehr als 1 mg/cbm: 50 Prozent,
- Asbest in Nachtspeicheröfen: 50 Prozent (Landgericht Dortmund),
- Perchloräthylenkonzentration von 1 bis 2 mg/cbm: 50 Prozent (Landgericht Hannover),
- erhöhte Formaldehydbelastung in Schlafräumen: 56 Prozent,
- Wohn- und Schlafzimmer sowie Küche durchfeuchtet, Modergeruch und Schimmel, zum Aufenthalt bleibt nur noch ein Zimmer: 80 Prozent (Landgericht Berlin).

Da es keine verbindlichen Minderungssätze für einzelne Mängel gibt und die Entscheidung immer vom Einzelfall abhängt, können diese Werte lediglich als Orientierung dienen. Unerheblich ist es dabei, ob der Mieter im Zeitraum der Beeinträchtigung die gemietete Immobilie tatsächlich nutzen wollte oder genutzt hat, z. B. wenn er zu diesem Zeitpunkt in Urlaub war. Anhaltspunkte können nen im Einzelfall Mietervereine oder auf Mietrecht spezialisierte Anwälte geben. Bei Streitigkeiten über die Höhe der Minderung kann der Differenzbetrag bis zur endgültigen Entscheidung einbehalten werden. Im Streitfall liegt die Entscheidung über die Minderungshöhe beim Gericht.

Abhängig vom Einzelfall

Ausschluss der Mietminderung

War dem Mieter der Mangel bereits bei der Unterzeichnung des Mietvertrags bekannt, war dieser problemlos zu erkennen (§ 536b BGB) (→CD-ROM) oder ist er von diesem selbst verschuldet – etwa Schimmelbildung aufgrund von unzureichender Luftzufuhr durch die tägliche Fensterlüftung –, kommt eine Mietminderung nicht infrage. Wenn der Mieter den Mangel bei der Überlassung des Mietobjekts kennt, kann er sich jedoch bei der Wohnungsübergabe die Geltendmachung der Mängel vorbehalten. In diesem Fall tritt kein Ausschluss einer Mietminderung ein.

Text auf CD-ROM

Nach § 536c BGB (→CD-ROM) ist die Minderung dann ausgeschlossen, wenn ein Mangel im Lauf der Mietzeit auftritt und dem Vermieter nicht unverzüglich angezeigt wird, und der Vermieter aus diesem Grund nicht in der Lage ist, den Mangel zu beheben. Zahlt der Mieter die Miete in voller Höhe weiter, ohne den Mangel

Nicht sofort angezeigt

anzuzeigen, verliert er gemäß einer Gerichtsentscheidung des Oberlandesgerichts Frankfurt am Main nach sechs Monaten sein Recht auf die Mietminderung. Auch wenn trotz erhobener Mängelrüge der Mietzins in voller Höhe weiter beglichen wird, kann das Recht auf Minderung nach etwa sechs Monaten verfallen. Ein vertraglicher Ausschluss eines Mietminderungsrechts ist bei Wohnmietverträgen hingegen nach § 536 Abs. 4 BGB (→CD-ROM) unwirksam. Dasselbe gilt für zeitlich beschränkte oder teilweise Ausschlüsse des Minderungsrechts. Auch eine Kündigung durch den Vermieter aufgrund der Minderung durch den Mieter ist nicht rechtens, denn hierfür muss ein Verschulden des Mieters vorliegen, was bei einem Mietmangel nicht der Fall ist. Bei Gewerberäumen ist es hingegen möglich, das Minderungsrecht der Höhe nach oder zeitlich einzuschränken, z. B. dadurch dass das Recht nur im Klageweg geltend zu machen ist.

Vermieterwechsel und Mieterhöhung
Das Recht zur Minderung kann jedoch dann wieder vorhanden sein, wenn die Miete erhöht wird. Zudem ist der Mieter auch bei einem Vermieterwechsel dazu verpflichtet, dem neuen Vermieter den Mangel mitzuteilen, auch wenn er dies dem alten Vermieter gegenüber bereits angemahnt hat.

Expertentipp

Richtig sanieren bei Schimmel

Nach Angaben des Mieterverbandes gehen rund die Hälfte aller Streitfälle in Sachen Mietminderung auf das Konto von Schimmelpilzen. Wenn der Vermieter die vermietete Wohnung aufgrund eines Schimmelpilzbefalls sanieren muss, genügt es nicht, die Schimmelflecken mit Farbe oder Schimmelblockern zu überstreichen. Die befallenen Stellen an Putz und Tapete müssen stattdessen von einem Maler vollständig beseitigt werden. In schwereren Fällen müssen dabei Putz und Tapete entfernt werden. Mieter haben dabei das Recht, vom Vermieter zu erfahren, welche Mittel der Schimmelbeseitigung zum Einsatz kommen, denn der Vermieter sollte immer nur solche Mittel verwenden, die keine zusätzliche gesundheitliche Belastung verursachen.

Zurückbehaltung

Als Druckmittel gegenüber dem Vermieter, einen Mangel, der trotz Mängelrüge nicht innerhalb einer angemessenen Frist beseitigt wurde, schließlich doch noch beheben zu lassen, hat der Mieter das Recht, zusätzlich zur Minderung einen Teil der Miete zurückzubehalten, das heißt die tatsächlich entstandenen mit den einbehaltenen Aufwendungen zu verrechnen. Zusätzlich dient dies dazu, bei einer eventuell nötig werdenden Selbstbeseitigung durch den Mieter, die Kosten hierfür aufbringen zu können. Dies sollte der Mieter auch vorsorglich in der Mängelanzeige ankündigen.

Anders als bei der Minderung ist er jedoch dazu verpflichtet, den zurückbehaltenen Betrag nachzuzahlen, wenn der Mangel beseitigt ist. Vertraglich kann das Recht auf Zurückbehaltung nicht ausgeschlossen werden. Die Zurückbehaltung muss der Mieter dem Vermieter gegenüber nicht gesondert erklären. Erst wenn es zu einem Prozess kommen sollte, darf er sich auf das Recht hierzu berufen. Als anzusetzender Betrag für die Zurückbehaltung kann man den drei- bis fünffachen Betrag der Minderungsquote ansetzen. *Nachzahlung der Zurückbehaltung*

Bei einer Zurückbehaltung eines Teils der Miete ist der Vermieter ebenso wie bei einer Mietminderung nicht zu einer Kündigung berechtigt, denn dies würde voraussetzen, dass der Mieter schuldhaft seine Pflicht zur Mietzahlung verletzt hat. Da der Mieter jedoch zur Minderung und Zurückhaltung berechtigt ist, stellt dies keine Pflichtverletzung dar. Auch wenn sich der Mieter über die Höhe des zulässigen Minderungs- oder des Zurückhaltungsbetrags geirrt hat und daher eine überhöhte Summe mindert oder zurückhält und der Mieter unter normalen Umständen mit einem Betrag in der Höhe von mindestens zwei Monatsmieten im Rückstand wäre, ist dies kein Kündigungsgrund, denn die Entscheidung über die letztlich im Einzelfall zulässigen Minderungs- oder Zurückbehaltungsbeträge liegt bei Gericht. *Keine Kündigung*

Selbstbeseitigung

Beseitigt der Vermieter den Schaden nach der Mängelrüge nicht innerhalb der vom Mieter angegebenen angemessenen Frist im erforderlichen Maß und zeigt er sich auch nicht dazu bereit, hat der Mieter nach Fristablauf die Möglichkeit, den Mangel selbst zu beseitigen und sich die voraussichtlichen Kosten vom Vermieter als Vorschuss oder – wenn der Vermieter dies nicht praktiziert – durch eine Verrechnung mit der laufenden Mietzahlung, soweit dies der Mietvertrag zulässt, ersetzen zu lassen. Der Vermieter muss nur die Kosten ersetzen, die nach Auskunft von Fachleuten geeignet und notwendig werden.

Expertentipp

Vorsicht bei Selbstbeseitigung

Sowohl rechtlich als auch finanziell und der Sache nach betrachtet ist die Beseitigung des Mangels durch den Vermieter für beide Seiten immer die sicherere Lösung. Ist die Behandlung durch den Mieter unsachgemäß, kann die Bausubstanz geschädigt werden. So können bei einem Schimmelbefall durch Feuchtigkeit besonders Materialien zur oberflächlichen Versiegelung dazu führen, dass die Feuchtigkeit nicht mehr aus dem Mauerwerk entweichen kann und dieses hierdurch geschädigt wird. Für so verursachte Schäden ist der Mieter dem Vermieter gegenüber schadensersatzpflichtig.

Fristlose Kündigung

Text
auf CD-ROM

Bei einer nachgewiesenen schweren Gesundheitsgefährdung kann der Mieter nach § 569 Abs. 1 BGB (→CD-ROM) auch ohne Fristeinhaltung kündigen. Nicht zulässig ist die Kündigung jedoch, wenn der Mangel nach Anmahnung sofort behoben werden kann. Hierzu reicht eine knappe Begründung zu einer fristlosen Kündigung wegen Gesundheitsrisiken aus. Die Kündigung muss schriftlich, am besten mit Einschreiben und Rückschein erfolgen. Auch durch monatelanges Abwarten vor der Kündigung, etwa bei einer durch den Vermieter angekündigten Wohnungssanierung, hat der Mieter sein Recht zur fristlosen Kündigung nicht verwirkt.
Hierbei muss der Mieter zwar noch keinen gesundheitlichen Schaden erlitten haben, jedoch beweisen, dass eine Beeinträchtigung der Wohnung vorliegt, z. B. dass Schimmel in der Wohnung wächst oder dass eine gesundheitsgefährdende Konzentration von Wohngiften vorhanden und diese Ursache einer gesundheitli-

chen Beeinträchtigung sind. Hierzu genügt ein Sachverständigengutachten mit einer Raumluftanalyse, sodass etwa bei einem
Schimmelbefall nicht einmal sichtbare Schimmelflecken vorhanden sein müssen, wenn sich eine erhöhte Konzentration von
Stoffwechselprodukten der Schimmelpilze in der Raumluft nachweisen lässt. Zudem muss ein medizinischer Sachverständiger
bestätigen, dass die gesundheitlichen Beschwerden des Mieters
typischerweise von den entsprechenden Wohngiften hervorgerufen werden.

Eine fristlose Kündigung nach § 543 BGB (→CD-ROM) wegen
erheblicher Gesundheitsgefährdung, beispielsweise durch Neubaufeuchte kann auch dann gegeben sein, wenn der Mieter nach-
weislich gegen Hausstaubmilben allergisch ist, deren Vermehrung
durch die Feuchtigkeit begünstigt wird. Ist diese Gefährdung nicht
leicht behebbar, ist auch keine Fristsetzung zur Beseitigung der
Gesundheitsgefährdung erforderlich.

Etwas komplizierter stellt es sich dar, wenn nur einige Räume
einer Mietwohnung gesundheitsgefährdende Schadstoffkonzen-
trationen aufweisen. Hier hängt es nicht nur davon ab, ob die
Gesundheitsgefährdung als erheblich einzustufen ist, sondern
auch davon, welche Auswirkungen die Schadstoffbelastung auf
die Nutzbarkeit der gesamten Wohnung hat. Besonders bei hoch-
belasteten Kinderzimmern ist dies aber der Fall.

Nur einzelne Räume

Schadensersatz

Wenn dem Mieter durch einen Mangel ein Schaden entsteht, kann
er zusätzlich zur Minderung, Selbstbehebung oder Kündigung
vom Vermieter Schadensersatz verlangen. Auf jeden Fall gilt die
Schadensersatzhaftung für Mängel, die bereits vor Vertragsabschluss vorlagen, auch wenn der Vermieter den Mangel nicht
verschuldet hat, dem Vermieter der Mangel nicht bekannt war und
er für ihn auch nicht erkennbar war. Dabei ist es irrelevant, ob der
Vermieter die Schadensursache kannte oder Schuld am Auftreten
des Mangels trägt.

Zusätzlich Schadens-ersatz

Der Vermieter haftet nicht nur für den Schaden selbst, sondern
auch für alle daraus entstandenen Nachteile des Mieters. Diese
Haftung gilt nicht nur für die Person, die den Mietvertrag unter-
zeichnet hat, sondern auch für alle Personen, die zum Haushalt

gehören wie etwa Ehegatten, Kinder oder sonstige Angehörige, die in der Wohnung leben oder zum Zeitpunkt des Vorhandenseins des Mangels gelebt haben. Eine Mietvertragsklausel, die die Haftung des Vermieters auf Vorsatz und grobe Fahrlässigkeit beschränkt, ist dabei unwirksam.

Erst nach Vertragsabschluss Ist dem Mieter der Mangel jedoch von Anfang an bekannt und hat er sich der Geltendmachung von diesbezüglichen Forderungen nicht vorbehalten, kann er auch keine Schadensersatzansprüche stellen. Tritt ein Mangel erst nach Vertragsabschluss ein, ist die Voraussetzung für einen Schadensersatzanspruch, dass der Vermieter den Mangel zu vertreten hat. Ebenfalls schadensersatzpflichtig ist ein Mangel, der trotz einer berechtigten Mängelrüge des Mieters nicht vom Vermieter behoben wird. Reagiert der Vermieter nicht auf die Aufforderung zur Mangelbeseitigung, ist er dazu verpflichtet, alle Schäden zu ersetzen, die nach Ablauf der gesetzten Frist durch den Mangel verursacht werden, unabhängig davon, ob ein Verschulden des Vermieters an dem Mangel vorliegt oder nicht.

Ersatzfähige Kosten Als Schaden zählen etwa die mit einem nötigen Auszug verbundenen Aufwendungen wie z. B. Anwaltskosten, Zeitungsanzeigen zur Wohnungssuche, Maklerprovision, Umzugskosten, Hotelkosten, Kosten für die Einlagerung von Möbeln während der Übergangszeit oder die Differenz zu einer höheren Miete einer vergleichbaren neuen Wohnung für die Zeit bis zur Mängelbeseitigung. Bei einer nachgewiesenen Erkrankung ist der Vermieter zudem verpflichtet, die Kosten der Heilbehandlung und hierdurch gegebenenfalls bedingte Verdienstausfälle zu ersetzen. Zusätzlich hat der Vermieter in einem solchen Fall Schmerzensgeld zu zahlen. Voraussetzung ist hierbei wiederum, dass der Mieter den Vermieter von dem Mangel rechtzeitig in Kenntnis gesetzt hat.

Beweislast vor Gericht

Generell sollte es für beide Seiten erstrebenswert sein, einen gerichtlichen Streit zu vermeiden. In über 95 Prozent der Fälle, in denen Mietervereine hinzugezogen werden, gelingt es auch, die Streitigkeiten ohne Gerichtsverfahren beizulegen. Nach Schätzungen der Verbraucherzentrale sind beispielsweise bei Schimmel in der Wohnung etwa 20–25 Prozent der Fälle auf Baumängel zurückzuführen, ebenfalls 20–25 Prozent auf falsches Heizen und Lüften und in 45–55 Prozent der Fälle treffen beide Ursachen zusammen.

Verschiedene Indizien können den Schluss zulassen, dass ein Verschulden des Mieters an einem Mangel vorliegt. Im Beispiel des Schimmelbefalls sind dies etwa ein mangelfreier baulicher Zustand, die Unmöglichkeit des Eindringens von Feuchtigkeit aus Kellerräumen oder die Tatsache, dass der Mieter in einem Mehrfamilienhaus der Einzige ist, bei dem ein Schimmelbefall auftritt. Da in Neubauten beim Abbinden von Beton über längere Zeit Wasser freigesetzt werden kann, was häufig ein Grund für die Entstehung von Schimmel ist, kann zumindest dies bei Häusern, die mindestens ein bis zwei Jahre alt sind, als mögliche Ursache ausgeschlossen werden.

Verschulden des Mieters

Der Vermieter muss vor Gericht beweisen, dass der Mieter den angezeigten Mangel selbst verschuldet hat.

Wenn der Vermieter eine Mängelanzeige für nicht gerechtfertigt hält, etwa, wenn er eine Schimmelbildung in der Wohnung auf ein falsches Nutzungsverhalten des Mieters zurückführt und die Kosten der Sanierung daher nicht tragen bzw. die Mietminderung

Beweislast des Vermieters

nicht akzeptieren will, liegt im Streitfall die Beweislast generell beim Vermieter. Der Mieter muss lediglich nachweisen, dass ein Mangel vorliegt. Bei sichtbarem Schimmelbefall der Wände ist dies beispielsweise durch Fotos und Zeugenaussagen von Nachbarn möglich. Es liegt am Vermieter, nun zu belegen, dass der Mieter zu wenig gelüftet oder geheizt hat und die Schimmelbildung nicht auf Baumängel wie beispielsweise eine mangelnde Bauqualität, eine nach den Vorschriften zur Bauzeit unzureichende Dämmung der Wände, auf Leckstellen, Risse oder Löcher zurückzuführen ist. Dass der Vermieter sich lediglich darauf beruft, das Gebäude sei entsprechend der zum Bauzeitpunkt geltenden DIN-Normen errichtet worden, ist hingegen nicht ausreichend.

Nicht verpflichtet hingegen ist der Vermieter, die Wohnung laufend den jeweiligen Normen anzupassen. Baumängel lassen sich leicht mithilfe von Tests und Gutachten ausschließen. Ein Sachverständiger prüft hierbei, ob die Wohnung keine Baumängel aufweist. Auch die einwandfreie Funktion der Heizung und die Regulierbarkeit der Heiztemperatur – auch bei längerer Abwesenheit des Mieters – werden geprüft. Kann hierdurch nachgewiesen werden, dass kein baulicher Mangel vorliegt, wird im Streitfall das Gericht der Möglichkeit eines unangemessenen Nutzungsverhaltens des Mieters nachgehen.

Beweissicherungsverfahren

Der Mieter muss in diesem Fall dann wiederum beweisen, dass er richtig geheizt und gelüftet hat, wobei Messungen mit Temperatur- und Feuchtigkeitszählern hier helfen können, und dass seine Möblierung den Schaden nicht begünstigt hat. Auch ist es sinnvoll, zu ermitteln, ob in den anderen Wohnungen im Haus ebenfalls Feuchteschäden aufgetreten sind und in welchem Zustand sich die Wohnung beim Vormieter befunden hat. Wenn bauspezifische Fragen offen bleiben, empfiehlt es sich, einen Gutachter einzuschalten. Ein Rechtsanwalt kann helfen zu entscheiden, ob ein gerichtliches Beweissicherungsverfahren eingeleitet werden soll. Dies hat den Vorteil, dass ein im Zuge eines solchen Verfahrens erstelltes Gutachten immer auch automatisch vor Gericht verwendet werden kann.

Kann der Vermieter schlüssig nachweisen, dass der Mieter selbst den Mangel verursacht hat, muss er für den Schaden nicht haften. Andernfalls ist der Vermieter haftbar und schadensersatzpflichtig, auch wenn beim Hausbau die technischen Normen eingehalten wurden. Da die Gerichts-, Gutachtens- und Anwaltskosten derjenige zahlen muss, der den Prozess verliert, ist es für beide Seiten sinnvoll, eine Rechtsschutzversicherung abzuschließen, die die Kosten im Notfall deckt.

Grenze der Zumutbarkeit

Was der Vermieter in punkto ausreichende Belüftung vom Mieter verlangen kann, muss immer unter dem Gesichtspunkt betrachtet werden, was für diesen auch wirklich zumutbar ist. So ist beispielsweise in Betracht zu ziehen, dass die meisten Mieter sich nicht durchgehend in der Wohnung aufhalten, sondern durchschnittlich 10–12 Stunden am Tag nicht anwesend sind. Daher ist es oft nicht möglich und auch nicht zumutbar, mehrmals am Tag zu lüften. Das Oberlandesgericht Frankfurt am Main beispielsweise hat ein Lüften morgens und abends für ausreichend erklärt. Ein Kippen der Fenster reicht dabei jedoch nicht aus. Ebenso darf der Vermieter nicht verbieten, die Wäsche im Winter in der Wohnung zu trocknen, wenn sich im Haus kein abschließbarer Trockenraum befindet sowie Bad und Küche keinen Platz oder Anschluss für einen Wäschetrockner bieten. Zudem muss der Mieter nachts nicht durchheizen, darf während seiner Abwesenheit die Heizung herunterdrehen und muss Baumängel nicht durch übermäßiges Heizen ausgleichen.

Ausreichende Lüftung

Zumutbar ist hingegen, dass der Mieter z. B. die Feuchtigkeitsentwicklung der Bausubstanz bei Neubauten in den ersten zwei Jahren in sein Nutzungsverhalten einbezieht, also vermehrt heizt und lüftet. Voraussetzung hierfür ist jedoch, dass der Vermieter den Mieter über den Sachverhalt und das nötige Verhalten aufgeklärt hat. Ansonsten gilt die Baufeuchte als Baumangel, für den der Vermieter eintreten muss. Auch in Altbauten kann erwartet werden, dass der Mieter mehr heizt als in Neubauten. Keinen Anspruch auf die Beseitigung von Schimmel im Duschbereich hat der Mieter nach einer Entscheidung des Landgerichts Berlin auch dann, wenn der Mieter die mit Wasser benetzten Flächen nicht regelmäßig trocken wischt, da dies von ihm erwartet werden kann.

Nutzungsverhalten

Der Vermieter ist hingegen dazu verpflichtet, den Mieter über notwendige Änderungen des Wohnungsnutzungsverhaltens im

Fall von baulichen Veränderungen aufzuklären. So haben verschiedene Gerichte wie etwa das Landgericht Gießen entschieden, dass etwa nach der Installation neuer dicht schließender Fenster der Mieter über die Notwendigkeit einer ausreichenden Lüftung zu informieren ist. Die üblichen in Mietverträgen enthaltenen Hinweise, der Mieter müsse mehrmals am Tag, idealerweise mittels Stoßlüftung, in ausreichendem Umfang lüften, reichen hierbei nicht aus. Das Gesetz verlangt eine „sachgerechte und präzise" Belehrung, also genaue Angaben, wie oft und wie lange in den einzelnen Wohnräumen gelüftet werden muss, sowie welche Temperaturen im jeweiligen Raum einzuhalten sind – je nach Witterungsbedingungen und Jahreszeit sowie nach Lage der Wohnung, etwa in Bezug auf die Windexposition. Die sicherste Beweismöglichkeit für den Vermieter ist es, dem Mieter eine Broschüre zu übergeben, die das richtige Lüften bedarfsgerecht erklärt und sich die Übergabe aus Beweisgründen quittieren zu lassen. Durch eine mangelhafte Information des Mieters trägt der Vermieter bei hierdurch verursachten Schäden eine Mitschuld von mindestens 50 Prozent.

Hat der Vermieter den Mieter nach baulichen Maßnahmen nicht auf nötige Änderungen des Nutzungsverhaltens aufmerksam gemacht, haftet er bei Schäden mit.

Expertentipp

Schadensersatz durch Mieter

Auch beim Auszug können Mieter aufgrund der Verursa-
chung eines gesundheitsschädlichen Mangels zu Schadensersatz verpflichtet sein. So ist dies etwa der Fall bei exzessi-
vem Rauchen in der Wohnung. Wurde das Rauchen in Wohnräumen bislang als vertragsgemäßer Gebrauch angesehen,
ist es nunmehr bei Schäden durch Kettenrauchen in der
Wohnung möglich, den Mieter zur Begleichung von Renovierungskosten zu verpflichten, da das übermäßige Rauchen zu
einer nachhaltigen Ablagerung von Schadstoffen führt, was
der Vermieter nicht dulden muss.

 RECHTS-CHECK

So reagieren Sie richtig bei Mängeln

Mängelrüge beim Bau einer Immobilie

Formular
auf CD-ROM

Voraussetzung ist eine genaue Prüfung, ob der entsprechende Mangel eindeutig auf den betreffenden Unternehmer zurückzuführen ist. Eine Mängelrüge beim Kauf oder Bau einer Immobilie besteht nach § 13 Nr. 5 Abs. 1 VOB/B aus einigen Elementen, die hierbei eingehalten werden müssen:

Sind die Formalien eingehalten?

Haben Sie sich bei der Abnahme das Recht auf Mängelbeseitigung vorbehalten? **ja** ☐   **nein** ☐

Bemerkung: ....

Haben Sie sofort nach Feststellen des Mangels den Auftragnehmer in Kenntnis gesetzt und Mangelbeseitigung gefordert? **ja** ☐   **nein** ☐

Bemerkung: ....

Wurde die Mängelfeststellung schriftlich formuliert? **ja** ☐   **nein** ☐

Bemerkung: ....

Erfolgte die Zustellung per Einschreiben mit Rückschein? **ja** ☐   **nein** ☐

Bemerkung: ....

Ist die gesetzte Frist angemessen? **ja** ☐   **nein** ☐

Bemerkung: ....

Hat der Unternehmer um eine Fristverlängerung gebeten?　　ja ☐　nein ☐

Bemerkung: ....

Haben Sie alle inhaltlichen Elemente berücksichtigt?

Stimmt die Bezeichnung des Vertragspartners?　　ja ☐　nein ☐

Bemerkung: ....

Stimmt das Datum der Mängelrüge?　　ja ☐　nein ☐

Bemerkung: ....

Wurde das Gewerk richtig bezeichnet?　　ja ☐　nein ☐

Bemerkung: ....

Sind Auftragsdatum und -nummer richtig?　　ja ☐　nein ☐

Bemerkung: ....

Ist der Mangel oder die Auswirkung des Mangels genau beschrieben?　　ja ☐　nein ☐

Bemerkung: ....

Ist bei zusätzlichen Schäden der Schaden und der Vorbehalt der Schadensersatzansprüche genau bezeichnet?　　ja ☐　nein ☐

Bemerkung: ....

Wurde der Ort des Mangels genau beschrieben?　　ja ☐　nein ☐

Bemerkung: ....

Wurde eine angemessene Frist mit Termin, bis zu dem der Mangel zu beseitigen ist, gesetzt?　　ja ☐　nein ☐

Bemerkung: ....

Wurde die gewählte Handlungsmöglichkeit bei   **ja** ☐   **nein** ☐
Nichtbehebung innerhalb der angegebenen Frist
angekündigt (VOB-Vertrag: Auftragsentzug; BGB-
Vertrag: Selbstvornahme mit Aufwendungsersatz,
Vertragsrücktritt oder Minderung der Vergütung)?

Bemerkung: ....

Wurde der Schaden, z. B. durch Fotos, sachver-   **ja** ☐   **nein** ☐
ständige, unabhängige Zeugen oder Gutachten
belegt?

Bemerkung: ....

Wurden Kostenangebote anderer Unternehmer   **ja** ☐   **nein** ☐
eingeholt?

Bemerkung: ....

Faktenaufnahme bei Bewertung eines Mangels

Besonders wenn Streitigkeiten bestehen, ist es wichtig, die Fakten,
die einem Mangel zugrunde liegen und die Folgen, die dieser bedingt, zu erheben, um das weitere Vorgehen planen zu können und
eine Grundlage für den Gang zum Rechtsanwalt und eine eventuelle Gerichtsverhandlung zu besitzen.

Hatten Sie einen Wasserschaden im Haus oder in   **ja** ☐   **nein** ☐
der Wohnung?

Bemerkung: ....

Ist der Bauherr für den Mangel verantwortlich?   **ja** ☐   **nein** ☐
Wenn nein, wer dann?

☐ Architekt

☐ Unternehmer

☐ Normaler Verschleiß

☐ Geteilte Verantwortung

Bemerkung: ....

Lässt sich die Schwere des Mangels einschätzen?   **ja** ☐   **nein** ☐
Wenn ja, wie gravierend ist er?

☐ Schwer

☐ Geringfügig

Bemerkung: ....

Ist der bauliche Umfang der Mangelbeseitigung   **ja** ☐   **nein** ☐
hoch? Wenn ja, wie hoch?

☐ Umfangreich

☐ Gering

Bemerkung: ....

Sind die Kosten abschätzbar? Wenn ja, in welcher   **ja** ☐   **nein** ☐
Größenordnung bewegen sie sich?

☐ Hoch

☐ Mittel

☐ Gering

Bemerkung: ....

Kann der zeitliche Aufwand der Mängelbeseiti-   **ja** ☐   **nein** ☐
gung eingeschätzt werden? Wenn ja, wie lange
wird die Ausbesserung dauern?

☐ Langdauernd

☐ Kurzzeitig

Bemerkung: ....

Besteht Dringlichkeit bei der Beseitigung des Mangels? Wenn ja, wie schnell muss sie erfolgen?   ja ☐   nein ☐

☐ Unverzüglich

☐ Möglichst bald

Bemerkung: ....

Wann haben Sie den Mangel festgestellt?

In der Bauphase	ja ☐	nein ☐
Vor der Abnahme	ja ☐	nein ☐
Nach der Abnahme	ja ☐	nein ☐
Vor Ablauf der Gewährleistung	ja ☐	nein ☐
Nach Ablauf der Gewährleistung	ja ☐	nein ☐

Bemerkung: ....

Ist die Behebung des Schadens für den Bauherrn zumutbar?   ja ☐   nein ☐

Bemerkung: ....

Ist ein Folgeschaden entstanden? Wenn ja, welcher?   ja ☐   nein ☐

☐ Am Bauwerk
Welcher? ....

☐ An der Innenausstattung
Welcher? ....

☐ Gesundheitlicher Schaden
Welcher? ....

Anderer ....

Bemerkung: ....

Besteht ein Gewährleistungsausschluss?   ja ☐   nein ☐

Bemerkung: ....

Haben Sie eine Frist zur Nachbesserung gesetzt?   ja ☐   nein ☐

Wann: ....

Ist die Frist bereits verstrichen?   ja ☐   nein ☐

Wann: ....

Mietminderung

Am Anfang einer Mietminderung bei einem Mangel steht eine
Mängelrüge mit einer Fristsetzung zur Behebung. Zunächst muss
jedoch geprüft werden, ob die Voraussetzungen für ein rechtliches
Vorgehen gegeben sind.

Liegt ein Mangel vor, der zu einer nicht unerhebli- ja ☐   nein ☐
chen Beeinträchtigung führt?

Bemerkung: ....

Wurde die Wohnung ausreichend besichtigt?   ja ☐   nein ☐

Bemerkung: ....

War der Mangel bereits bei Vertragsunterzeich-   ja ☐   nein ☐
nung bekannt?
Wenn ja, hat der Mieter sich seine Rechte auf   ja ☐   nein ☐
Mängelbeseitigung vorbehalten?

Bemerkung: ....

Ist der Mangel erst während der Mietzeit aufgetre- ja ☐   nein ☐
ten?

Bemerkung: ....

Hat der Mieter den Mangel selbst verschuldet? ja ☐ nein ☐

Bemerkung: ....

Wurde der Mieter bei einer Änderung über ein ja ☐ nein ☐
nötiges angepasstes Nutzungsverhalten ausreichend aufgeklärt?

Bemerkung: ....

Wurde der Mangel dem Vermieter unverzüglich ja ☐ nein ☐
per Einschreiben mitgeteilt?

Bemerkung: ....

Wurde der Vermieter unter Setzung einer Frist zur ja ☐ nein ☐
Mängelbeseitigung aufgefordert?

Bemerkung: ....

Wurde der Mangel dokumentiert? ja ☐ nein ☐

Bemerkung: ....

Haben Sie Alternativen geprüft, falls der Vermie- ja ☐ nein ☐
ter die notwendige Sanierung nicht durchführt?
Wenn ja, was kommt infrage?

☐ Selbstvornahme

☐ Zurückbehaltung

☐ Minderung

☐ Kündigung

☐ ggf. zusätzlich Schadensersatz

Bemerkung: ....

Können Sie den Zeitpunkt bestimmen, von wann ja ☐ nein ☐
bis wann der Mangel vorlag?

Bemerkung: ....

Das müssen Sie tun:

Gehen Sie die Checkliste Schritt für Schritt durch und überprüfen Sie, ob alle Voraussetzungen und Formalitäten zur Mängelrüge bzw. zu einer Mietminderung aufgrund von Mängeln
gegeben sind. Ist dies der Fall, können Sie im nächsten Schritt
Ihre Mietzahlungen mindern. Dabei gehen Sie so vor:

Ausgangsbetrag: .... €
(i. d. R. Bruttowarmmiete, Mieterverein oder Rechtsanwalt
fragen)

Höhe der Minderung: .... Prozent
(Mieterverein oder Rechtsanwalt fragen)

Berechnung:
.... € (Ausgangsbetrag)
x .... Prozent (Höhe der Minderung)
= .... € (Minderungsbetrag)

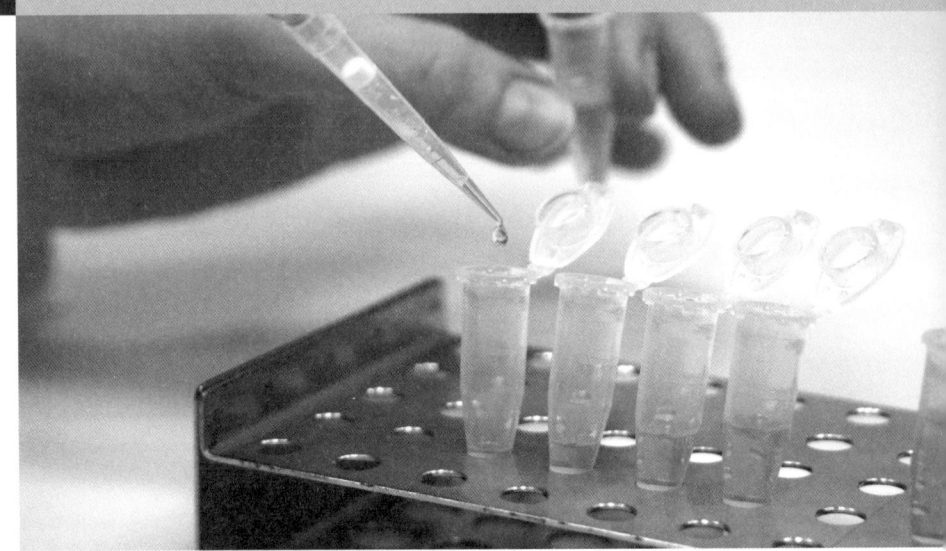

Analysemethoden und nützliche Beratungsstellen

Schadstoffmessungen werden von Sachverständigen verschiedener Berufsgruppen mit unterschiedlichen Qualifikationen und Beurteilungsmaßstäben angeboten. Da es hierfür keine verbindlichen Richt- und Grenzwerte und Verfahrensrichtlinien gibt, kommt es oft auch zu völlig unterschiedlichen Untersuchungsergebnissen.

Analysemethoden

Gezielte Untersuchungen

In Wohnräumen auftretende Schadstoffe können mithilfe von gezielten Untersuchungen und Messungen nach Art und Ausmaß bestimmt werden. Die Messmethoden reichen von einfachen Do-it-yourself-Tests bis hin zur umfangreichen Expertenanalyse. Zwar sind die Untersuchungen vom Fachmann teurer, sie sind jedoch auch wesentlich aussagekräftiger. Gerade bei juristischen Auseinandersetzungen wird man nicht um eine Expertenuntersuchung herumkommen. Auf der Grundlage der Untersuchungen kann ein

Bausachverständiger eingeschaltet werden, der hierbei entscheidet, welche Sanierungsmaßnahmen möglicherweise vonnöten sind.

Wohnrauminspektion

Ein Sachverständiger kann im Rahmen einer Wohnrauminspektion erste Anhaltspunkte für ein Vorhandensein eines gesundheitsbelastenden Stoffes in der Raumluft gewinnen. Hierbei stellt er den Bewohnern Fragen, begutachtet die Wohn- und Nutzräume und – so weit möglich – angrenzende Bereiche wie Kellerräume und Dachboden sowie die Gebäudefassade und wertet die Ergebnisse der Befragung und Inspektion aus. Bei einer Wohnraumbegehung werden zunächst sichtbare Feuchtigkeits- oder Schimmelflecken, gelagerte Chemikalien und Wohnraumgerüche sowie im Außenbereich Flechten und Algen, Putzversandung, Absprengungen oder Salzausblühungen protokolliert. Auch der Zustand von Gegenständen in Keller- und Lagerräumen, der Standort von Biotonnen und Komposthaufen und der Zustand von Dachböden, z. B. das Vorhandensein von Tierkot, sind hierbei von Interesse. Auf dieser Grundlage werden weitere Vorgehensweisen für Analysen und Messungen ausgearbeitet, insbesondere, welche Medien sich für Probenahmen und Messungen eignen. Bei einem oder mehreren Folgeterminen werden Proben genommen. Anschließend werden in diesem Rahmen gewonnene Mess- und Analyseergebnisse ausgewertet, woraufhin auf dieser Grundlage ein Bericht verfasst wird.

Analyse der Raumluft

Materialanalyse

Zu den gesundheitsschädlichen Stoffen, die durch Baumaterialien freigesetzt werden können, gehören etwa Holzschutzmittel (z. B. Pentachlorphenol und Lindan), Insektizide, Pestizide, Asbest, polychlorierte Biphenyle und Woll- oder Mottenschutzmittel. Mögliche Quellen der verschiedenen Stoffe sind unter anderem Bau- und Dämmmaterialien, Parkettkleber, Teppiche, Einrichtungsgegenstände sowie Insektenvernichtungs- und Holzschutzmittel.

Holzschutzmittel

Materialprobe entnehmen

Wenn Sie einen konkreten Verdacht auf das Vorhandensein eines bestimmten Schadstoffs in einem im Wohnraum verwendeten Produkt haben, ist es empfehlenswert, eine Materialprobe analysieren zu lassen. Die im Fall von Bodenproben relevante Probemenge beträgt etwa 1 kg und ist in der Regel in Glasbehältnissen aufzubewahren. Bei Holzoberflächen wird dabei an mehreren Stellen mit einem Elektrohobel oder einem scharfen Messer Material bis zu einer Tiefe von 1–2 mm mit mindestens 5 g entnommen. Die Materialprobe muss bei Formaldehyduntersuchungen mindestens 15 x 15 cm groß sein. Etwa 5 x 5 cm große Stücke mit einem Gewicht von ca. 10 g werden bei Teppichen, Leder, Linoleum, Gipskarton oder Tapeten an mehreren Stellen entnommen.

Expertentipp

Achtung bei Neu-, Aus- und Umbau

Bei Neu-, Aus- und Umbauten empfiehlt sich eine baubegleitende Kontrolle auf mögliche Gesundheitsrisiken durch einen Experten. Zudem sollten Sie mit Ihrem Architekten, der Baufirma und beauftragten Handwerkern über die zu verwendenden Baustoffe sprechen und sich hierüber informieren. Bei der TÜV Rheinland Group können Sie beispielsweise eine Liste mit über 600 handelsüblichen, schadstoffarmen Produkten erhalten, die Ihnen die Wahl gesundheitsunschädlicher Baustoffe erleichtert.

Hausstaubanalyse

Pestizid-screening

Hausstaub setzt sich aus kleinsten organischen und anorganischen Partikeln zusammen und gilt als guter Indikator verschiedenster Schadstoffe im Wohnraum. Vor allem für den Nachweis mittel- bis schwerflüchtiger organischer Substanzen wie Organo-Chlor-Pestizide, PCP, PCB, Lindan, DDT, Permethrin, PAK oder Phthalate ist eine Hausstaubanalyse geeignet. Insektizide, Holz- oder Wollschutzmittel sowie Pyrethroide können durch ein Pestizidscreening im Hausstaub ermittelt werden. Auch für Schimmel und Milben ist eine Hausstaubuntersuchung geeignet. Vor allem, wenn Sie die Quelle der Belastung nicht kennen, kann eine Hausstaubanalyse darüber Aufschluss geben und bietet ein recht kostengünstiges Untersuchungsverfahren. Gemäß VDI-Richtlinie 4300, Blatt 8 (→CD-ROM) wird auf der Fläche, auf der später die Probe genommen werden soll, eine Woche zuvor eine Grundreinigung durch feuchtes Wischen vorgenommen, anschließend bleibt der Staub bis zur Probenahme liegen. Die Frischstaubprobe wird mittels Staubsaugerbeutel oder Glasfaserfilter genommen, mit Klebestreifen verschlossen und an ein Prüflabor gesandt.

Text auf CD-ROM

Raumluftmessung

Eine weitere Analysemethode ist eine Bestimmung der Konzentration von Schadstoffen, die in der Raumluft enthalten sind, mithilfe einer Luftmessung, die ebenfalls eine Klassifikation und eine Zuordnung der möglichen Quellen zulässt. In erster Linie lassen sich dabei leichtflüchtige Stoffe wie z. B. Lösemittel oder PCB in der Raumluft untersuchen. Vor geplanten Schadstoffsanierungen ist eine Raumluftmessung als Analysemethode unumgänglich. Bei einem sogenannten Komplett-Screening werden Kleinstpartikel und Keime in der Raumluft sowie Schimmel, Formaldehyd und VOC ermittelt.

Als Vorbereitung auf die Messung sollte der Raum nutzungsüblich beheizt sein. Bei Formaldehyd, Lösemittel und anderen leichtflüchtigen Verbindungen sollte der Raum mindestens sechs Stunden vor der Messung, bei schwerflüchtigen Kohlenwasserstoffen wie Lindan oder PCB sollte mindestens 24 Stunden zuvor nicht gelüftet werden. Auch auf das Rauchen müssen Sie in dieser Zeit in den betroffenen Räumen verzichten.

Übliche Beheizung

Man unterscheidet zwischen Aktiv- und Passivmessungen. Aktivmessungen sind in der Regel Kurzzeitmessungen von etwa einer halben bis zu einer Stunde bei flüchtigen, von meist mehreren Stunden bei schwerflüchtigen Substanzen und von acht Stunden bei Asbestmessungen. Passivmessungen sind meist Langzeituntersuchungen, die bei normaler Raumnutzung mehrere Tage bis Wochen – in der Regel 7–14 Tage – dauern können. Während bei einer Aktivmessung mithilfe einer Pumpe eine genau definierte Luftmenge über ein Sammelmedium angesaugt wird, kommen bei Passivmessungen Diffusionssammler zum Einsatz, die im Raum für die

Aktiv- und Passivmessung

Dauer der Messung aufgestellt werden. Die Proben werden anschließend jeweils im Labor analysiert. Passivuntersuchungen sind jedoch meist auf bestimmte Stoffe beschränkt, z. B. leichtflüchtige Verbindungen (VOC), insbesondere Lösemittel oder Formaldehyd.

Feuchtigkeitsmessung

Feuchtigkeitsmessungen werden vor allem im Rahmen eines Schimmelbefalls relevant. Die kritischen Bereiche der Wände, Decken und Fußböden werden hierbei mittels verschiedener Messmethoden geprüft. So wird mithilfe von Hochfrequenzgeräten bestimmt, ob Bauteile eine erhöhte Feuchtigkeit aufweisen. Lufttemperatur und relative Luftfeuchtigkeit in und außerhalb der Wohnräume sowie die absolute Luftfeuchtigkeit werden dabei als Basiswerte erhoben. Hierzu werden Feuchttemperaturmessgeräte eingesetzt. Bei der Auswertung der Messungsergebnisse können versteckte Schadstoffquellen sowie feuchtigkeitsbedingte chemische Zersetzungsprozesse oder verstärkte Formaldehydemissionen ermittelt werden. Als Faustregel für die Bewertung gilt, dass bei einer normalen Raumtemperatur von 18–22° C die Feuchtigkeit im Sommer unter 10 g und im Winter unter 6 g Wasser pro kg Luft liegen sollte.

Hauscheck vor dem Kauf

Expertentipp

Expertencheck beim Hauskauf

Nicht nur beim Bau, auch beim Kauf eines Hauses lohnt sich der Expertencheck. Ein Fachmann nimmt dabei das Gebäude im Hinblick auf mögliche Schadstoffe unter die Lupe und dokumentiert eventuelle Befunde für eine gezielte Analyse. Vor einem Immobilienkauf empfiehlt sich auf jeden Fall ein Gutachten mit Materialproben und Raumluftanalyse. Dafür müssen Sie mit ungefähr 600–800 € rechnen. Zudem können Sie als Käufer auf verschiedene Anhaltspunkte achten, um schadstoffbelastete Materialien zu vermeiden. Hierbei sind neben Umweltzeichen wie dem Blauen Engel etwa auch Schadstoffzertifikate wie das TOXPROOF-Zeichen der TÜV Rheinland Group nützliche Hilfen.

Trinkwasseranalyse

Bei Trinkwasseranalysen auf Blei, Kupfer, Zink, Cadmium und Eisen gibt es zwei Analysemethoden: die Trinkwasser-Stagnations- bzw. Standwasserprobe und die Trinkwasser-Tagesmischprobe. Bei der Standwasserprobe sollte das Wasser vor der Probenahme mindestens vier Stunden in der Leitung stehen, weshalb es sinnvoll ist, die Probenahme am frühen Morgen durchzuführen. Bei der Tagesmischprobe wird ermittelt, wie viel Blei den Tag über mit dem Trinkwasser aufgenommen wird. Hierzu wird nach jeder Trinkwasserentnahme zu Genusszwecken, also zum Trinken oder Kochen, etwa eine Tasse Wasser entnommen und in einem gesonderten Behälter gesammelt. Hierzu sind die Wasserproben in sauberen Glasflaschen aufzubewahren. Die Wasserproben werden anschließend untersucht.

Stagnations- und Standwasserprobe

Untersuchungen des Wassers können Aufschluss über gesundheitsgefährdende Substanzen geben.

Blower-Door-Test und thermografische Messung

Ein typischer Streitpunkt bei gerichtlichen Auseinandersetzungen ist die Frage, ob bei Schimmelbefall ein Baumangel vorliegt oder der Mieter nicht richtig gelüftet hat. Besteht ein Verdacht auf mangelnde Winddichtigkeit, gibt ein Blower-Door-Test Aufschluss. Hierzu werden alle Raumöffnungen geschlossen und abgedichtet.

Nicht richtig gelüftet

In den Rahmen eines Fensters oder einer Tür wird ein Ventilator eingesetzt. Mithilfe dieses Ventilators wird ein Unter- und Überdruck von jeweils 50 Pascal erzeugt, was einer Windlast bei Windstärke 4 entspricht. Dadurch kann Wind nur noch durch unbekannte Leckagen ein- oder ausströmen. An der durch den Ventilator strömenden Luftmenge lässt sich messen, wie groß die Undichtigkeiten sind und ob diese nachgebessert werden müssen. Der Blower-Door-Test kann in einigen Fällen nur eine Aussage darüber treffen, dass Luft einströmt, aber nicht wo.

Ergänzend ist daher oft auch eine thermografische Messung sinnvoll, um den nötigen Wärmeschutz eines Gebäudes nachzuweisen. Die bei Unterdruck einströmende Luft verrät sich hierbei durch die Abkühlung der Umgebung. Aus Klima- und Messdaten eines Thermogramms lässt sich zudem berechnen, ob sich in der Innenluft Feuchtigkeit niederschlagen kann. Ein elektronischer Thermo-Hygrograf kann Luftfeuchtigkeit sowie Innen- und Außentemperatur während der Dauer von mehreren Tagen erfassen. Hierdurch lässt sich die Ursache eines Schimmelbefalls ermitteln.

Expertentipp

Qualifikation erkennen

Bei der Beauftragung eines Gutachterbüros sollten Sie darauf achten, dass bei der Analyse nur anerkannte Mess- und Analyseverfahren zur Anwendung kommen, etwa DIN-Normen und VDI-Richtlinien. Andere Verfahren werden offiziell nicht akzeptiert. Zudem sollte der Gutachter nach einem Qualitätssicherungssystem wie z. B. gemäß ISO 9000 arbeiten.

Humanbiomonitoring

Typische Krankheitsbilder

Typische Beschwerden bei wohnraumbedingten Schadstoffbelastungen sind beispielsweise Kopfschmerzen, Unwohlsein, Konzentrations- und Schlafstörungen, Schwindel, Müdigkeit, Allergien, Infektanfälligkeit, Atemwegserkrankungen, Haut- und Augenprobleme oder Magen-Darm-Beschwerden. Zu den schadstoffbedingten Erkrankungen gehören etwa Konjunktivitis, aber auch die

Multiple Chemikaliensensitivität (MCS), das Holzschutzmittel-Syndrom (HMS), das Chronische Müdigkeitssyndrom (CFS), das Sick-Building-Syndrom aber auch Krebserkrankungen. Wer über einen längeren Zeitraum unter unerklärlichen Beschwerden leidet – vor allem wenn man in Gebäuden lebt, die vor 1986 gebaut wurden und somit mit Schadstoffen wie Asbest, Holz- und Flammschutzmitteln belastet sein könnten –, sollte sich so bald wie möglich mit seinem Hausarzt in Verbindung setzen.

Am Anfang einer Untersuchung steht eine Anamnese mit Fragen über Person, Krankengeschichte und Beschwerdebild. Hierbei werden auch Vorbefunde und eventuell vorangegangene Untersuchungen besprochen. Beschwerden und körperliche Veränderungen geben einen ersten Verdacht auf mögliche Quellen. Nach der Diagnostik kann der Mediziner beurteilen, welche Gifte in der Wohnung untersucht werden sollen und welche Verfahren dafür sinnvoll sind.

Im medizinischen Bereich sind bei gesundheitlichen Beschwerden aufgrund von Schadstoffbelastungen in Wohnräumen umweltmedizinische Methoden wie das Humanbiomonitoring heranzuziehen. Hierbei können Belastungen ermittelt werden, die von Schadstoffen im Wohnraum ausgehen. Voraussetzung ist jedoch das Bekanntsein potenziell verantwortlicher Stoffe. Ohne konkreten Verdacht ist eine solche Untersuchung nicht sinnvoll. Beim humanen Belastungsmonitoring wird die Konzentration chemischer Substanzen in Proben wie Blut, Urin oder Haaren untersucht. Neben der Gefahrenbelastung können hieraus auch mögliche Wirkungen und Symptome abgeleitet werden. Mit einer Blutuntersuchung können anorganische Substanzen wie z. B. Blei oder Cadmium und organischen Substanzen wie halogenierte oder aromatische Kohlenwasserstoffe, Benzol, Toluol oder Tetrachlorethylen ermittelt werden. Plasmaproben eignen sich für die Untersuchung einiger Metalle und für schwerflüchtige organische Substanzen. Arsen, Quecksilber, Chrom oder Mangan lassen sich beispielsweise im Urin feststellen. Die Probenahme kann durch einen spezialisierten Umweltmediziner oder durch den Hausarzt erfolgen. Schließlich können durch die Gespräche und Untersuchungen medizinische Behandlungsmöglichkeiten und individuelle Verhaltensempfehlungen erarbeitet werden.

Umweltmedizinische Methoden

Umwelt-
labors

Zur weiteren Klärung und Einleitung nötiger Sanierungs- und Vermeidungsvorschläge werden in der Regel Fachleute von Umweltlaboren, zumeist speziell ausgebildete Chemiker und/oder Biologen, eingeschaltet. Die Messungen können durch den Arzt zur Kostenfreigabe bei der Krankenkasse des Patienten weitergereicht werden. Oft werden die ausführlichen umweltmedizinischen Untersuchungen jedoch nicht von der gesetzlichen Krankenkasse direkt beglichen. In der Regel erhalten Sie eine Rechnung, die Sie selbst bezahlen und an die Krankenkasse einreichen können. Je nach Ermessen wird die Krankenkasse den Rechnungsbetrag ganz oder – in den meisten Fällen – teilweise erstatten. Privatkassen hingegen kommen meist für einen Großteil der Kosten oder die gesamte Kostenübernahme auf.

Die häufigsten Schadstoffe entdecken

Grundlage für
Maßnahmen

Wollen Sie das Vorhandensein, die Quelle und Konzentration einer Schadstoffbelastung herausfinden, ist dies mittels verschiedener Analysemethoden möglich. Diese geben Ihnen die Grundlage z. B. für Schadstoffbekämpfungsmaßnahmen, eine ärztliche Behandlung oder rechtliche Beweisverfahren. In der Regel wird die Analyse von Proben in einem entsprechend instrumentell ausgestatteten Prüflabor ausgeführt. Auf diese Weise sind aussagekräftige und zugleich verlässliche Werte zu erhalten.

Biozidmessung

Staub-
analysen

Biozide wie DDE, DDT, Hexachlorbenzol, Lindan, Pentachlorphenol (PCP) und Pyrethroide können etwa durch Holz, Wollteppiche, Ledersitzgarnituren und zurückliegende Kammerjägereinsätze in die Wohnung gelangen. Zur Identifizierung, wenn möglicherweise zusätzlich Schadstoffquellen nicht ausgeschlossen werden können, sind Staubanalysen geeignet. Ist die Quelle gefunden, sind Materialanalysen erforderlich. In Ausnahmefällen bietet sich auch die Raumluftmessung an.

Ledersitze können die Quelle von Biozidabsonderungen sein.

Formaldehyd

Besteht ein konkreter Anfangsverdacht, etwa wegen typischer Gerüche, Materialien oder Beschwerden, können Raumluftmessungen über eine mögliche Formaldehydbelastung Aufschluss geben. Formaldehyd wird als Desinfektionsmittel verwendet und dient als Basis vieler chemischer Verbindungen. Oft kommt es im Zusammenhang mit Holzwerkstoffplatten, überwiegend Spanplatten vor. Es schwächt das Immunsystem, beeinflusst das Nervensystem, kann Allergien auslösen und steht im Verdacht, krebser-regend zu sein. Medizinisch kann das Vorhandensein von Formaldehyd im Körper nachgewiesen werden, indem man auf Methanol oder auf Ameisensäure testet, zu der das Formaldehyd üblicherweise oxidiert. Um die Quelle ausfindig zu machen, können Materialanalysen und gegebenenfalls Prüfkammermessungen stattfinden. Voraussetzung für eine Formaldehyd-Raumluftmessung ist, dass mindestens vier, besser acht bis zwölf Stunden zuvor in dem betreffenden Raum nicht gelüftet wurde. Zuvor müssen zudem auch Lufttemperatur und Feuchtigkeit bestimmt werden. Die Temperatur sollte hierbei nicht unter 17° C liegen. Ebenso darf vor und während der Messung nicht geraucht werden. Die Formaldehydmessung richtet sich hierbei nach der VDI-Richtlinie VDI 3862, Blatt 3, „Messungen von gasförmigen Emissionen, Messen aliphatischer und aromatischer Aldehyde und Ketone", Entwurf. Sind die Grenzbestimmungswerte

Typische Gerüche

überschritten, ist eine erhöhte Formaldehydkonzentration nachzuweisen und eine gesundheitliche Gefährdung gegeben.

Messung über 24 Stunden

Wird bei normaler Nutzung gemessen, gibt dies die tatsächlichen
Werte wieder, erfolgt die Messung in einem über 24 Stunden nicht
belüfteten Raum, lassen sich die Maximalwerte ermitteln. Einige
Anbieter stellen Formaldehyd-Messsysteme leihweise zur Verfügung. Die Auswertung erfolgt in diesem Fall in einem Labor und
dauert in der Regel etwa eine Woche. Bio-Check-Stäbchen, die
etwa zwei Stunden in der Raummitte platziert werden und sich je
nach Belastungsstärke verfärben, können Ihnen hinsichtlich einer
Formaldehydbelastung im Eigentest erste Anzeichen liefern.

Asbest

Asbest kann in Baumaterialien wie Bauplatten, Bodenbelägen,
Spachtel- und Stopfmassen sowie in Nachtstromspeicheröfen
enthalten sein. Verdachtsmomente können sich aus der Bauge-
schichte der Immobilie sowie durch Erkrankungen der Bewohner
wie Pleuramesotheliom ergeben. Zur Analyse wird eine Materialprobe entnommen, bei der die Freisetzung von Fasern unbedingt
vermieden werden muss. Auch eine Raumluftprobe ist angezeigt.

Polyzyklische aromatische Kohlenwasserstoffe

Offenes Kaminfeuer

PAH bzw. PAK sind in Gussasphalt, Teerfarben oder Parkettklebern enthalten, können aber auch durch offenes Kaminfeuer oder
Zigarettenrauch in die Raumluft gelangen. Verdachtsmomente
können entsprechende Materialien sowie ein gehäuftes Vorkommen von Tumoren in der Familie sein. Zunächst werden gemäß
den Empfehlungen des Umweltbundesamts vom 29. April 1998
Materialanalysen vorgenommen. Je nach Ergebnis können sie
durch Hausstaub- und Raumluftanalysen ergänzt werden, wobei
Letztere jedoch in über 90 Prozent der Fälle für die Sanierungs-
entscheidung irrelevant sind.

Flüchtige organische Verbindungen (VOC)

Auffälliger Geruch

Das Vorhandensein von VOC deutet sich oft durch einen auffälli-
gen Geruch oder Feuchtigkeit in Materialien an. Auch bei aktuel-

len Bau- und Sanierungsmaßnahmen können VOC auftreten. Zur Quellensuche können Material- und Emissionsanalysen dienen, die Untersuchung erfolgt durch die Entnahme einer Luftprobe. Nach vorheriger guter Lüftung müssen Fenster und Türen im Messraum mindestens vier, besser acht bis zwölf Stunden geschlossen sein, und es sollte eine Raumtemperatur von 19–23° C herrschen.

Mikroorganismen

Oft sind mikrobielle Schäden bei einer Wohnungsinspektion nicht visuell erkennbar. Nur 16 Prozent der Fälle werden durch reine Besichtigung erkannt, in 11 Prozent der Fälle weist ein typischer Geruch ohne sichtbaren Befall auf diesen hin. Durch bautechnische Feuchtigkeitsmessungen können immerhin 43 Prozent der versteckten Feuchteschäden entdeckt werden.

Voraussetzung für das Wachstum von Mikroorganismen wie Schimmelpilzen und/oder Bakterien sind Feuchteschäden. Dies ist vor allem bei Restfeuchte in Neubauten der Fall, aber auch in der Gebäudehülle durch von außen eindringendes Wasser, Schäden am Dach oder im Bereich von Kaminen und undichte Stellen in der Sanitärinstallation oder im Heizsystem. Ebenfalls verantwortlich können Unfälle wie geplatzte Waschmaschinenschläuche, Rohrbrüche oder Hochwasserschäden sein. Aber auch eine zu hohe Luftfeuchte durch unzureichende Lüftung, Wärmebrücken oder die falsche Lagerung oder Entsorgung von Lebensmitteln oder eine Verbreitung durch Zimmerpflanzen, Tier oder Mensch sind als Quellen möglich. Indikatoren sind Wasserkondensation im Fensterbereich, Feuchtigkeits- oder Stockflecken, Materialzerstörungen wie Putzversandung, sich lösende Tapeten oder ein säuerlicher oder muffiger Geruch. Hier sollte zunächst die Raumluftfeuchte bestimmt werden. *Feuchteschäden*

Bei einem sichtbaren Schimmelbefall wird die Art oder Gattung der Schimmelpilze mittels Abklatschprobe oder Materialsuspension bestimmt. Bei einer medizinisch nachgewiesenen Gesundheitsbelastung können auch eine zusätzliche Messung der Luftkeime oder vereinzelt auch Hausstaubanalysen sinnvoll sein. Ist der Befall nicht sichtbar, muss zunächst die Schadstoffquelle ausfindig gemacht werden. Bei feuchten Materialien, auf denen *Abklatschprobe* der Befall nicht sichtbar ist, erfolgt eine Materialanalyse. Ist eine mikrobielle Quelle nachzuweisen, ist der Verdacht mithilfe einer MVOC-Messung (wenn Schimmel auszuschließen ist), einer Luftkeimmessung und eventuell auch einer Staubanalyse zu prüfen. Bei einem negativen Befund sind weitere Analysemethoden angezeigt wie z. B. eine thermografische Gebäudeanalyse oder der Einsatz eines Schimmelpilzspürhunds.

| Expertentipp |

Schimmelspürhunde

Wenn das Vorhandensein des Schimmels bereits feststeht, sind Schimmelspürhunde bei der exakten Lokalisierung nicht sichtbaren Schimmels zwar sehr effektiv, die Methode ist jedoch vergleichsweise teuer. Hinzu kommt, dass ein Schimmelspürhund Schimmel nur bis zu einer Höhe von maximal einem knappen Meter über dem Boden aufspüren kann, sodass höher liegende Schäden oft nicht entdeckt werden.

• Abklatschprobe: Bei einer Abklatschprobe wird ein spezieller Nährboden auf das zu untersuchende Material gedrückt, wobei lose Partikel wie z. B. Keime am Nährboden haften bleiben. Diese werden anschließend im Labor kultiviert und untersucht. Die Methode eignet sich, wenn die Quelle sichtbar und daher bekannt ist.

Untersuchung der Sporen

• Sedimentationsprobe: Bei einem nicht erkennbaren Befall eignet sich die Sedimentationsprobe. Dabei wird eine Nährbodenplatte eine Stunde lang offen im Raum stehen gelassen und anschließend Art und Anzahl von Sporen untersucht. Dieser Test ist vor allem als Selbsttest geeignet, eine aktive Probeentnahme durch den Profi, wobei eine definierte Luftmenge mithilfe einer Pumpe angesaugt wird, ist jedoch zuverlässiger.

Luft im Sammelröhrchen

• MVOC-Luftmessung: Mikroorganismen können flüchtige organische Verbindungen ausstoßen. Bei der Analyse wird Luft über ein Sammelröhrchen gezogen und die Art und Konzentration der Substanzen mittels Gaschromatografie und Massenspektrometer ermittelt. Vor der Probenahme sollte am Tag zuvor nicht in der Wohnung geraucht, gekocht oder gebacken werden. Auch Pflanzen, Mülleimer oder Tierkäfige sind aus dem Raum zu entfernen. Die Räume sollten gut gelüftet werden und danach acht bis zwölf Stunden geschlossen bleiben. Das Ergebnis der Luftmessung zeigt, ob ein mikrobieller Befall vorhanden ist, wobei junge Schäden teilweise nicht erkannt werden. Zudem kann es vorkommen, das zwar eine erhöhte MVOC-Konzentration auftritt, die Quelle jedoch nicht lokalisiert werden kann. Der Nachweis von MVOC in der Raumluft genügt jedoch laut einem vom Berliner Landgericht bestätigten Urteil des Amtsgerichts Berlin-Wedding für den Nachweis eines Schimmelbefalls in der Wohnung, was dem Mieter ein Recht auf fristlose Kündigung gibt.

- Staubanalyse: Während Luftkeimmessungen nur eine Momentaufnahme der luftgetragenen Keime zum Messzeitpunkt darstellen, liefern Hausstaubanalysen ein Bild der Sporenbelastung über mehrere Tage hinweg. Hier kann entweder der gesamte Hausstaub oder eine gesiebte Probe untersucht werden. Dies ist dann sinnvoll, wenn die Quelle der Belastung nicht zu erkennen ist. *Gesiebte Probe*

- Materialanalyse: Bei Materialanalysen wird das Material mit einem sterilen Werkzeug entnommen, vor Ort luftdicht verpackt und im Labor gewogen bzw. vermessen. Anschließend wird es zerkleinert und mit einer Suspensionslösung vermischt. Diese wird verdünnt und auf einen Nährboden aufgebracht. Jeweils nach drei, fünf, sieben und zehn Tagen erfolgen Auswertungen mit Angaben zur Art und Gattung sowie der Menge der vorhandenen Mikroorganismen. *Vermessung im Labor*

- Luftkeimmessung: Vor der Probeentnahme bei einer Luftkeimmessung sollte der Raum gut durchlüftet werden, anschließend sollten die Türen und Fenster acht bis zwölf Stunden geschlossen bleiben. Einen Tag vor Messung sollten alle Mülleimer entleert und verdorbene Lebensmittel entfernt werden. Direkt vor oder nach der Innenluftmessung findet eine Außenluft-Referenzmessung statt. Bei der Messung wird mit speziellen Geräten Luft angesaugt, die entweder in einen Filter gelangt oder auf einen Nährboden trifft. Anschließend werden die Kolonien der Luftkeime auf dem Nährboden entsprechend dem Verfahren bei Abklatschproben angezüchtet und ausgewertet, *Gut gelüftet* wobei die Ergebnisse der Innen- mit denen der Außenluftmessung zu vergleichen sind. Da bei dieser Methode die Messergebnisse oft auch negativ ausfallen, obwohl ein mikrobieller Befall vorhanden ist, sind Mehrfachmessungen, gegebenenfalls im Rahmen mehrerer Ortstermine erforderlich, was jedoch sehr kostenintensiv ist.

Do-it-yourself-Tests

Selbsttest als erster Hinweis

Vermuten Sie in Ihrer Wohnung aufgrund typischer Gesundheitsbeschwerden oder Gerüche, eine Schadstoffbelastung, kann ein Selbsttest einen ersten Hinweis geben. Spezielle Messsysteme gibt es in Apotheken, etwa für die Ermittlung von Formaldehyd, Hausstaubmilben, Pentachlorphenol (PCP) oder Lösemitteln. Verschiedene Hersteller bieten hierzu Testschalen, -stäbchen und -röhrchen mit Handpumpe für Schimmelpilz-, VOC- oder Formaldehydproben an. Diese werden in den zu untersuchenden Räumen aufgestellt und können nach einiger Zeit selbst abgelesen oder in geeigneter Weise verpackt an ein Labor zur Auswertung geschickt werden. Die Gebrauchsanleitung führt Sie Schritt für Schritt durch den Test. Schimmeltestsets und Auswertungen bietet auch etwa die STIFTUNG WARENTEST an. Hierbei wählen Sie die Analysemethode (Abklatsch- oder Sedimentationsmethode) und erhalten dann eine Analyseplatte mit Nährboden und Gebrauchsanleitung. Die Belastung wird bis zu zwei Wochen nach der Einsendung anhand der Sporenzahl und -art ausgewertet.

Expertentipp

Selbsttest oder Profi?

Selbsttests sind verhältnismäßig günstig und können erste Anhaltspunkte für eine Schadstoffbelastung liefern. Eine Schadstoffmessung durch den Fachmann ist jedoch nicht nur im Fall von Rechtsstreitigkeiten erforderlich, auch beim Hausbau und bei Sanierungsmaßnahmen ist die Beauftragung eines qualifizierten Dienstleisters oft angeraten. Sind größere gesundheitliche Belastungen aufgetreten oder sind die nötigen Analysemaßnahmen zu aufwendig, sollten Sie sich ebenfalls an einen Spezialisten wenden. Auch Sanierungsarbeiten lassen sich nur aufgrund genauer Fachgutachten exakt planen. Achten Sie jedoch darauf, dass das Prüfinstitut unabhängig ist, und nicht direkt mit einem Sanierungsbetrieb zusammenarbeitet und lassen Sie vor Beauftragung einen Kostenvoranschlag erstellen.

Ämter, Institute, Vereine und Verbände

Gutachter und Verbände, die sich der Untersuchung und Bewertung von Schadstoffbelastungen widmen, sind wichtige Partner bei Problemen mit Umweltgiften: Bei rechtlichen Streitigkeiten helfen Rechtsanwälte, Bauherrn-, Hauseigentümer- oder Mietervereine oder -verbände, bei gesundheitlichen Problemen können Umweltmediziner oder Selbsthilfegruppen Unterstützung anbieten.

Eine wichtige Anlaufstelle bei Aufklärungsbedarf und der Suche nach weiteren Handlungsmöglichkeiten bei Schadstoffbelastungen in Wohnräumen sind die Umweltbehörden. Die Kommission Human-Biomonitoring des Umweltbundesamts hat für einige Schadstoffe sogenannte Humanbiomonitoringwerte festegelegt, die unter *www.umweltbundesamt.de/gesundheit/monitor/ index.htm* im Internet abrufbar sind. Umfangreiche Informationen und Checklisten für die Ursachenforschung von Schadstoffbelastungen sowie nützliche Adressen sind auch auf der Internetseite der Verbraucherzentralen unter *www.zbv.de* zu finden. Hier können Sie auch Adressen von örtlichen Beratungsstellen erfragen. Das Umweltinstitut München (*www.umweltinstitut.org*) bietet unter der Nummer 089/307749-0 eine kostenlose Beratungshotline zum Thema „Schadstoffe in Wohnräumen" an.

Unterstützung holen

Es informiert Sie über gesundheitliche Gefährdungen durch Wohngifte und die Schadstoffermittlung sowie entsprechende Lösungen und umweltverträgliche Produkte, stellt eine Schadstoffliste und fachliche Beratung zur Verfügung. Ein gemeinnütziger Verein, der Verbraucher zu Schadstoffbelastungen berät, ist auch das Katalyse-Institut für angewandte Umweltforschung. Seine Experten messen und bewerten Schadstoffbelastungen und sprechen Vorgehensempfehlungen zu Reduzierung und Vermeidung der Belastung aus. Bei einer unverbindlichen telefonischen

Schadstoffliste

Erstberatung können Sie erfragen, ob und wenn ja, welche Untersuchungsmaßnahmen dann sinnvoll sind, Preise für weitere Leistungen erhalten Sie auf Anfrage.

Beratung für Mieter und Eigentümer Mieter einer Wohnung oder eines Hauses können auch Mietervereine zu Fragen der Schadstoff- und Schimmelbelastung beraten. Haus- und Wohnungseigentümer hingegen berät zum Thema „Bauen und Sanieren" die Haus & Grund Deutschland e. V. oder der VPB Verband privater Bauherren e. V. mit seinen regionalen Beratungsstellen, der auch Experten für Schadstoffe und Innenraumhygiene beschäftigt, die Untersuchungen und Bewertungen von Wohnumgebungen vornehmen. Zudem können nicht nur Mitglieder hier auch Informationsmaterial zu Themen wie „Schimmel", „Gesundes Wohnen und Bauen" und „Schadstoffbelastung in Innenräumen" erhalten. Baubegleitende Qualitätsberatung bieten neben dem Verband privater Bauherren unter anderem auch TÜV und DEKRA an.

Fachliche Begutachtung Professionelle Prävention, Begutachtung und Beseitigung von Schimmelschäden leistet auch der Bundesverband Schimmelpilzsanierung e. V. Hier wird auch daran gearbeitet, eine bundeseinheitliche Zertifizierung einzuführen, die den Auftraggebern von Sanierungsmaßnahmen eine bessere Beurteilung der Sachkundigkeit von Fachbetrieben ermöglichen soll.

Expertentipp

Orientierung bei der Produktauswahl

Beim Kauf von Baumaterialien sollten Sie auf bekannte Gütesiegel wie den Blauen Engel achten, die schadstoff- und emissionsarme Erzeugnisse kennzeichnen. Materialien und Produkte, die beim Hausbau, im Wohnumfeld und im Haushalt zum Einsatz kommen und potenziell gesundheitsgefährdende Stoffe enthalten können, untersuchen Verbrauchermagazine wie „Stiftung Warentest" und „Ökotest". Ältere Bewertungsergebnisse bezüglich kritischer Inhaltsstoffe können Sie auf den entsprechenden Internetseiten kostenlos erhalten, neuere Testergebnisse können Sie kostenpflichtig herunterladen.

Sachverständige und Gutachter

Sachverständige für Schadstoffe in Innenräumen können Schad- Hilfe bei Streitigkeiten
stoffmessungen vornehmen, aber auch eine erhöhte Feuchtigkeit
oder eine unausreichende Wärmedämmung feststellen, die Ursache für einen Schimmelbefall sein können. Vor allem bei Streitigkeiten zwischen Mietern und Vermietern oder Bauherrn und Auf-
tragnehmern ist die Beauftragung eines Sachverständigen oft
unumgänglich. Um bereits bei der Planung bauliche Fehler zu
vermeiden, die zu einer Gesundheitsbelastung führen könnten,
sollten von Anfang an Experten einbezogen werden. Sie übernehmen die Bauüberwachung oder die Begutachtung von Mängeln.

Expertentipp

Sanierung

Arbeiten wie etwa eine Schimmelpilz- oder Asbestsanierung
sollten nur durch Fachleute mit nachgewiesener Qualifikation
durchgeführt werden. Adressen von zertifizierten Fachbetrieben im Bereich der Schimmelpilzsanierung hält z. B. der
Bundesverband Schimmelpilzsanierung BSS e. V. unter
www.schimmelpilz.tv bereit.

Die Berufsbezeichnung von Sachverständigen oder Gutachtern ist
nicht geschützt, sodass es hier keine einheitliche Ausbildungs-
oder Prüfungsordnung gibt. Nötige Qualifikationen sind jedoch
beispielsweise durch die Bundesingenieurkammer geregelt. Auch
der Begriff „Baubiologe" ist nicht geschützt. Hier sollte man nach
der Ausbildung oder verwandten staatlich anerkannten Abschlüs-
sen fragen.
Lediglich die Bezeichnung „Öffentlich bestellter und vereidigter Keine geschützte Bezeichnung
Sachverständiger" ist geschützt. Ein Verzeichnis dieser Sachver-
ständigen erhalten Sie z. B. bei der örtlichen Industrie- und Han-
delskammer (IHK). Der Vorteil ist, dass ihr Urteil vor Gericht in der
Regel mehr Gewicht hat als das eines freien Sachverständigen,
andererseits sind die Honorare meist höher und die Beauftragung
meist mit längeren Wartezeiten verbunden. Erkundigen Sie sich
vor der Beauftragung auf jeden Fall auch bei Freunden oder Bekannten nach einer möglichen Empfehlung. Sachverständige sind

in der Regel durch einen Fachhochschul- oder Universitätsabschluss in einem Fachbereich der Biologie, Chemie, Ingenieurwesen oder Medizin qualifiziert, weisungsgebundene Assistenten sollten über eine Qualifikation als Techniker (CTA, BTA oder Vergleichbares) verfügen. Zuständige Prüfinstitute und Labore sollten eine Akkreditierung besitzen und/oder nach maßgebenden VDI-Richtlinien arbeiten. Eine gesundheitliche Bewertung kann ein solches Gutachten in der Regel nicht leisten, hierzu sollten die Messergebnisse an einen spezialisierten Umweltmediziner weitergereicht werden. Empfehlungen für notwendige Sanierungen sind hingegen möglich.

Bausachverständige Die Adressen von geeigneten Bausachverständigen können Sie über das Gesundheitsamt oder bei Architekten-, Ingenieur-, Handwerks- und Handelskammern erfragen. Auch das Internet bietet Ihnen unter *www.svv.ihk.de* eine Liste mit Adressen von öffentlich bestellten und vereidigten Sachverständigen für Bauphysik oder Baubiologie. Einen geeigneten Sachverständigen für Innenraumanalytik können Sie auch beim Bundesverband Freier Sachverständiger (BVFS e. V.) erfragen. Die Ursachen für einen baulichen Mangel, etwa für einen Feuchtigkeitsbefall, können Bauingenieure oder Architekten der Kammern feststellen.

Zertifizierte Labors Zertifizierte baubiologische Labors führen chemische und mikrobielle Analysen durch, bewerten die Ergebnisse und erstellen Gutachten mit Handlungsempfehlungen. Zudem empfiehlt es sich oft, den Erfolg einer Sanierung anschließend von einem akkreditierten Labor prüfen zu lassen. Bei der „Arbeitsgemeinschaft ökologischer Forschungsinstitute e. V." (AGÖF) lassen sich Adressen von Messlabors in Ihrer Nähe erfragen. Die Institute halten sich bei der Analyse an die AGÖF-Qualitätsrichtlinien für Schadstoffbelastungen in Innenräumen. Sie beraten, führen Hausbegehungen und Probeentnahmen durch und erstellen Gutachten.

Gesundheitsämter Auch einige Gesundheitsämter bieten Pilzsporenanalysen und Beratungen vor Ort an. Da die Angebote oft ausnehmend günstig sind, lohnt es sich, im betreffenden Gesundheitsamt nachzufragen, und gegebenenfalls das Problem zu schildern, Lösungsvorschläge zu erfragen und einen Vor-Ort-Termin mit Beratung, Temperatur- und Luftfeuchtigkeitsmessung sowie Probenahme zu vereinbaren. Auch die Technischen Überwachungsvereine (TÜV) wie der TÜV Rheinland bieten in einigen Fällen Schadstoffmessungen an.

Rechtsberatung

Zu Rechten bei Schadstoffbelastungen in Mietwohnungen beraten die örtlichen Mietervereine oder der Mieterbund. Die Vereine beschäftigen auf Mietrecht spezialisierte Juristen und bieten auch günstige Rechtsschutzversicherungen an für den Fall, dass es aufgrund von Streitigkeiten wegen Schadstoffbelastungen in der Wohnumgebung zu gerichtlichen Auseinandersetzungen kommt. In diesem Fall kann ein privater oder ein gerichtlich bestellter Gutachter die Bewertung übernehmen, wobei beim Letzteren die Sicherheit gegeben ist, dass das Gutachten auch vor Gericht anerkannt wird.

Mietervereine

Auch Verbraucherschutzvereine können bei der Wahrung von rechtlichen Interessen gegenüber Vermietern weiterhelfen. Viele Städte unterhalten kommunale Beratungsstellen, die meist den Wohnungsämtern angegliedert sind und in akuten Fällen unentgeltliche Ersthilfe bei solcherlei Auseinandersetzungen bieten. Für Mieter ist ein auf Mietrecht spezialisierter Anwalt, insbesondere ein Fachanwalt für Miet- und Wohnungseigentumsrecht, der richtige Ansprechpartner.

Verbraucherschutzvereine

Fachanwälte können Sie bei Fragen rund um Mängel ausführlich und kompetent beraten.

Wer als Bauherr einen Kaufvertrag abschließt, kann sich vom Verband privater Bauherrn beraten lassen. Auch hier kann ein Rechtsanwalt helfen, etwa bei der Prüfung des Bauvertrags. Der geschützte Begriff lautet hierbei „Fachanwalt für Bau- und Architektenrecht". Fachbezogene Adressen erhalten Sie im Branchenbuch oder besser bei den örtlichen Rechtsanwaltskammern. Im Baurecht tätige Anwälte sind zudem auch in der Arbeitsgemeinschaft Baurecht zusammengeschlossen, aber auch Anwaltsvereine oder Auskunftsdienste im Internet können Ihnen Adressauskünfte erteilen. Ein umfangreiches Serviceangebot hält auch der Bauherren-Schutzbund (BSB), der Erwerbern von Gebrauchtimmobilien Verbraucherberatung bietet, bereit. Daneben bieten auch einige Hausbesitzervereine ihren Mitgliedern eine kostenlose Rechtsberatung an.

Infos über die Homepage Bevor Sie sich für einen Anwalt entscheiden, sollten Sie mindestens dessen Homepage besuchen. Im Zweifel ist es besser, sich auf Anwälte zu konzentrieren, die sich ausschließlich oder hauptsächlich auf das Bauwesen spezialisiert haben und nicht eine möglichst große Anzahl an Rechtsgebieten betreuen. Da das Baurecht äußerst komplex ist, können Sie nur so möglichst sicher sein, dass der betreffende Anwalt mit der aktuellen Rechtsprechung vertraut ist. Eine Erstberatung darf hierbei höchstens 190 € zuzüglich Mehrwertsteuer kosten. In Fällen, in denen der Auftraggeber die Kosten für den Rechtsanwalt nicht tragen kann, ist ein Antrag auf Beratungs- und Prozesskostenhilfe möglich. Nähere Informationen hierzu erhalten Sie bei Ihrem örtlichen Amtsgericht.

Schiedsgericht Lässt sich eine Streitigkeit nicht gütlich regeln, kann neben einem Gerichtsverfahren auch ein Schiedsgericht die Differenzen klären. Die Vertragspartner einigen sich hierbei auf einen Gutachter. Dabei ist es ratsam, schriftlich zu fixieren, dass die Vertragspartner dessen Vorschläge akzeptieren. Die Kosten des Gutachters können dabei unter den Vertragspartnern aufgeteilt werden. Bei Rechtsstreiten vor Gericht ist im Fall von Streitwerten bis 5.000 € das Amtsgericht und für höhere Streitwerte das Landgericht zuständig.

Expertentipp

Rechtsschutzversicherung

Spätestens, wenn sich rechtliche Streitigkeiten anbahnen, lohnt sich der Abschluss einer Rechtsschutzversicherung. Vergleichen Sie hierbei verschiedene Versicherungen anhand ihrer Preise und Leistungen. Erste Anhaltspunkte können Tests in Verbraucherzeitschriften oder Internetvergleiche wie *www.aspect-online.de* oder *www.fss-online.de* geben. Konkret können Sie sich an eine Versicherung vor Ort, einen Versicherungsmakler oder -vertreter wenden, um den Versicherungsumfang und -beitrag zu finden, der Ihren eigenen Vorstellungen und finanziellen Möglichkeiten entspricht. Die Rechtsschutzversicherung zahlt bis zur Höhe der vereinbarten Versicherungssumme die Anwaltsgebühren, Sachverständigenhonorare, Gerichtskosten sowie Strafkautionen und die gegnerischen Kosten im Falle einer Niederlage beim Prozess.

Medizinische Beratung

Erste Anhaltspunkte bei medizinischen Problemen durch Schadstoffbelastung liefert Ihr Hausarzt oder Allergologe. Dieser kann Sie nötigenfalls an einen spezialisierten Umweltmediziner überweisen. Kann Ihr Hausarzt Ihnen nicht entscheidend weiterhelfen, können Sie weitere Adressen beim Medizinischen Institut für Umwelthygiene an der Heinrich-Heine-Universität Düsseldorf erfragen. Die Universität Düsseldorf unterhält auch ein Umweltmobil, ein Dienstleistungsunternehmen, bei dem sachverständige Experten Innenraumschadstoffe beurteilen, messen und bewerten. *(Umweltmediziner)*

Zur Abklärung des Falles ist zunächst festzustellen, ob eine umweltbedingte Erkrankung überhaupt vorliegt. Sowohl der Hausarzt als auch der Facharzt stellen dabei Fragen zu Vor- und sonstigen Erkrankungen, Krankheiten in der Familie, eingenommenen Medikamenten, Berufsausübung und Allergien. Der Arzt versucht herauszufinden, wann und unter welchen Bedingungen sich die Beschwerden besonders ausgeprägt zeigen. Darauf *(Abklärung der Krankheit)* folgt die körperliche Untersuchung. Wenn nötig, kann eine vorliegende Analyse durch einen Innenraumdiagnostiker dem Arzt zur Bewertung weitergegeben werden. In gravierenden Fällen können auch universitäre Umweltambulanzen mögliche Ansprechpartner sein. Viele Krankenkassen bieten zudem Informationsmaterial über Gesundheitsprobleme durch Schadstoffbelastungen an. Hier können Sie auch erfragen, in welchen Fällen und in welcher Höhe die Kosten für Umweltanalysen übernommen werden.

Anzeige bei der Gesundheitsbehörde
Drohen durch Schadstoffe wie Schimmel in der Wohnung akute Gesundheitsgefährdungen, ist auch eine Anzeige bei den örtlichen Gesundheitsbehörden bzw. bei der Wohnungsaufsichtsbehörde möglich, die zur Prüfung verpflichtet ist und bei erheblicher Gefährdung eine Unbewohnbarkeitsbescheinigung ausstellen muss. Dies sollte jedoch nur der letzte Ausweg im äußersten Notfall sein, wenn etwa der Vermieter auf eine rechtmäßig ausgeführte Mängelanzeige und Minderung nicht reagiert.

Selbsthilfegruppen
Bei bestimmten gesundheitlichen Beeinträchtigungen, z. B. bei Schimmelpilz- oder Milbenallergien gibt es vielerorts zudem Selbsthilfeorganisationen oder -gruppen. In einigen Fällen übernehmen einzelne Krankenkassen die Analysekosten.

☑ SCHRITT-FÜR-SCHRITT-GUIDE

Mögliche Giftstoffe analysieren

Leiden Sie unter andauernden, nicht geklärten gesundheitlichen Problemen? Dann sind diese möglicherweise auf Giftstoffe in der Wohnumgebung zurückzuführen. Einige Fragen können bei der Vorbereitung auf die Analyse des Wohnraums durch einen Sachverständigen oder eine medizinische Untersuchung nützlich sein.

Formular
auf CD-ROM

Das sollten Sie sich überlegen:

Ziel der Untersuchung

Datenerhebung wegen einer ärztlichen Behandlung **ja** ☐   **nein** ☐

Datenerhebung wegen rechtlicher Streitigkeiten   **ja** ☐   **nein** ☐

Datenerhebung wegen einer geplanten Sanierung   **ja** ☐   **nein** ☐

Bemerkung: ....

Nutzungsdaten

Datum des Bezugs der Wohnung bzw. des Hauses:

Bemerkung: ....

Seit wann treten die Beschwerden auf?

Bemerkung: ....

Tägliche Aufenthaltsdauer in den Wohnräumen (pro Raum):

Bemerkung: ....

Tägliche Lüftungsdauer:

Bemerkung: ....

Gesundheitliche Beeinträchtigungen

Müdigkeit oder Antriebslosigkeit   **ja** ☐   **nein** ☐

Mangelnde Leistungsfähigkeit   **ja** ☐   **nein** ☐

Innere Unruhe oder Reizbarkeit   **ja** ☐   **nein** ☐

Konzentrationsstörungen	ja ☐	nein ☐
Schlafstörungen	ja ☐	nein ☐
Depressionen	ja ☐	nein ☐
Nervenstörungen (Empfindungsstörungen)	ja ☐	nein ☐
Hautprobleme (Ausschlag, Juckreiz)	ja ☐	nein ☐
Schwindelgefühl	ja ☐	nein ☐
Kopfschmerzen	ja ☐	nein ☐
Knochen- oder Muskelschmerzen	ja ☐	nein ☐
Magen-Darm-Beschwerden	ja ☐	nein ☐
Leber- oder Nierenbeschwerden	ja ☐	nein ☐
Augenreizungen (Brennen, Tränen, rote Augen)	ja ☐	nein ☐
Atemwegsbeschwerden	ja ☐	nein ☐
Trockene Schleimhäute	ja ☐	nein ☐
Infektanfälligkeit	ja ☐	nein ☐
Asthma	ja ☐	nein ☐
Allergie	ja ☐	nein ☐

Bemerkung: ....

Herkunft der Schadstoffe

Von welchen Materialien und Gegenständen könnte das Gift ausgehen?

Bemerkung: ....

Wann wurde das Haus erbaut?

Bemerkung: ....

In welcher Bauart wurde es erbaut?

Bemerkung: ....

Bestehen bekannte bauliche Mängel?

Bemerkung: ....

Wurde das Haus in den letzten Jahren saniert?
Wenn ja, wie und wann wurde es saniert?

Bemerkung: ....

Grenzt die Wohnung an einen Keller oder Dachboden an?

Bemerkung: ....

Wurden in Innenräumen Holzschutzmittel eingesetzt?

Bemerkung: ....

Wurden seit der Erbauung Insektizide im Wohnbereich eingesetzt?
Wenn ja, wurden diese vor 1980 gekauft?

Bemerkung: ....

Wurden Spanplatten als Baumaterialien verwendet?

Bemerkung: ....

Wurden in den Wohnräumen Isolierschäume verarbeitet?

Bemerkung: ....

Welche Reinigungsmittel werden verwendet?

Bemerkung: ....

Welche elektrischen Geräte befinden sich in den Räumen?

Bemerkung: ....

Wo stehen elektrische Geräte?

Bemerkung: ....

Welche Farben, Lacke und Kleber wurden verwendet?

Bemerkung: ....

Welche Stoffe enthalten Teppiche, Wohntextilien, Lederwaren und
Polstermöbel?

Bemerkung: ....

Welche Materialien werden bei der Ausübung von Hobbys im
Wohnraum verwendet?

Bemerkung: ....

Gibt es sichtbare Auffälligkeiten z. B. Feuchtigkeit, Schimmel oder
Kleinstinsekten?

Bemerkung: ....

Das müssen Sie tun:
Wenn alle Anzeichen darauf hindeuten, dass die Beschwerden auf Schadstoffe im Wohnbereich zurückzuführen sind, sollten die Schadstoffquellen ausfindig gemacht werden. Dies ist dazu dienlich, festzulegen, welche Analysemethoden sinnvoll sind und somit die Kosten für die Untersuchung möglichst niedrig halten zu können.

So könnte Ihr ausgefüllter Check aussehen:

Herkunft der Schadstoffe

Von welchen Materialien und Gegenständen könnte das Gift ausgehen?

Bemerkung: Möglicherweise vom neuen Ledersofa

Wann wurde das Haus erbaut?

Bemerkung: 1953

In welcher Bauart wurde es erbaut?

Bemerkung: Massivbauweise

Bestehen bekannte bauliche Mängel?

Bemerkung: Keine Mängel bekannt

Wurde das Haus in den letzten Jahren saniert?
Wenn ja, wie und wann wurde es saniert?

Bemerkung: Keine Sanierung in den letzten 10 Jahren

Wurden in Innenräumen Holzschutzmittel eingesetzt?

Bemerkung: Holzschutzlasur für die Holzfensterrahmen

Wurden seit der Erbauung Insektizide im Wohnbereich eingesetzt?
Wenn ja, wurden diese vor 1980 gekauft?

Bemerkung: Nein

Wurden Spanplatten als Baumaterialien verwendet?

Bemerkung: Nein, jedoch besteht die Schrankwand zum Teil aus Spanplatten

Wurden in den Wohnräumen Isolierschäume verarbeitet?

Bemerkung: Nein

usw.

Glossar

Bauabnahme: Die Bauabnahme ist der Übergang von der Bauausführung in die Baunutzungsphase. Bei der öffentlich-rechtlichen Bauabnahme überprüft die Bauaufsichtsbehörde die Einhaltung der Bauvorschriften in baurechtlicher und bautechnischer Hinsicht. Die zivilrechtliche Bauabnahme stellt den Gefahrenübergang vom Bauunternehmer zum Bauherrn dar. Voraussetzung dafür ist die Fertigstellung und (im Wesentlichen) die Mangelfreiheit des Gebäudes oder einer erbrachten Bauausführungsleistung.

Baumangel: Entspricht der Ist-Zustand eines Gebäudes nicht dem Soll-Zustand, spricht man von einem Baumangel. Dabei unterscheidet man zwischen Mängeln, die vorliegen, da die vertraglich zugesicherte Funktion nicht erfüllt, die Regeln der Bautechnik nicht eingehalten wurden oder ein Fehler vorliegt, der die Nutzung einschränkt oder aufhebt.

Bauschaden: Werden Baumängel nicht rechtzeitig erkannt, kann daraus unter Umständen ein irreparabler Bauschaden werden. Meist treten Sie jedoch durch äußere Einwirkungen auf.

Baustoffklassen: Baustoffe müssen auf ihr Verhalten bei Brand überprüft und entsprechend in Baustoffklassen eingeteilt sein. Die höchste Klasse ist A (nicht brennbar), brennbare Materialien sind alle in der Klasse B eingeordnet. Geprüft werden sie nach DIN 4102.

Bitumen-Schweißbahn: Dachbahn aus einem Trägermaterial, z. B. Glasvlies, beidseitig mit Bitumen beschichtet. Mit der offenen Flamme wird das Bitumen verflüssigt. Auf diese Weise werden mehrere Bahnen überlappend miteinander verbunden und wasserdicht verschweißt.

Blower-Door-Test: Hierbei wird im Gebäude durch Absaugen der Luft ein Unterdruck erzeugt. Dann wird gemessen, wie schnell sich der Unterdruck wieder abbaut und daraus die Luftwechselrate errechnet. Eine solche von 3,0 pro Stunde gilt für Normalgebäude als zulässig.

Dachsparren (Sparren): Bilden beim Dachstuhl die statisch tragende Basis des Daches. Sie können Holzbalken sein, aber auch Stahl- oder Stahlbetonträger.

Dämmstoffe: Dienen der Geräuschdämmung und verhindern Wärmeverluste, um z. B. die für die EnEV vorgeschriebenen Werte zu erreichen. Man unterscheidet Mineralwolle-Dämmstoffe, geschäumte sowie „ökologische" Dämmstoffe wie Kokos- oder Zellulosefasern.

Dampfdiffusion: Gemeint ist die physikalische Fähigkeit, Wasserdampf durch das Material dringen (diffundieren) zu lassen.

DIN-Normen: Gelten als „anerkannte Regeln der Technik" und müssen vom Architekten und Handwerker eingehalten werden.

EnEV: Die Energieeinsparverordnung definiert Mindeststandards für neue und bestehende Häuser hinsichtlich der Isolations-Eigenschaften und der Qualität der Anlagentechnik. Die EnEV und die von ihr in Bezug genommenen Normen legen fest, wie der Primärenergiebedarf, der Endenergiebedarf und der Heizenergiebedarf zu berechnen sind und welche Grenzwerte eingehalten werden müssen.

Fertigdach: Im Werk vorgefertigte Teile, die statisch tragend ausgebildet sind und gleichzeitig eine gute Wärmedämmung aufweisen. Da sie nach der Verlegung sofort ein komplettes Dach bilden, auf das nur noch die Dacheindeckung verlegt wird, bilden sie eine rationelle Möglichkeit zum günstigen Bauen.

Fertigteildecke: Systemkonstruktion für Decken, meist bestehend aus über die Tragwand gelegten Trägern, die mit Formkörpern ausgelegt und mit Beton verfüllt werden.

Feuchtegehalt (Hygroskopizität): Eigenschaft eines Baustoffs (in Prozent der Masse oder in Prozent des Volumens), Luftfeuchte aufzunehmen und zu speichern. Je nach Feuchtigkeit der Umgebungsluft stellt sich eine bestimmte Gleichgewichtsfeuchte ein, die für jeden Baustoff anders ist.

Mängelansprüche: Stellt der Bauherr bei der Abnahme einen Mangel fest, hat er das Recht auf Mängelbeseitigung durch den ausführenden Unternehmer. Bei Unmöglichkeit, Unverhältnismäßigkeit und Unzumutbarkeit kann er dies jedoch ablehnen.

Minderung: Bei erfolgloser Nacherfüllung durch den Auftragnehmer kann der Auftraggeber dessen Werklohn mindern. Der Betrag um den gemindert werden kann, bemisst sich an der Differenz des Ist- und des Soll-Zustandes, das das Gewerk zum Zeitpunkt des Vertragsabschlusses gehabt hätte.

Nacherfüllung: Liegt ein Mangel vor, muss der Auftraggeber dem ausführenden Unternehmer die Möglichkeit der Nacherfüllung geben. Verweigert er dies unberechtigt, kann der Bauherr die Mängel auf Kosten des Auftragnehmers durch Selbstvornahme bzw. durch Dritte beheben lassen oder eine Minderung erwirken.

Schiedsstelle: Einrichtung, um Streitfälle außergerichtlich und ohne Prozess zu klären.

Selbstvornahme: Nach erfolgloser Nacherfüllung steht dem Bauherrn die Selbstvornahme frei, das heißt, er kann den Mangel selbst beseitigen und die entsprechenden Kosten dem ausführenden Unternehmer in Rechnung stellen.

Unterspannbahn: Eine unter die Dacheindeckung verlegte Folie, die als zweite wasserführende Ebene zusätzlich vor Regen- und Schneeeintrieb ins Dach schützt.

U-Wert: siehe Wärmedurchgangskoeffizient.

Verjährung: Mit Ablauf der sogenannten Verjährungsfrist verliert der Bauherr die Möglichkeit, Ansprüche gegenüber dem ausführenden Unternehmer durchzusetzen. Die Fristen orientieren sich an den Regelungen des BGB und der VOB/ B. Die Dauer der Verjährungsfrist kann durch verschiedene Umstände, wie beispielsweise die Hemmung oder den Neubeginn, beeinflusst werden.

VOB/B: Allgemeine Vertragsbedingungen für die Ausführung von Bauleistungen (Teil B der Vergabe- und Vertragsordnungen für Bauleistungen). Dienen der Ergänzung für das BGB und das Werksvertragsrecht in Bezug auf das Baurecht. Sind keine Gesetzestexte sondern Allgemeine Geschäftsbedingungen und werden nur Vertragsbestandteil, wenn beide Parteien dies ausdrücklich vereinbaren.

Wärmedurchgangskoeffizient (U-Wert): Gibt die Wärmemenge an, die durch einen Quadratmeter eines Bauteils hindurchfließt, wenn die Temperaturdifferenz der abgrenzenden Luftschicht 1 K (Kelvin) beträgt. Je kleiner der U-Wert, desto besser ist die Wärmedämmung eines Bauteils.

Wärmeleitfähigkeit: Sie wird durch den stoffabhängigen Zahlenwert Lambda (λ) beschrieben. Je niedriger dieser Wert, desto besser ist die Wärmedämmfähigkeit des Materials.

Wärmeleitfähigkeitsgruppe: Entsprechend ihrer Wärmeleitfähigkeit sind Dämmstoffe in Gruppen eingeteilt. Je niedriger dieser Wert, desto besser dämmt der Stoff.

Wasserdampfdiffusionswiderstandszahl: Gibt den Wert in μ (mü) an, den ein Stoff der Dampfdiffusion entgegensetzt. Je niedriger dieser Wert ist, desto weniger Wasserdampf wandert von der warmen zur kalten Seite eines Bauteils.

Weiße Wanne: Bei hohem Grundwasserstand muss um die Kelleraußenbauteile eine Wanne aus WU-Beton – die Weiße Wanne – gebaut werden, die in einem Guss das Eindringen von Druckwasser verhindert.

Nützliche Adressen und Websites

Information, Beratung und Untersuchung

Umweltbundesamt:
Postfach 1406
06813 Dessau
Tel.: 0340/ 2103-0
Fax: 0340/ 2103-2285
E-Mail: info@umweltbundesamt.de
www.umweltbundesamt.de

Publikationen u. a. zu den Themen „Gesundheit und Umwelthygiene", „Chemikalienpolitik und Schadstoffe" und „Luft und Luftreinhaltung".

DMB Deutscher Mieterbund e. V.:
Littenstraße 10
10179 Berlin
Tel.: 030/ 22323-0
Fax: 030/ 22323-100
E-Mail: info@mieterbund.de
www.mieterbund.de

Rechtsberatung und Hilfe bei Mietfragen. Interessenvertretung der Mieter.

Gütegemeinschaft für Innenraumdiagnostik giradi e. V.:
Werftstraße 23
40549 Düsseldorf
Tel.: 0211/ 563490-00
Fax: 0211/ 563490-50
E-Mail: info@giradi.com
www.giradi.com

Alles rund um Gebäude- und Raumluftuntersuchungen auf Schadstoffe und Schimmelpilzmessungen, sowie Material- und Produktanalysen.

Güte – Gesellschaft für Überwachung von Technik & Equipment mbh & Co.KG:
Hans-Poeche-Straße 2
04103 Leipzig
Tel.: 0341/ 33739-50
Fax: 0341/ 33739-51
E-Mail: info@guete-siegel.de
www.guete-siegel.de

Schadstoff- und Gutachterbüro und Do-it-yourself-Schimmelpilztests.

Haus & Grund Deutschland e. V.:
Postfach 08 01 64
10001 Berlin
Tel.: 030/ 20216-0
Fax.: 030/ 20216-555
E-Mail: zv@haus-und-grund.net
www.haus-und-grund.net

Interessengemeinschaft für Haus- und Wohnungseigentümer, bietet ihren Mitgliedern Informationen und Beratung zum gesunden Bauen und Renovieren.

Verbraucherzentrale Bundesverband e. V.:
Markgrafenstraße 66
10969 Berlin
Tel.: 030/ 25800-0
Fax: 030/ 25800-218
www.verbraucherzentrale.de
www.vzbv.de

Informationen über Verbraucherfragen, u. a. auch im Bereich „Bauen und Wohnen", Suche nach einer Beratungsstelle vor Ort.

VPB Verband privater Bauherren e. V.:
Chausseestraße 8
10115 Berlin
Tel: 030/ 278901-0
Fax: 030/ 278901-11
E-Mail: info@vpb.de
www.vpb.de

Untersuchung und Bewertung von Schadstoffbelastung und Innenraumhygiene von Wohnumgebungen und Informationsmaterial zu Themen wie „Schimmel", „gesundes Wohnen und Bauen" und „Schadstoffbelastung in Innenräumen".

STIFTUNG WARENTEST:
Umweltanalyse „Schimmel"
10773 Berlin
Tel.: 030/ 26312900
Fax: 030/ 26312488
www.warentest.de/analysen

Analysen, Prüfergebnisse, Berichte und Testmethoden rund um Schadstoffe im Haus.

Bauherren-Schutzbund e. V.:
Kleine Alexanderstr. 9/ 10
10178 Berlin
Tel.: 030/ 3128001
Fax: 030/ 31507211
E-Mail: office@bsb-ev.de
www.bsb-ev.de

Informationen rund um bauorientierte Verbraucherinteressen.

Verband Baubiologie VB:
Maxstr. 59
3111 Bonn
Tel.: 0228/ 96399258
Fax: 0228/ 96399254
E-Mail: info@verband-baubiologie.de
www.verband-baubiologie.de

Wichtige Neuigkeiten für alle baubiologisch Interessierten. Adressen von baubiologischen Messtechnikern im ganzen Bundesgebiet.

DEKRA Real Estate Expertise GmbH:
Untertürkheimer Straße 25
66117 Saarbrücken
Tel.: 0180/ 146363375
Fax: 0180/ 146363370
E-Mail: infoservice@dekra.com
www.dekra.de

Begutachtung von Baumaßnahmen, Begleitung bei der Abnahme und Beratung.

Gesellschaft für Umweltanalytik (GUA) mbH:
Westerbreite 7
49084 Osnabrück
Tel.: 0541/ 75041-3
Fax: 0541/ 75041-43
E-Mail: info@gua.de
www.gua.de

Untersuchungen und Beratung zur Lebensmittel- und Umweltanalyse.

Institut für Baubiologie + Oekologie (IBN):
Unabhängige private GmbH
Holzham 25
83115 Neubeuern
Tel.: 08035/ 2039
Fax: 08035/ 8164
E-Mail: institut@baubiologie.de
www.baubiologie.de

Betreuung des Verbrauchers sowie ganzheitlich und baubiologisch-ökologisch orientierte Lehre und Bildung.

Arbeitsgruppe Raumklimatologie (ark):
Institut für Arbeits-, Sozial und Umweltmedizin
Klinikum der Friedrich-Schiller-Universität Jena
Bachstraße 18, Haus 6, 3. OG
07743 Jena
Tel.: 03641 9-34530
Fax: 03641 9-34854
E-Mail: ark@med.uni-jena.de
www.med.uni-jena.de/ark/start_d.html

Informationen und Beratung zu Feuchteschäden und Schimmelpilzbefall.

ARGE BAURECHT:
Arbeitsgemeinschaft für Bau- und Immobilienrecht im Deutschen Anwalt Verein
Littenstraße 11
10179 Berlin
Tel.: 030/ 726152-0
Fax: 030/ 726152-190
E-Mail: info@arge-baurecht.com
www.arge-baurecht.de

Zusammenschluss von Rechtsanwälten mit Spezialisierung auf Bau- und Immobilienrecht, Anwalts- und Schlichtersuche.

IfAU - Institut für angewandte Umweltforschung e. V.:
Krebsmühle
61440 Oberursel
Tel: 06171/ 74213
Fax: 06171/ 71804
E-Mail: info@ifau.org
www.ifau.org

Wissenschaftliche Forschung auf dem Gebiet der Wohnumwelt sowie des Verbraucherschutzes. Zeigt Gefährdungen des Menschen in seiner Wohnumwelt auf.

IGUMED - Interdisziplinäre Gesellschaft für Umweltmedizin e. V.:
Friedinger Str. 31
28215 Bremen
Tel.: 0421/ 4984251
Fax: 0421/ 4984252
E-Mail: IGUMED@gmx.de
www.igumed.de

Ganzheitliche Lösungsmöglichkeiten umweltmedizinischer Probleme.

Bundesverband Freier Sachverständiger e. V.:
Goethestraße 11
40237 Düsseldorf
Tel.: 0211/ 661111
Fax: 0211/ 681161
E-Mail: info@bvfs.de
www.bvfs.de

Datenbank mit Adressen von freien Sachverständigen.

Bundesverband öffentlich bestellter und vereidigter sowie qualifizierter Sachverständiger e. V. (BVS):
Lindenstraße 76
10969 Berlin
Tel.: 030/ 255938-0
Fax: 030/ 255938-14
E-Mail: info@bvs-ev.de
www.bvs-ev.de

Datenbank mit öffentlich bestellten und vereidigten Sachverständigen.

Deutsches Institut für Bautechnik:
Kolonnenstraße 30 L
10829 Berlin
Tel.: 030/ 78730-0
E-Mail: dibt@dibt.de
www.dibt.de

Informationen zu Zulassungen, Zertifizierungen und Prüfstellen von Bauprodukten.

Berufsverband Deutscher Baubiologen:
Reindorfer Schulweg 42
21266 Jesteburg
Tel.: 04181/ 203945-0
Fax: 04181/ 203945-1
E-Mail: netzwerk@baubiologie.net
http://baubiologie.net

Unabhängiges Netzwerk von baubiologischen Sachverständigen. Adressdatenbank und Veröffentlichungen zu Schadstoffen, Schimmelpilzen und Elektrosmog. Datenbanken zu Umweltschadstoffen, elektromagnetischen Feldern und zu biologischen Baustoffen sowie ein Informationsforum.

Arbeitsgemeinschaft ökologischer Forschungsinstitute e. V. im Energie- und Umweltzentrum:
31832 Springe-Eldagsen
Tel.: 05044/ 97575
Fax: 05044/ 97577
E-Mail: agoef@t-online.de
www.agoef.de

Informationen zu Schadstoffmessungen im Innenraum, Raumluft-analytik, ökologische und gesundheitsverträgliche Hauskonzepte und effiziente Energiesysteme. Hintergrundinformationen zu Schadstoffe in Innenräumen und zum ökologischen Bauen

wohnen im eigentum. die wohneigentümer e. V.:
Bonngasse 29
53111 Bonn
Tel.: 0228/ 72158-61
Fax: 0228/ 72158-73
E-Mail: info@wohnen-im-eigentum.de
www.wohnen-im-eigentum.de

Zusammenschluss der Erwerber und Eigentümer selbst genutzter Immobilien. Informiert über alles Wissenswerte rund um die eigene Immobilie.

Arbeitsgemeinschaft Wohnberatung e. V. (AGW):
Adenauerallee 113
53113 Bonn
Tel.: 0228/ 264011
Fax: 0228/ 264012
E-Mail: info@agw.de
www.agw.de

Informationen für private Bauherrn, Haus- und Wohnungsbesitzer sowie Mieter.

Bundesverband Schimmelpilzsanierung e. V.:
Ulmenstr. 24
22299 Hamburg
Tel.: 040/ 47100146
Fax: 040/ 47100172
E-Mail: bss@schimmelpilz.tv
www.schimmelpilz.tv

Sanierung von Feuchtigkeits- und Schimmelpilzschäden

Fachverband Schadstoffsanierung e. V. (FAS):
Nassauische Str. 15
10717 Berlin
Tel.: 030/ 860004890
Fax: 030/ 86000443
E-Mail: info@sanierungsfachbetrieb.de
www.fas-geb.de

Sanierung von chemischen Schadstoffen.

Deutscher Holz- und Bautenschutzverband e. V.:
Hans-Willy-Merstens Str. 2
50858 Köln
Tel.: 02234/ 48455
Fax: 02234/ 49314
E-Mail: info@dhbv.de
www.dhbv.de

Sanierung von Hausschwamm und holzzerstörenden Pilzen

Internetadressen

www.bauschadenhilfe.de
Erklärungen zu Methoden der Bauwerksdiagnostik

www.BDB-akbsv.de
Arbeitskreis Bausachverständige, Adressenliste

www.blauer-engel.de
Das deutsche Umweltzeichen „Blauer Engel" kennzeichnet gesundheitsschonende Produkte

www.brak.de
Bundesrechtsanwaltskammer, Suche nach einem Rechtsanwalt

www.dav.de
Deutscher Anwaltsverein, Suche nach einem auf Baurecht spezialisierten Anwalt

www.natureplus.org
Internationaler Verein für zukunftsfähiges Bauen und Wohnen e. V., verleiht gesundheits- und umweltgeprüften Bauprodukten das natureplus-Qualitätszeichen

www.oegd-bayern.de/html/gesundheitsamter.html
Adressverzeichnis deutscher Gesundheitsämter

www.vz-nrw.de/schimmelpilze
Sanierungsfirmen

www.bauberater-kdr.de
Bundesverband der Bauberater kdR (kontrolliert deklarierte Rohstoffe), Liste der der zertifizierten Berater

www.positivlisten.de
Produktdatenbank der Arbeitsgemeinschaft kontrolliert deklarierte Rohstoffe (ARGE kdR) e. V.

www.ak-haustechnik.de
Expertengruppe für Klima- und Gesundheitsschutz und gebäuderelevante Themen im Bauwesen

www.forum-elektrosmog.de
Das Elektrosmog-Portal der Verbraucher Initiative e. V.

www.label-online.de
Label-Datenbank der Verbraucher Initiative e. V.

www.lehmbaukontor.de
Verein zur Förderung des ökologischen Bauens Berlin Branden-
burg e. V.

www.dachverband-lehm.de
Interessenverband für alle, die mit Lehm arbeiten und leben

www.bfr.bund.de
Bundesinstitut für Risikobewertung

www.bfs.de
Bundesamt für Strahlenschutz

www.umweltjournal.de
Tagesaktueller Umweltnachrichtendienst

www.eco-world.de
Information, Adressen und Produkte für ein bewusst genussvolles
Leben & ökologisch nachhaltiges Handeln

www.umweltlexikon-online.de
Zu vielen Themen aktueller Berichterstattung und Diskussionen
bietet das KATALYSE Umweltlexikon Begriffsdefinitionen und
umfassende Hintergrundinformationen.

www.iquh.de
Institut für Qualitätsmanagement und Umwelthygiene

www.erdstrahlen.de
Berufsfachverband der Geopathologen und Baubiologen e. V.

www.umwelt-medizin-gesellschaft.de
Zeitschrift Umwelt Medizin Gesellschaft & Informationsportal
Umweltmedizin aktuell

www.umweltberatung.org
Bundesverband für Umweltberatung (bfub) e. V.

www.dguht.de
Deutsche Gesellschaft für Umwelt- und Humantoxikologie
(DGUHT) e. V.

www.agoef.de
Arbeitsgemeinschaft ökologischer Forschungsinstitute e.V (AGÖF)
ist ein Verband von unabhängigen Beratungs- und Dienstleistungsunternehmen z. B. Labore

www.ib-rauch.de
Informationsportal zu Bauphysik, Bauchemie, Feuchteschäden u. v. m.

www.allum.de
Informationsangebot zu Allergie, Umwelt und Gesundheit

www.dbu-online.de
Deutscher Berufsverband der Umweltmediziner e. V.

www.dsvonline.de
Berufsverband der Schädlingsbekämpfer

www.verbraucher.org
Bundesverband Verbraucherinitiative e. V.

www.daab.de
Deutscher Allergie- und Asthmabund

www.tapeten-institut.de
Deutsches Tapeteninstitut

Bildquellenverzeichnis

Blauer Engel: 206; fotolia.de: 8 Cornelia Pithart, 12 vladislav Susoy, 14 raven, 71
Wolfgang Cibura, 78 fotofrank, 81 Amy Walters, 85 Bernhard Maurin, 88 Cornelia
Pithart, 94 SyB, 101 Cornelia Pithart, 112 Hon, 117 FranU, 120 Ernest Prim, 125
Cmon, 130 Stefanie Maertz, 134 Mr Wizz, 137 Christine Suchy-Manzke, 143
Wendy Kaveney, 145 Loop, 150 Charly, 166 Rainer Ksobiak, 181 Feng Yu, 191
Emilia Stasiak, 199 Wendy Kaveney, 216 Stephen Coburn, 235 Haramis Kalfar,
248 Sven Hoppe, 253 Udo Kroener, 267 Patrzier-Design; Shutterstock: 22, 27,
32, 38, 46, 57, 91, 156, 158, 162, 171, 175, 184, 187, 195, 203, 212, 221, 227, 238,
257.

Register